AIRLINES
RESERVATIONS & TICKETING

TOPAS SellConnect를 사용하여 항공예약을 할 수 있도록 구성

항공여객예약발권 실무론

윤문길 · 이휘영 · 임재욱 · 최종인 · 이태규 공저

🅑 (주)백산출판사

현대인의 삶에 있어 가장 뚜렷한 현상은 항공여행이 일상의 한 부분으로 자리매김하고 있다는 것이다. 과거 패키지여행에서 스스로 여행 스케줄을 만드는 개별자유여행(FIT, Free Individal Traveler)이 늘면서 관광상품도 다양하게 변하고 있다. 이러한 여행 관련 상품의 개발과 마케팅의 중심에는 컴퓨터와 인터넷의 역할이 절대적이다.

항공 좌석의 예약과 발권 업무는 컴퓨터와 인터넷의 발전에 따라 초기의 수작업에서 컴퓨터에 의한 개별항공 좌석 예약의 자동화 시스템(CRS, Computer Reservation System), 인터넷의 발전에 따른 항공기업 간 그룹화되고 연계된 글로벌항공 좌석 분배시스템(GDS, Global Distribution System) 등으로 확대되고 더욱 정교화되었으며, 유통채널 확대와 통합으로 인해 항공 좌석에 대한 예약뿐만 아니라 호텔, 렌터카, 철도, 크루즈, 관광 티켓 등 다양한 부대 서비스에 대한 예약업무를 포괄하는 통합시스템으로 발전하고 성장하고 있다.

본서는 세계적인 GDS(Global Distribution System) 중 아마데우스(Amadeus)에 Migration 된 TOPAS SellConnect를 사용하여 항공예약을 할 수 있도록 구성하였다. 전체적인 구성은 항공예약의 기본 개념과 GDS를 활용한 예약 실무지식을 활용하여 항공예약 업무를 할 수 있도록 실무적 접근에 중점을 두었으며, 국가직무능력표준(NCS)의 항공여객예약 학습모듈을 포함하여 수록하였다. 1장에서는 항공실무를 위한 기본 개념을 이해하고, 2장과 3장에서는 개인 PNR의 구성요소와 작성, 그리고 추가 필요사항 및 입력 방법을, 4장에서는 OAL을 포함한 개인 PNR 및 부대 서비스 작성을 알아보고 5장에서는 PNR 조회 및 개인 PNR의 수정, 삭제, 추가 방법을 살펴보았다. 6장에서는 단체 PNR 작성 및 수정 작업을 살펴보고 7장에서는 특수여객에 대한 정의 및 예약, 발권, 운송 방법을 살펴보았다. 8장에서는 Queue 및 AIS 운영 방법을 살펴보고 9장에서는 예약 및 운임조회, 발권 명령어를 살펴보았다. 마지막으로 10장에서는 항공예약에 필요한 주요 IATA 코드 등 알아두면 도움이 되는 지식을 정리하였다.

끝으로 본서를 집필할 수 있도록 많은 도움을 주신 대한항공 관계자분들과 ㈜백산출판사의 진욱상 사장님과 편집부 및 관계자분들께 진심으로 감사를 전하며 항공사, 여행사 호텔 등 관광관련 업무를 위해 학업에 정진하고 있는 학생들에게 유용한 지침서가 되기를 기대해본다.

2021년 9월
저자 일동

C O N T E N T S

CHAPTER 7 특수여객수요 정의 및 예약/발권/운송 방법

CHAPTER 8 Queue 및 AIS 운영 방법

CHAPTER 9 예약 및 운임조회·발권 명령어 종합

CHAPTER 10 [부록] 알아두면 도움이 되는 지식

CHAPTER **1**

항공실무를 위한 기본 개념

CHAPTER 1

항공실무를 위한 기본 개념

 1 **항공여객의 종류**

　항공여객(airline passenger)을 광의(廣義: broad meaning)에서 정의하면 '일정 거리에 있는 두 지점 간을 각종 이동수단을 이용해 이동하는 모든 사람'이라고 할 수 있다. 즉, 항공여객을 항공기만을 이용하여 이동하는 사람이라고 한정하는 협의(俠義: narrow meaning)의 개념과는 달리, 광의의 항공여객은 항공기를 이용하는 것 이외에도 기차, 자동차, 고속버스, 여객선 등 각종 운송수단을 이용하여 이동하는 모든 수요까지를 잠재적인 항공여객으로 간주하는 것이 통상적인 개념이다.

그림 1 여행목적에 따른 항공수요의 구분 ✈

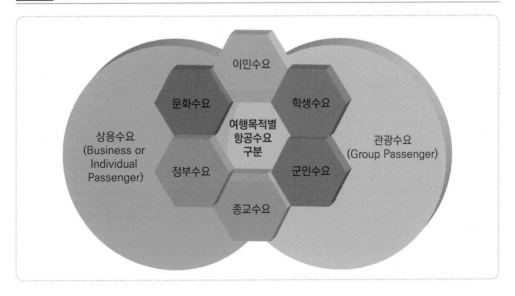

1-1. 상용수요(Business Passenger, 개인수요: Individual Passenger)

항공여객은 〈그림 1〉과 같이 여행목적에 따라 크게 상용수요와 관광수요로 나뉜다. 상용수요(business passenger, 개인수요: individual passenger)의 특성은 ① 예약형태가 출발 D-120~21일 전까지는 실제 예약이 거의 없는 것이 특징이다. 그 이유는 수요의 발생 자체가 업무와 관련되어 불시에 발생하기 때문이다. 따라서 상용수요는 출발 몇 주 전 또는 며칠, 몇 시간 전까지도 언제 어디로 여행할지를 명확히 알 수 없는 경우가 적지 않다.

그러나 상용수요(개인수요)는 〈그림 2〉와 같이 출발 D-20일 이후부터 수요가 발생하기 시작하여 시간이 경과함에 따라 여행계획이 보다 구체화되면, 일정에 따라 예약을 하기 시작한다. 이 같은 성향에 따라 상용수요의 예약추이 곡선은 출발이 임박할 때까지도 지속적인 증가 추세를 보이며 기울기 또한 매우 가파르게 형성된다.

한편, ② 상용수요는 항공사나 예약등급(booking class)을 선택할 때, 항공료(fare)보다는 스케줄(schedule)을 중시한다. 그 이유는 항공료 지불 주체자가 승객 자신이 아니고 회사라는 이유 때문이기도 하지만, 사업 목적상 특정 시간, 특정 장소에 반드시 도착해야 하는 이유가 가장 큰 이유라고 할 수 있다.

결론적으로 상용수요는 출발 D-1~2주를 전후하여 수요가 가장 많이 발생하고 예약 등급에 관계없이 가격이 얼마든지 관련 운임을 지불할 의지와 능력이 있기 때문에 항공사 측면에서는 수입(revenue)을 제고하는 데에는 더할 나위 없는 중요한 수요이다.

그림 2 상용수요 및 관광수요 예약곡선 ✈

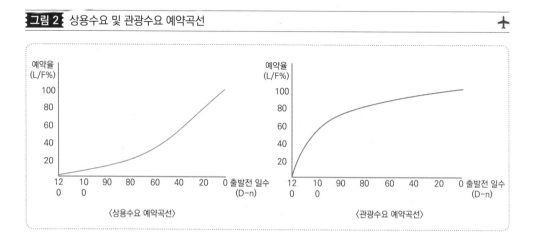

1-2. 관광수요(단체수요: Group Passenger)

관광수요(단체수요: group passenger)의 특성은 ① 상용수요와는 달리 보다 저렴한 가격으로 여행하기를 원하며, ② 동시에 비사업적인 목적으로 여행하는 수요이기 때문에 스케줄 또한 그리 중요하게 여기지 않는다. 따라서 ③ 관광수요의 예약 추이는 여행 개시일로부터 상당히 이른 시점에 시작되는데 이러한 현상은 할인운임 혜택을 취하기 위한 전략이기도 하다.

관광수요는 〈그림 2〉와 같이 특별할인운임을 받기 위해서 1년 전에 예약을 시도하기도 하지만, 전체 수요의 90% 정도는 출발 D-180~60일 전후를 기점으로 형성된다.

그러나 항공사 입장에서는 공교롭게도 이러한 할인수요가 정상운임 수요보다 먼저 발생하기 때문에 정상운임 수요를 위하여 얼마만큼의 좌석을 할인운임 수요로부터 보호해야 할지를 고심하게 된다. 즉, 할인운임(discounted fare) 수요에 대하여 과도하게 미리 판매하게 되면, 출발임박 시점에 발생하는 정상운임(normal fare) 수요에게 판매할 좌석이 부족할 수 있어 이러한 결정은 항공사의 수입에 부정적인 영향을 미칠 수 있다.

표 1 상용수요와 관광수요의 특성 차이

수요	상용수요	관광수요
특성	① 항공사나 Class를 선택 시, 비용보다는 일정 준수가능성을 중시(Frequency 중시) ② 가격보다 여정 스케줄을 중시하여 Yield가 높고, Class Up-sale이 용이 ③ 수요규모(70~95%)가 크고 수요발생이 출발 임박 시점까지 발생하나, Low-Yield Spill 발생 가능성 지대	① 여행 스케줄보다, 좋은 조건의 출발일과 할인 운임 정도가 여행지 선택의 주요 요인이 됨 ② 저비용의 이유로 우회 및 예정일자 변경도 감 수하며 Yield가 낮으며 Class Up-sale이 용 이치 않은 자유재량 수요임 ③ 수요발생이 출발 D-180~60일 정도로 상용 수요보다 빨라 좌석지원에 대한 의사결정 시, High-Yield Spill 발생 여부에 대한 분석을 반드시 선행하여야 함

Memo

2 등급(Class)의 종류

2-1. 객실등급(서비스등급: Cabin Class)

객실등급(cabin class)은 항공기 객실(cabin) 내에서 물리적으로 구분되어 운영되는 등급(class)으로 이에는 〈그림 3〉과 같이 1등석(first class), 2등석(business class), 보통석(economy class)이 있다. 물론 항공기의 종류나 마케팅 정책 등에 따라 객실등급을 하나나 두 개만을 운영하는 경우도 있으나 통상은 세 개의 객실등급을 모두 운영하는 것이 보통이다. 이러한 객실등급의 차이는 좌석의 폭(width), 넓이(extent), 기내식(in-flight meal), 무료수하물(FBA; free baggage allowance), 전용 체크-인 카운터(check-in counter) 및 라운지(lounge) 사용 여부 등에 따라 서비스의 등급을 구분하는데, 이를 일명 서비스등급(service class)이라고도 한다.

그림 3 객실등급(cabin class)

1등석 (first class) · 2등석 (business, prestige class) · 보통석 (economy class)

2-2. 예약등급 (판매등급: Booking Class)

예약등급(booking class)은 객실등급(cabin class)과 달리 동일 객실등급(cabin class) 내에서 상용 또는 관광수요를 구분하고, 〈그림 4〉와 같이 판매, 예약, 발권, 운송과정 등에 별도의 제한사항을 두어 항공사마다 각기 다른 영업환경과 정책 등을 적용하여 운영한다. 이렇게 설정된 예약등급은 항공사 간의 예약 및 발권 시에 사용하는 등급(class)이므로 이를 흔히 판매등급(selling class)이라고도 한다.

그림 4 예약등급 세분화 시 고려요소 ✈

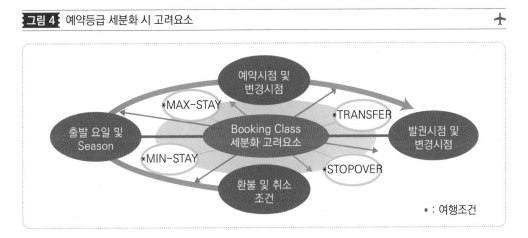

각 항공사는 일반석(economy class)을 운영함에 있어 지불의사(WTP: willingness to pay)가 다른 승객들을 대상으로 동일 구간(segment), 동일 객실등급(cabin class) 내에서 서로 다른 여행조건 및 구매조건 등을 적용하여 각기 다른 예약등급(booking class)을 적용한다. 그러나 실제로 기내에서 제공받는 서비스는 지불운임에 관계없이 동질의 서비스(service)를 받는다.

다시 말해 동일한 객실등급(cabin class) 내에서 각기 다른 운임을 지불하고도 동질의 서비스를 받게 되는 것은 항공사의 상품이 항공기 내에서의 물리적인 구분이나 객실서비스로만 구분되는 것이 아니라 예약이나 여행조건 등의 차이에 의해서도 차별화 될 수 있다는 것을 의미한다.

각주) MAX-STAY(최대 체류가능기간), MIN-STAY(최소 의무체류기간), TRANSFER(환승), STOPOVER(도중체류)

따라서 자사의 상품을 객실등급(cabin class)에 따라 운임을 차별화하는 것도 중요하겠지만 예약이나 여행조건 등에 따라 상품과 다양한 운임을 운영하는 것 또한 중요한 전략이 될 수 있다.

표2 승객의 여행형태별 예약등급(booking class)의 종류(예시) ✈

Cabin Class	Booking Class	판매지역	지불 요금 / TRAFFIC
F	P	전 지역	Morning Calm P/CLS
	F	전 지역	1등석 요금
	A	전 지역	75% 이상 할인, Full Mileage
C	C	전 지역	2등석 요금
	R	해외지역	해외지역 6수송
	I/D	전 지역	U/G/75% 이상 할인, Full Mileage
Y	Y	한국지역	Y/CLS 정상 요금
	B	전 지역	OAL 판매, Y-3/4, S-5/6 수요
	M	한국지역	Excursion/Promotion Fare
	H	전 지역	해외지역 Spot Promotion Fare
	E	해외지역	Excursion/Promotion Fare-3/4 수요
	K	해외지역	5/6수요
	Q/T/G	전 지역	75% 이상 할인, Full Mileage
	X	전 지역	Group 요금

3 ✈ 시각(Time)의 개념

전 세계 항공사(airline)는 항공여객예약, 발권, 운송실무 과정에서 시간(time)을 12시간 단위로 오전(AM: ante meridiem), 오후(PM: post meridiem)로 나누어 사용하는 것이 아니라, 기본적으로 1일을 24시간 단위로 나누어 운영한다.

3-1. 현지시각(Local Time)

현지시각(local time)은 '현재 본인이 위치하고 있는 지역(local)의 시각(time)'을 의미한다. 이는 항공사의 운항시각표(timetable)상에 표기하는 항공기 이착륙 시각을 비롯하여 실제 현장에서 실무 작업 시각 및 비정상운항 등에 대한 시각 등을 표기할 때 사용된다. 따라서 현지시각을 표기할 때는 해당 지역의 시각 뒤에 L(local의 약자)자를 붙여 '1200L'로 표기하거나 L자를 붙이지 않고 그냥 '1200'로 표기하는 것이 현지시각을 표기하는 일반적인 방식이다.

예를 들어 서울(Seoul)과 도쿄(Tokyo)가 현재 13시 42분(1342L)일 때, 〈그림 5〉에서 보는 바와 같이 런던(London)의 현지시각은 05시 42분(0542L), 파리/베를린(Paris/Berlin)은 06시 42분(0642L), 베이징/홍콩(Beijing/Hong Kong)은 12시 42분(1242L), 뉴욕/워싱턴(New York/Washington, D.C)은 12시 42분(1242L)이 될 것이다. 그러나 뉴욕/워싱턴 시각은 날짜변경선 오른쪽에 위치하고 있기 때문에 하루가 늦으므로, 서울이 5월 20일 13시 42분인 경우에 뉴욕/워싱턴의 날짜 및 현지시각은 5월 19일 12시 42분이 된다.

그림 5 세계 현지시각(local time) ✈

3-2. 표준시각(Zulu Time)

세계의 표준시각(zulu time)은 영국의 그리니치 천문대(greenwich observator)를 기준으로 동쪽과 서쪽에 위치해 있는 국가별로 경도가 15도(°) 차이가 날 때마다 1시간씩 시차가 발생한다. 즉, 영국 런던 시각(표준시각: zulu time)이 12시일 때 런던보다 경도가 15도 왼쪽에 위치한 나라는 이보다 1시간이 늦게 가기 때문에 현지시각(local time)이 11시가 될 것이고, 런던보다 경도가 15도 오른쪽에 위치한 나라는 런던보다 1시간이 빠르기 때문에 현지시각이 13시가 될 것이다. 그렇기 때문에 세계 표준시각 산식은 현지시각에서 런던의 그리니치 천문대를 기준하여 더 가거나 덜 가는 시간을 빼주거나 더해주면 바로 런던의 그리니치 천문시(GMT: greenwich mean time)가 도출된다.

예를 들어 서울의 현지시각이 21시라고 할 때 〈그림 6〉과 같이 런던의 그리니치 천문대 시각(GMT)을 기준하여 서울이 9시간 더 빨리 가기 때문에 21시에서 9시간을 빼면 서울의 표준시각은 12시가 될 것이다. 반면 미국 뉴욕의 경우에는 런던의 그리니치 천문시보다 5시간이 덜 가기 때문에 현지시각 07시에 5시간을 더해주면 12시가 된다.

현지시각과 달리 세계 표준시각을 나타내는 방법은 해당 지역의 15도 경도를 차감하여 산출된 시각 뒤에 Z(zulu의 약자)자를 반드시 붙여 '1200Z'로 표기해야 한다.

그림 6 세계 표준시각(zulu time)

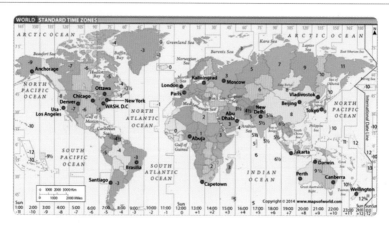

4 노선(Route)의 구분

4-1. 국내선(Domestic Route)

국내선(domestic route)은 국제선(international route)과 대비되는 개념으로, 출발지와 도착지 국가가 동일한 경우를 의미한다. 2017년 7월 이후 한국에서 탑승하는 국내선은 신분증이 없으면 탑승이 불가하나 생체정보를 미리 등록해 둔 경우에는 신분증이 없이도 김포국제공항, 제주국제공항과 김해국제공항의 전용 게이트를 통해 탑승할 수 있다.

대부분의 국가에서는 국내선의 경우, 항공기 탑승 시 보안 검색을 생략하는 것이 일반적이나 우리나라의 경우는 정치적으로 대치하고 있는 지리적인 특성 때문에 국내선 이용 시에도 국제선에 준하는 보안 검색을 시행하고 있다. 한편, 우리나라가 국내선으로 운영하는 공항은 〈표 3〉에서 보는 바와 같이 인천공항공사가 관장하는 인천국제공항과 한국공항공사가 관할하는 14개 공항을 포함하여 총 15개가 운영되고 있다.

표 3 우리나라의 국내선 및 국제선 공항 현황 ✈

운영주체	국내공항	국제노선 운영 여부	공항 Code
인천공항공사	인천국제공항	국내선 및 국제선 동시 운영	ICN
한국공항공사 (14개 공항)	김포국제공항	국내선 및 국제선 동시 운영	GMP
	부산국제공항	국내선 및 국제선 동시 운영	PUS
	제주국제공항	국내선 및 국제선 동시 운영	CJU
	청주국제공항	국내선 및 국제선 동시 운영	CJJ
	대구국제공항	국내선 및 국제선 동시 운영	TAE
	무안국제공항	국내선 및 국제선 동시 운영	MWX
	양양국제공항	국내선 및 국제선 동시 운영	YNY
	광주공항	국내선만 운영	KWJ
	울산공항	국내선만 운영	USN
	여수공항	국내선만 운영	RSU
	포항공항	국내선만 운영	KPO
	사천공항	국내선만 운영	HIN
	군산공항	국내선만 운영	KUV
	원주공항	국내선만 운영	WJU

4-2. 국제노선(International Route)

국제선(international route)은 국내선(domestic route)과 대비되는 개념으로 출발지와 도착지 국가가 서로 다른 노선 운영을 의미한다. 국내선과 국제선을 별도로 구분하는 것은 승객을 자연스럽게 분리하고자 하는 의도도 있지만 국제선에 필요한 시설(CIQ, 세관검사(customs), 출입국관리(immigration), 검역(quarantine)을 특별하게 설치해야 하는 이유 때문이기도 하다.

〈표 4〉와 같이 일반적으로 국제선은 장거리 노선인 경우, 따뜻한 기내식과 기내음료를 제공하는 경우가 통례이지만, 단거리 노선인 경우에는 따뜻한 기내식(hot meal)이 아닌 샌드위치(cold meal)가 제공되거나 생략하는 경우도 있다. 한편, 국제선은 국내선과 달리 공항(이나 시내의 특정 구역)에서 미리 수속을 하거나 공항에 직접 나와 출국수속을 마쳐야 보세구역에 진입할 수 있고 보세구역 내에 위치한 탑승구를 통하여 출발할 수 있다.

표 4 국적항공사의 대륙별 운영 국제노선(international route) ✈

국제노선	노선별 표기(노선 Code)	비행 소요시간	중장거리 구분
미주노선	TPSP-Route (Trans Pacific)	10시간 이상	장거리 노선 (Long-Position)
구주노선	EUPA-Route (Europe)		
대양주노선	SWP-Route (South West Pacific)	3시간 이상~10시간 미만	중거리 노선 (Middle-Position)
동남아노선	SEA-Route (South East Asia)		
일본노선	JPN-Route (Japan)	3시간 미만	단거리 노선 (Short-Position)
중국노선	CHN-Route (China)		

5 항공실무시스템의 종류 및 기능

5-1. 항공사 시스템(CRS/GDS)

21세기는 첨단 정보화 시대이므로 고객은 첨단 정보화에 맞는 서비스를 요구하는 것이 추세이고, 이를 충족시키지 못하는 기업은 자연 도태되는 것이 당연시되고 있다. 고객의 요구가 다양화되고 신속한 서비스가 경쟁력의 잣대가 되는 현시점에서 항공여객예약시스템(CRS, computer reservation system)은 항공사 및 관련 산업 등에서 없어서는 안 될 긴요한 마케팅 수단의 하나가 되었다.

항공사의 예약관리를 위한 내부 자동화 목적으로 개발된 항공여객예약시스템은 여행관련 다양한 정보를 제공하는 종합여행정보시스템으로서, 정보통신산업의 발달과 함께 그 영역이 확대되어 최근에는 세계 전역을 포괄하는 글로벌 항공여객예약시스템(GDS, global distribution systems)으로 발전하였다.

글로벌 항공여객예약시스템은 〈그림 7〉과 같이 항공여행을 위한 항공예약(reservation), 발권(ticketing), 운임(fare) 정보뿐만이 아니라, 호텔,(hotel) 렌터카(rent-a-car), 철도(railway), 크루즈(cruise) 등의 예약 및 운임 정보를 제공해 주는 것은 물론, 각국의 출입국 절차, 날씨, 교통편 등과 같은 여행에 필요한 각종 여행정보를 제공한다.

그림 7 CRS 및 GDS의 제공 정보 기능

정보 서비스	정보 내용
항공편 스케줄	▶ 출발/도착 시간 및 도시, 항공사, Booking Class, 경유지 등
항공운영 정보	▶ 성/비수기 운임 및 기간, 운임종류, 최대/최소 체류 및 여정조건 운임과 관련된 항공사 및 Booking Class 등 각종 적용 규정
호텔	▶ 각 GDS 가입 호텔 설비, 객실수/타입, 운임, 소재지, 기타 부대 시설 이용 관련 기간 및 제반 규정 관련 정보
렌터카	▶ 차종별 요금, 지역별 예약상황 안내, 이용조건 등
교통수단 정보	▶ 각 지역별 구간별/교통수단별 이용 안내
고객관리	▶ 고객별 이름, 주소, 전화번호, C/C정보, 선호좌석, 호텔, 렌터카 등 200여 항목 관리 기능
Package 투어 정보	▶ 전 세계의 지역별, 도시별 Package 투어 업자 및 제공 SVC에 관련된 정보 제공
관광 이벤트 정보	▶ 세계 주요 관광지(박물관, 극장, 공연장 등)에 관련된 정보, 세계 주요 도시의 실제시간 기상정보 등 제공
출입국 정보	▶ 전 세계 200여 국에 관련된 출입국 규정 절차(비자, 검역, 세관) 등 각국의 축제일, 관공서 업무 SVC 정보 등 제공

5-2. 중립여행포털시스템(중립 CRS)

현재 많은 항공사들은 판매의 대부분을 대리점을 이용한 간접판매(indirect sale)에 의존하고 있으며, 이 간접판매를 가능케 하는 도구가 바로 글로벌 항공여객예약시스템이다. 즉 항공사 및 호텔, 렌터카, 크루즈 업체들은 〈그림 8〉과 같이 자사의 상품정보를 대리점에게 제공하기 위해 글로벌 항공여객예약시스템에 가입을 하고, 글로벌 항공여객예약시스템들은 자사의 단말기를 대리점에 설치하여 가입사들에게 상품정보를 중립적으로 제공함으로써, 대리점으로 하여금 필요한 상품정보를 조회하고 판매할 수 있게 해준다. 그리하여 글로벌 항공여객예약시스템사들은 항공사들에게 정보채널(distribution channel)을 제공한 대가로 예약비용(booking fee)을 징수하기도 하고, 대리점들에게는 단말기를 제공한 대가로 단말기 임대료 및 회선료 등을 징수한다.

그림 8 항공사 CRS와 중립 CRS 관계도 ✈

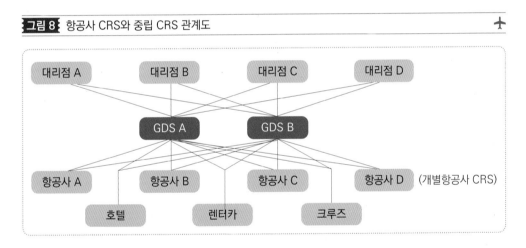

1990년대 후반 인터넷 보급과 함께 항공사의 항공권 유통경로 또한 기존의 자사 항공여객예약시스템(in-house) 및 글로벌 항공여객예약시스템에 의존하는 단일 유통구조망에서 각 항공사가 자체 및 연합 웹사이트(오비츠; Orbitz, 오포도; Opodo, 주지; Zuji 등)를 운영하거나, 최근에는 몇 개의 대형 여행대리점이 웹사이트(익스피디아; expedia.com, 프라이스라인; priceline.com, 트래블로시티; travelocity.com 등)를 공동으로 운영하는 형태 등 다양한 인터넷 유통경로가 출현하고 있다.

6 항공여객시스템(TOPAS Amadeus SellConnect) 기능 및 기본 정보

토파스(TOPAS: total passenger service system)는 대한항공(Korean Air)과 세계 최대의 항공·여행 IT기업인 아마데우스(Amadeus)가 공동출자하여 설립한 종합 여행정보시스템 회사이며, 여기서 개발된 예약·발권 시스템인 TOPAS Amadeus SellConnect가 제공하는 기능은 〈표 5〉와 같다.

첫째, KE, TG, AF, CX 등 세계 130개 주요 항공사와 TOPAS가 하나의 시스템으로 연결되어 ① 항공사와 여행사 간의 데이터 불일치로 발생되는 No-Record, ADM 등을 원천적으로 차단하고, ② 항공사 시스템과의 연계성 강화로 그룹예약 처리 기능을 강화하는 한편, ③ 항공사와 동일한 데이터베이스를 사용함으로써 예약 시 응답속도와 정확성을 크게 개선하였다.

둘째는 한국 시장에 최적화된 GDS 기능으로 ① best pricer : PNR 생성 후 더욱 저렴한 좌석과 운임을 검색하여 자동으로 재예약을 하는 기능과 공시운임 및 판매가에 할인운임을 적용하여 다양한 항공사의 운임 계산 시 유용한 정보를 제공한다. ② file finishing : PNR 완성 시점(end of transaction)에 여행사가 미리 설정해 놓은 내용들을 PNR에 자동으로 입력해주는 기능이 있다. ③ master pricer expert : PNR 생성 전 고객의 출·도착지 정보만으로 좌석상황과 운임을 검색하여 최대 50개의 예약 가능한 최적운임 및 여정을 제공하는 기능을 갖추었으며, 다양한 운임 조건을 설정할 수 있고 자동 예약과 PNR 운임 저장 기능이 있다. ④ ATC(auto ticket changer) : 본 GDS의 대표기능으로 여행사에서 가장 어려워하는 항공권 재발행 및 환불처리와 같은 까다로운 업무를 자동으로 처리해 주고 운임차액을 자동으로 계산하는 기능이 있다.

셋째는 'any time, any where' 기능으로 100% web 기반으로 별도의 시스템 설치가 필요치 않으며, 언제 어디서나 사용할 수 있다.

넷째는 사용자 편의를 확대하는 측면에서 기존 entry mode와 GUI mode가 자유롭게 호환되어 사용자의 편의성이 강화되었으며 직관적인 UI를 통해 GUI 기능만으로 PNR을 자유롭게 생성/변경할 수 있고, Entry 모드의 기능들도 보다 더 강력해졌다.

표 5 TOPAS Amadeus SellConnect 주요 기능 및 부가 기능

부문	주요 및 부가 기능
예약부문	• PNR 변경 시 SSR(Special Service Request) 자동 재신청 • Segment 자동정렬(예약순서와 상관없이 날짜순으로 자동정렬) • 여정이 서로 다른 승객에 대한 동시예약 가능 • Availability 조회 시 복편여정 동시 조회 • 고객 Profile을 이용한 PNR 생성 • Queue 관리기능 강화(추가/변경/삭제 가능) • PNR Copy 기능을 이용한 예약
발권부문	• 자동 운임 계산 범위 확대 • 재발행 및 환불 시 운임차액 자동계산 / 자동운임 검색기능 강화 • IATA 기준에 부합하는 EMD(Electronic Miscellaneous Document)기능 제공
기타부문	• 자주 반복되는 업무를 한꺼번에 수행할 수 있는 매크로 기능 제공 • PNR 생성 시 오류 자동 체크 및 수정기능 제공 • 과거 PNR에 대한 즉시 복구가 가능하며 최대 3년까지의 여정 및 발권정보 제공

6-1. TOPAS Amadeus SellConnect 작업장 입장 및 퇴장

- 1단계 : URL을 활용한 작업장 접속 : http://www.cloudedu.co.kr
- 2단계 : ID 및 Password 입력
- 3단계 : [토파스] 아이콘 클릭 --> 작업장 입장
- 4단계 : 작업 종료 후 작업장 퇴장

입장 및 퇴장 순서	단계별 관련 화면
1단계 : URL을 활용한 접속 http://www.cloudedu.co.kr	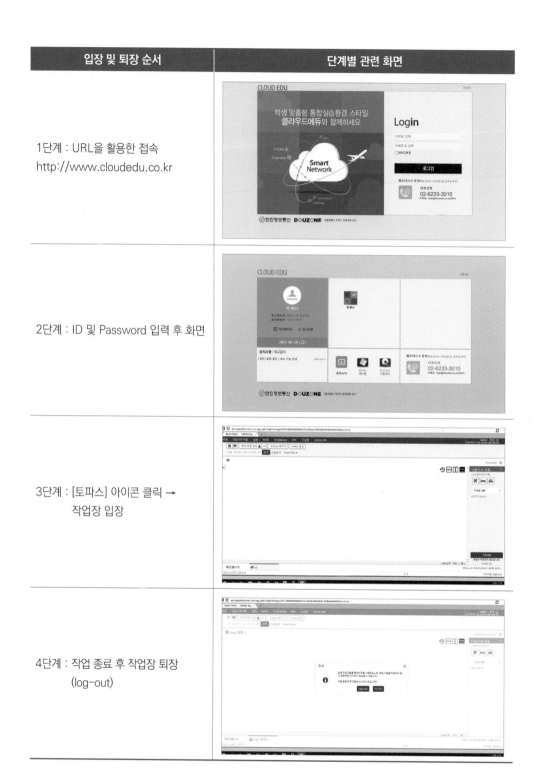
2단계 : ID 및 Password 입력 후 화면	
3단계 : [토파스] 아이콘 클릭 → 작업장 입장	
4단계 : 작업 종료 후 작업장 퇴장 (log-out)	

6-2. Key board 사용법

운영주체	명령어(Entry) 및 부호	기능
Enter	>↵	명령어를 Main Computer로 보내어 원하는 작업 결과를 얻고자 하는 경우에 실행하는 기능
SOM (start of message)	>	명령어의 시작위치를 명시해주는 기능
Cursor	> |	명령어가 입력되는 지점을 알려주는 기능이며, 한 자씩 입력할 때마다 뒤로 오른쪽으로 이동함
Entry History 조회	[Alt] + [↓]	이전에 입력한 명령어를 하나씩 불러오는 기능
	[Alt] + [↓]	이전에 입력한 명령어 전체를 한꺼번에 불러오는 기능
Scrolling Keyword (화면이동 기능)	>MD	현재 화면에서 다음(아래) 페이지로 이동 (Move Down)
	>MU	현재 화면에서 이전(위) 페이지로 이동 (Move Up)
	>MB	현재 화면에서 마지막 페이지로 이동 (Move Bottom)
	>MT	현재 화면에서 처음 페이지로 이동 (Move Top)
명령어와 함께 쓰는 부호들	*	Asterisk : 명령어상에서 항목을 구분하는 부호
	/	Slash : 다른 사항을 끼워넣을 때 활용하는 부호
	–	Hyphen : From ~ To를 나타내는 부호

표 6 Key board의 명령어 및 부호기능 ✈

6-3. 작업장 확인 및 정보/Help 기능

(1) 작업장 확인

명령어	>JD
응답결과	00000000　　　　　　SELLK1394Z　　　　　PSEUDO CITY : SEL AREA TM　　　　　MOD SG/DT.LG TIME　　ACT.Q STATUS　　NAME A-IN　　　　　　PRD ML/SU.EN 24　　　　　SIGNED B　　　　　　　　　　　　　　　　　NOT SIGNED C　　　　　　　　　　　　　　　　　NOT SIGNED D　　　　　　　　　　　　　　　　　NOT SIGNED E　　　　　　　　　　　　　　　　　NOT SIGNED F　　　　　　　　　　　　　　　　　NOT SIGNED
응답결과 설명	① SELK1394Z : Office ID(아래 '(2)' 참조) ② AREA : A부터 F까지 작업장을 나타내며, 현재 사용 중인 작업장은 IN으로 표기됨 ③ TM : Type Mode(예를 들어 'A-OUT 05M'으로 표기되어 있으면 5분 전에 A-작업장을 OUT하였 　　다는 의미임) ④ MOD : Mode(TRN: Training Mode, PRD: Production Mode) ⑤ SG : Sign,　　　　　⑥ DT : Duty Code ⑦ LG : Language(사용 언어, EN: English) ⑧ ACT.Q : Queue와 관련된 정보 ⑨ STATUS : Sign 입력 여부 정보(SIGNED: Sign 입력 상태임을 의미) ⑩ NAME : 작업 중인 PNR이 있는 경우 해당 PNR의 승객성명이 표기됨

(2) 항공실무 작업 사무실 정보(Office ID)

TOPAS SellConnect을 이용하여 특정 작업을 했을 때 자동으로 수록되는 정보로서 이는 각 여행사가 보유하고 있는 시스템의 정보를 의미한다(기존의 여행사 terminal city code와 동일한 개념임).

Office ID 예시	SEL K1 3 907
해당 용어 설명	① SEL : Office Local Code(작업장이 위치하고 있는 도시) ② K1 : Corporation Code(항공사 및 여행사 코드-업체 코드) ③ 3 : Corporate Qualifier Code(업체 성격별 코드) 　　[1: Participating Airlines, 2,3: Travel Agent, 4: Hotel, 5: Car Provider 등] ④ 907 : Office Code(사무실 식별 Codes-Office Type Codes) 　　[001-0ZZ: Airport Offices, 100-899: Town Offices, 900-94Z: Training Offices]

각주) 여행사 Terminal City Code : PNR이 만들어진 도시(위치), 제작업체, 업체성격, 사무실 위치를 나타내는 Code.

(3) 정보(Information) 및 Help 기능

구분	Information(정보) 기능 : GG		Help 기능 (항공실무(작업) 방법 조회 기능)	
기본 명령어	>GG xxxx		>HE xxxx	
관리 주체	Amadeus 및 항공사 각자 관리		Amadeus 자체 관리	
유용한 명령어	>GG AIS	Amadeus Information Index	>HE NM	명령어로 Help Page 조회
	>GG PCA KE	KE와 Amadeus 간의 합의한 기능	>HE NAME	수행 업무 이름으로 Help Page 조회 가능(Name 관련 업무 참조)
	>GG AIR TG	TG에서 업데이트한 정보 조회	>HE STEP	특정 작업을 단계별로 어떻게 해야 하는지 방법을 조회
	>GG CODE x	x로 시작하는 Code 조회	>HE/	명령어를 잘못 입력하여 Error 메시지가 나타난 경우, 해당 Help Page Guide

6-4. Decode 및 Encode

전 세계 항공사와 CRS(computerized reservation system)는 업무의 정확성과 신속성을 도모하기 위하여 국제항공운송협회(IATA: international air transport association)의 관리 하에 도시(공항), 국가, 주(state), 항공사 및 기종 등을 code로 만들어 항공실무(예약, 발권, 운송)에 사용하고 있다.

① Decode = De + Code(Code를 단어로 변환하는 작업)

② Encode = En + Code(단어를 Code로 변환하는 작업)

구분	기본 명령어		기본 명령어 설명
	Decode	Encode	
도시(city) 공항(airport)	>DAC xxx	>DAN xxxxxxx	>DAC : do a code >DAN : do a name
항공사(airlines)	>DNA xx	>DNA xxxxxxx	>DNA : don't know airlines
국가(country)	>DC xx	>DC xxxxxxx	>DC : do country
주(state)	>DNS xx	>DNS xxxxxxx	>DNS : don't know state
기종(equipment)	>DNE 777	>DNE boeing	>DNE : don't know equipment
기타	>DB xxx		– 특정 도시 Multi Airport 확인

(1) 도시(City) 및 공항(Airport) : Code는 영문 알파벳 3글자(3 Letter)로 구성됨

명령어	>DAC PAR
응답결과	>DAC PAR DAC PAR A:APT B:BUS C:CITY P:PRT H:HELI O:OFF-PT R:RAIL S:ASSOC TOWN CITY : 　PAR C　PARIS　　　　　　　/FR:FRANCE 　LATITUDE: 48°51'12"N　　　LONGITUDE: 02°20'56"E 　TIME DIFF: GMT +1H　　　　LOCAL TIME IS 1450 ON TUE01JUN21 　DAYLIGHT SAVING: 28MAR21 AT 0100 TO 31OCT21 AT 0100: +2H 　　　　　　27MAR22 AT 0100 TO 30OCT22 AT 0100: +2H AIRPORT-HELIPORT : 　BVA A　BEAUVAIS TILLE　　　/FR　　– 69K 　XCR A　CHALONS VATRY　　　/FR　　– 135K 　CDG A　CHARLES DE GAULLE　/FR　　– 22K 　LBG A　LE BOURGET　　　　　/FR　　– 14K 　ORY A　ORLY　　　　　　　　/FR　　– 14K 　POX A　PONTOISE CORMEILLES /FR　　– 35K 　TNF A　TOUSSUS LE NOBLE　　/FR　　– 20K ---------------------------이하 내용 생략---------------------------
응답결과 설명	① A : Airport,　② B : Bus,　③ C : City,　④ P : Port(항구),　⑤ H : helicopter ⑥ O : Off_Point,　⑦ R : Rail,　⑧ S : Associated Town(인근 지역),　⑨ N : Nearest 10 Airport

명령어	>DAN PARIS

응답결과	>DAN PARIS
	
	DAN PARIS
	A:APT B:BUS C:CITY P:PRT H:HELI O:OFF-PT R:RAIL S:ASSOC TOWN
	PAR C PARIS
	   A BVA – BEAUVAIS TILLE – 69K /FR
	   A XCR – CHALONS VATRY – 135K /FR
	   A CDG – CHARLES DE GAULLE – 22K /FR
	   A LBG – LE BOURGET – 14K /FR
	   A ORY – ORLY – 14K /FR
	   A POX – PONTOISE CORMEILLES – 35K /FR
	   A TNF – TOUSSUS LE NOBLE – 20K /FR
	   A VIY – VILLACOUBLAY VELIZY – 14K /FR
	   H JDP – ISSY LES MOULINEAUX HP – 6K /FR
	   H JPU – LA DEFENSE HELIPORT – 9K /FR
	   B XEX – AEROGARE DES INV BUS – 3K /FR
	   B XTT – ARC DE TRIOMPHE BUS ST – 4K /FR
	   B XGB – MONTPARNASSE BUS STN – 3K /FR
	   R XHP – GARE DE L'EST RAIL STN – 3K /FR
	   R XPG – GARE DU NORD RAIL STN – 3K /FR
	   R XJY – MASSY TGV RAIL STATION – 14K /FR
	PHT C PARIS /USTN
	   A PHT – HENRY COUNTY – 0K /USTN
	PRX C PARIS

응답결과 설명	① DAN : Do a name, ② PARIS : 도시 이름, ③ C : City, ④ A : Airport ⑤ H : helicopter, ⑥ B : Bus, ⑦ R : Rail

(2) 국가(Country) : Code는 영문 알파벳 두 글자(2-Letter)로 구성됨

명령어	>DC CH
응답결과	>DC CH DC CH CH SWIT ZERLAND/EUROPE TC2 CHF SWISS FRANC LOCAL/INTL PUBLISHED CHE SWITZERLAND CITIZEN
응답결과 설명	① DC : DO Country Code, ② CH : 국가코드 ③ SWITZERLAND : CH의 Full name, ④ EUROPE : 유럽지역 ⑤ TC2 : Area2 지역 표시

명령어	>DC CHINA
응답결과	>DC CHINA DC CHINA CN CHINA/ASIA REGION TC3 CNY YUAN RENMINBI LOCAL/INTL PUBLISHED CHN CHINA CITIZEN
응답결과 설명	① DC : DO Country Code, ② CHINA : 중국의 Full name ③ ASIA REGION : 아시아지역, ④ TC3 : Area3 지역 표시

(3) 항공사(Airlines) : Code는 영문 알파벳 두 글자(2-Letter)로 구성됨

명령어	>DNA CX
응답결과	>DNA CX DNA CX CX/CPA 160 CATHAY PACIFIC
응답결과 설명	① DNA : Don't know airline, ② CX : 항공사의 Code ③ CPA : 항공사의 3 Letter Code, ④ 160 : CX의 Number Code ⑤ CATHAY PACIFIC : CX의 Full Name

명령어	>DNA CATHAY PACIFIC
응답결과	>DNA CATHAY PACIFIC DNA CATHAY PACIFIC CX/CPA 160 CATHAY PACIFIC
응답결과 설명	① DNA : Don't know airline, ② CATHAY PACIFIC : CX의 Full Name ③ CPA : 항공사의 3 Letter Code, ④ 160 : CX의 Number Code ⑤ CATHAY PACIFIC : CX의 Full Name

(4) 주(State) : Code는 영문 알파벳 두 글자(2-Letter)로 구성됨

명령어	>DNS US CA
응답결과	>DNS US CA DNS US CA US CA CALIFORNIA/UNITED STATES OF AMERICA
응답결과 설명	① DNS : Don't know state, ② US : 국가코드, ③ CA : 미국 내 주 코드 *주 코드 Decode 조회 시 반드시 국가코드를 함께 입력해야 함
명령어	>DNS FLORIDA
응답결과	>DNS FLORIDA DNS FLORIDA US FL FLORIDA/UNITED STATES OF AMERICA
응답결과 설명	① DNS : Don't know state, ② FLORIDA : 미국 내 주 이름

(5) 기종(Equipment) : Code는 영문 알파벳 세 글자(3-Letter)로 구성됨

명령어	>DNE 777
응답결과	>DNE 777 DNE 777 777 W BOEING 777-200/300 JET 281-440
응답결과 설명	① DNE : Don't know equipment, ② 777 : 항공기 기종
명령어	>DNE BOEING
응답결과	>DNE BOEING 70F N BOEING 707 FREIGHTER JET 0 - 0 703 N BOEING 707-320 JET 150 - 160 70M W BOEING 707-320 MIXED CONFIGURATION JET 110 - 110 707 N BOEING 707/720B JET 130 - 219 717 N BOEING 717-200 JET 106 - 123 B72 N BOEING 720 JET 126 - 140 72F N BOEING 727 FREIGHTER JET 0 - 0 721 N BOEING 727-100 JET 92 - 119 72X N BOEING 727-100 FREIGHTER JET 1 - 10 72M N BOEING 727-100 MIXED CONFIGURATION JET 78 - 129 72B N BOEING 727-100 MIXED CONFIGURATION JET 82 - 189 727 N BOEING 727-100/200/200 ADVANCED JET 92 - 189 722 N BOEING 727-200 JET 145 - 167 ---------------------------이하 내용 생략---------------------------
응답결과 설명	① BOEING : 항공기 제작사, ② 70F : 항공기 기종

(6) 기타 Decode 명령어 : 특정 도시의 Multi Airp 조회 기능

명령어	>DB NYC
응답결과	>DB NYC DB NYC MULTI-AIRPORT CITY: NYC NEW YORK/NY/US ARPT: EWR NEWARK LIBERTY INTL 　　　　JFK JOHN F KENNEDY INTL 　　　　JRA WEST 30TH HPT 　　　　JRB DOWN MANH HPT 　　　　LGA LAGUARDIA 　　　　NBP BATTERY PK CITY FERRY 　　　　NES EAST 34TH ST FERRY 　　　　NWS PIER 11 WALL ST FERRY 　　　　NYS SKYPORTS SPB 　　　　SWF STEWART INTERNATIONAL 　　　　TSS EAST 34TH HPT 　　　　XNY 39TH STREET FERRY 　　　　ZRP NEWARK NJ PENN RAIL ST 　　　　ZYP PENN RAILWAY STATION
응답결과 설명	① NYC : 미국 도시 뉴욕의 3 Code, ② ARPT : 공항(Airport) ③ EWR : 공항 3 Code - NEWARK LIBERTY INTL

Memo

6-5. 예약가능편, 스케줄 및 Time-Table, 기타 조회 명령어

예약가능편(availability) 조회는 특정 일자에 출발지와 목적지를 운항하는 항공편, 예약 가능 좌석 수, 출발시각(출발지 공항 터미널), 도착시각(도착지 공항 터미널) 및 운항기종/중간체류 횟수, 총 비행시간 등을 조회하기 위한 기능이다.

한편 운항요일(time-table) 조회 기능은 통상 조회 요청일로부터 45일 내외의 항공사별 운항요일을 조회하기 위한 기능이다. 이 중 현업에서 개인예약기록(PNR : passenger name record)을 작성하는 데 가장 중요하게 활용되는 기능은 예약가능편 조회이다.

예약가능편을 조회한 후, 화면에 조회 결과가 display되는 순서는 다음과 같다.

화면 조회 순서	조회 내용
① 가장 먼저 조회되는 항공편	✓ Non Stop Flight : 출-도착 도시까지 Stop-Point가 없이 Direct로 운항하는 항공편
② 그다음 조회되는 항공편	✓ Connecting Flight : 출-도착 도시까지 운항하는 데 있어 최소 1번 이상의 Stop-Point가 있는 항공편
③ 맨 마지막으로 조회되는 항공편	✓ Change of Equipment : 출-도착 도시까지 운항하는 데 있어 최소 1번 이상의 Stop-Point가 있고 기종 변경이 발생하는 항공편

예약가능편 이외에도 일반적으로 현업에서 자주 활용되는 기능으로 현지시각 조회 및 특정 공항에서의 항공편 최소 연결시간(MCT, minimum connecting time)을 확인해보는 기능이 있다. 관련 명령어는 다음과 같다.

기능	명령어	명령어 설명
예약가능편 조회	>AN03OCTSELTYO	기본 명령어
	>AN03OCTSELTYO1200	시간 지정 조회
	>AN03OCTSELTYO1200/AKE	시간, 항공사 지정 조회
	>AN03OCTSELTYO/AKE*13NOV	동일 구간 및 항공사 왕복편 조회
	>AN03OCTSELTYO/AKE*13NOVOSASEL/AKE	다른 구간 왕복편 조회
	>AN03OCTSELTYO/AKE*13NOVOSASEL/AOZ	다른 구간 및 항공사 왕복편 조회
	>DO3	3번 항공편 운항정보 조회
항공 스케줄 조회	>SN11NOVSELSIN	기본 명령어 (예약가능편 결과와 유사함)
Time Table 조회	>TN23DECSELBKK	지점일로부터 45일간의 항공시간표(운항요일 및 스케줄) 확인 가능
시각(Time) 조회	>DDMNL	특정 도시의 현지시각(Local Time) 조회
	>DDSEL1200/JKT	특정 도시와 지정 도시 간의 시각차 조회
공항 MCT 조회	>DMCICN	특정 공항에서의 최소 연결시간(minimum connecting time) 확인

(1) 예약가능편 조회

명령어	>AN22JUNSELTYO	
	명령어 설명	① AN : Availability Notice(예약가능편 조회 기본 명령어) ② 22JUN : 6월 22일 ③ SEL : 한국 서울의 3-Letter Code ④ TYO : 일본 도쿄의 3-Letter Code

응답결과	>AN22JUNSELTYO
	
	AN22JUNSELTYO
	** AMADEUS AVAILABILITY – AN ** TYO TOKYO.JP 5 TU 22JUN 0000
	 1 LJ 201 Y9 W9 D9 E9 H9 K9 L9 /ICN 1 NRT 1 0725 0950 E0/738 2:25
	                Q8 B4 N4
	 2 NH 862 J9 C9 D9 Z9 P9 Y9 B9 /GMP I HND 0740 0950 E0/788 2:10
	                M9 U9 H9 Q9 V9 W9 S9 L9 K9
	 3 NH:OZ9128 C2 D2 Z2 U2 Y4 B4 M4 /GMP I HND 3 0740 0950 E0/788 2:10
	                E4 Q4 K4 W4 T4 G4
	 4 KE 703 J9 C9 D9 I9 X9 Y9 B9 /ICN 2 NRT 1 0745 0955 E0/773 2:25
	                H9 K9 M9 L9 V9 S9 N9 Q9 O9 G9
	 5 JL 090 J9 C9 D9 I9 X9 Y9 B9 /GMP I HND 3 0755 0955 E0/772 2:00
	                H9 K9 M9 L9 V9 S9 N9 Q9 O9 G9
	 6 JL:KE5711 J4 C4 D4 I4 Y4 B4 M4 /GMP I HND 3 0755 0955 E0/772 2:00
	                S4 H4 E4 K4 L4 U4 Q4 N4 T4
	 7 7C1102 YR BR KR NR QR MR TR ICN 1 NRT 3 0830 1100 E0.737 2:30
	                WR OR RR XR SR ZR LR HR ER JR GR FR VR UR AR
	 8 OZ:NH6968 J4 C4 D4 Z4 P4 Y4 BL /GMP I HND 3 0840 1045 E0/333 2:05
	                ML UL HL QL VL WL SL LL KL
	 9 OZ1085 C9 D9 Z9 U9 P9 Y9 B9 /GMP I HND 3 0840 1045 E0/333 2:05
	                M9 H9 E9 QL KL SL VL WL TL LL GR
	10 KE 707 FL AL /GMP I HND 3 0900 1110 E0/773 2:10

응답결과 설명	① 5 : AN 화면을 조회한 날부터 남은 일자 5일 남음 ② TU 22JUN 0000 : 출발요일, 날짜와 기준 시간 ③ 1 ; Availability Line Number ④ LJ201 : 항공사 및 항공편명(Flight Number) ⑤ Y9 W9 D9 E9 H9 K9 L9 : Booking Class Code와 좌석 수(Last Seat Availability indicator) – Y : Booking Class Code – 9 : 9 좌석 또는 그 이상의 좌석 수 가능 – 1~8 : 실제 남은 좌석 수 – L, 0 : 대기 Waiting – R : Request하라는 의미, 항공사에서 Control하여 좌석은 있거나 없을 수 있음 – C, S : Close ⑥ ICN 1 : 출발지 공항 Code 및 터미널 번호(인천공항 1터미널 출발) ⑦ NRT 1 : 도착지 공항 Code 및 터미널 번호(나리타공항 1터미널 도착) ⑧ 0725 : 출발지 현지시각(local time) ⑨ 0950 : 도착지 현지시각(local time) ⑩ E0 : E-티켓 발권가능 표시, 도중체류 횟수, ⑪ 738 : 기종코드 ⑫ 2:25 : 출발지에서 도착지까지 총 비행시간(flinging time) ⑬ Code Share Flight 표시(NH-Operation Carrier, OZ-Marketing Carrier)

명령어	>AN03OCTSELTYO1200	
	명령어 설명	① AN : Availability Notice(예약가능편 조회 기본 명령어) ② 03OCT : 출발일(10월 3일) ③ SEL : 출발도시의 3-Letter Code ④ TYO : 도착도시의 3-Letter Code ⑤ 1200 : 12시 00분 기준

응답결과	>AN03OCTSELTYO1200
	
	AN03OCTSELTYO1200
	** – AN ** TYO TOKYO.JP 129 SU 03OCT 1200
	1 KE707 J4 C4 D4 I4 Y4 B4 M4 /ICN 2 NRT 1 1205 1415 E0/772 2:10
	          S4 H4 E4 K4 L4 U4
	2 OZ303 J4 C4 D4 I4 Y4 B4 M4 /ICN 1 NRT 1 1230 1440 E0/772 2:10
	          S4 H4 E4 K4 L4 U4
	3 OZ305 J4 C4 D4 I4 Y4 B4 M4 /ICN 2 NRT 1 1330 1540 E0/772 2:10
	          S4 H4 E4 K4 L4 U4
	4 LJ409 Y4 B4 M4 S4 H4 E4 K4/GMP I HND 3 1420 1630 E0/772 2:10
	          L4 U4
	5 KE709 J4 C4 D4 I4 Y4 B4 M4 /ICN 2 NRT 1 1630 1840 E0/772 2:10
	          S4 H4 E4 K4 L4 U4
	6 JL709 J4 C4 D4 I4 Y4 B4 M4 /GMP I HND 3 1920 2130 E0/772 2:10
	          S4 H4 E4 K4 L4 U4
	NO MORE LATER FLTS 03OCT SEL TYO	

응답결과 설명	* 10월 3일 12시 00분 기준 서울에서 도쿄까지 예약가능편 조회 결과	

명령어	>AN03OCTSELTYO0700/AKE	
	명령어 설명	① AN : Availability Notice(예약가능편 조회 기본 명령어) ② 03OCT : 출발일(10월 3일) ③ SEL : 출발도시의 3-Letter Code ④ TYO : 도착도시의 3-Letter Code ⑤ 1200 : 12시 00분 기준 ⑥ /AKE : 특정 항공사(KE)로 조회

응답결과	>AN03OCTSELTYO0700/AKE
	
	AN03OCTSELTYO0700/AKE
	** – AN ** TYO TOKYO.JP 129 SU 03OCT 1200
	1 KE701 J3 C4 D4 I4 Y4 B4 M4 /ICN 2 NRT 1 0705 0925 E0/772 2:10
	          S4 H4 E4 K4 L4 U4
	2 KE703 J2 C2 D4 I4 Y4 B4 M4 /ICN 2 NRT 1 0905 1125 E0/772 2:10
	          S4 H4 E4 K4 L4 U4
	3 KE705 J3 C1 D4 I4 Y4 B4 M4 /ICN 2 NRT 1 1130 1340 E0/772 2:10
	          S4 H4 E4 K4 L4 U4
	4 KE707 J4 C2 D4 I4 Y4 B4 M4 /ICN 2 NRT 1 1205 1415 E0/772 2:10
	          S4 H4 E4 K4 L4 U4
	5 KE709 J1 C1 D4 I4 Y4 B4 M4 /ICN 2 NRT 1 1630 1840 E0/772 2:10
	          S4 H4 E4 K4 L4 U4
	NO MORE LATER FLTS 03OCT SEL TYO	

응답결과 설명	* 10월 3일 12시 00분 기준 서울에서 도쿄까지 예약 가능한 특정 항공사(KE) 조회 결과	

명령어	>AN03OCTSELTYO/AKE*13NOV	
	명령어 설명	① AN : Availability Notice(예약가능편 조회 기본 명령어) ② 03OCT : 출발일(10월 3일) ③ SEL TYO : 출발 및 도착도시의 3-Letter Code ④ /AKE : 특정 항공사(KE) 조회 ⑤ *13NOV : 11월 13일 왕복편 조회(돌아오는 구간이 출발여정의 역순이거나 항공편이 동일한 경우에는 TYO/ICN/AKE를 생략할 수 있음)

```
>AN03OCTSELTYO/AKE*13NOV

** - AN ** TYO TOKYO.JP              129 SU 03OCT 0000
1JL:KE5711  J4 C4 D4 I4 Y4 B4 M4 /GMP I HND 3  0755   0955  E0/772   2:00
            S4 H4 E4 K4 L4 U4
2   KE 703  J9 C9 D9 I9 R9 Z9 Y9 /ICN 2 NRT 1  1010   1235  E0/333   2:25
            B9 M9 S9 H9 E9 KL LL UL
3JL:KE5707  J4 C4 D4 I4 Y4 B4 M4 /GMP I HND 3  1205   1415  E0/772   2:10
            S4 H4 E4 K4 L4 U4
** - AN ** SEL SEOUL.KR              170 SA 13NOV 0000
11JL:KE5708 J4 C4 D4 I4 Y4 B4 M4 /HND 3 GMP I  0820   1050  E0/788   2:30
            S4 H4 E4 K4 L4 U4
12   KE 706 J9 C9 D9 I9 R9 Z9 Y9 /NRT 1 ICN 2  0905   1150  E0/333   2:45
            B9 M9 S9 H9 E9 KL LL UL
13   KE 704 J9 C9 D9 I9 R9 Z9 Y9 /NRT 1 ICN 2  1400   1650  E0/772   2:50
            B9 M9 S9 H9 E9 KL LL UL
```

응답결과 설명	① Dual City Pair(출발하는 도착도시와 돌아오는 도시가 동일한 경우 동일 항공사 지정 조회) ② 10월 3일 서울에서 도쿄까지 특정 항공편(KE), 11월 13일 도쿄에서 서울까지 예약가능편 조회

명령어	>AN03OCTSELTYO/AKE*13NOVOSASEL/AKE	
	명령어 설명	① AN : Availability Notice(예약가능편 조회 기본 명령어) ② 03OCT : 출발일(10월 3일) ③ SEL TYO : 출발 및 도착도시의 3-Letter Code ④ /AKE : 특정 항공사(KE) 조회 ⑤ 13NOV : 돌아오는 날짜(11월 13일) ⑥ OSA SEL : 돌아오는 여정의 출발 및 도착도시의 3-Letter

```
>AN03OCTSELTYO/AKE*13NOVOSASEL/AKE

AN03OCTSELTYO/AKE*13NOVOSASEL/AKE
** - AN ** TYO TOKYO.JP              129 SU 03OCT 0000
1JL:KE5711  J4 C4 D4 I4 Y4 B4 M4 /GMP I HND 3  0755   0955  E0/772   2:00
            S4 H4 E4 K4 L4 U4
2   KE 703  J9 C9 D9 I9 R9 Z9 Y9 /ICN 2 NRT 1  1010   1235  E0/333   2:25
            B9 M9 S9 H9 E9 KL LL UL
3JL:KE5707  J4 C4 D4 I4 Y4 B4 M4 /GMP I HND 3  1205   1415  E0/772   2:10
            S4 H4 E4 K4 L4 U4
NO MORE LATER FLTS  03OCT SEL TYO
** - AN ** SEL SEOUL.KR              170 SA 13NOV 0000
11   KE 722 J6 C6 D6 I5 R5 Z6 Y9 /KIX 1 ICN 2  0930   1125  E0/739   1:55
            B9 M9 S9 H9 E9 KL LL UL
12   KE 724 J9 C9 D9 I9 R9 Z9 Y9 /KIX 1 ICN 2  1155   1400  E0/772   2:05
            B9 M9 S9 H9 E9 KL LL UL
NO MORE LATER FLTS  13NOV OSA SEL
```

응답결과 설명	① Dual City Pair(출발하는 도착도시와 돌아오는 도시가 상이한 경우 동일 항공사 지정 조회) ② 10월 3일 서울에서 도쿄까지 특정 항공편(KE), 11월 13일 오사카에서 서울까지 동일 항공사의 예약가능편 조회

명령어	**>AN03OCTSELTYO/AKE*13NOVOSASEL/AOZ**	
	명령어 설명	① AN : Availability Notice(예약가능편 조회 기본 명령어) ② 03OCT : 출발일(10월 3일) ③ SEL TYO : 출발하는 여정의 출발 및 도착도시의 3-Letter Code ④ /AKE : 출발 특정 항공사(KE) 조회 ⑤ 13NOV : 돌아오는 날짜(11월 13일) ⑥ OSA SEL : 돌아오는 여정의 출발 및 도착도시의 3-Letter Code ⑦ /AOZ : 돌아오는 특정 항공사(KE) 조회

```
>AN03OCTSELTYO/AKE*13NOVOSASEL/AOZ

AN03OCTSELTYO/AKE*13NOVOSASEL/AOZ
** – AN ** TYO TOKYO.JP              129 SU 03OCT 0000
 1  JL:KE5711  J4 C4 D4 I4 Y4 B4 M4 /GMP I HND 3  0755   0955  E0/772      2:00
            S4 H4 E4 K4 L4 U4
 2  KE 703  J9 C9 D9 I9 R9 Z9 Y9 /ICN 2 NRT 1  1010   1235  E0/333      2:25
            B9 M9 S9 H9 E9 KL LL UL
 3  JL:KE5707  J4 C4 D4 I4 Y4 B4 M4 /GMP I HND 3  1205   1415  E0/772      2:10
            S4 H4 E4 K4 L4 U4
NO MORE LATER FLTS  03OCT SEL TYO
** – AN ** SEL SEOUL.KR              170 SA 13NOV 0000
11  OZ 115  C9 D9 Z8 U4 P4 I2 RL /KIX 1 ICN 1  0910   1100  E0/321      1:50
            Y9 B9 M9 H9 E9 QL KL SL VL WL TL LL GR XL NL
12  OZ 111  C9 D7 Z5 UL PL IL RL /KIX 1 ICN 1  1050   1250  E0/359      2:00
            Y9 B9 M9 H9 EL QL KL SL VL WL TL LL GR XL NL
13  OZ1135  C9 D9 Z9 U8 P4 I3 RL /KIX 1 GMP I  1110   1300  E0/321      1:50
            Y9 B9 M9 H9 E9 QL KL SL VL WL TL LL GR XL NL
14  OZ 113  C9 D8 Z7 U5 P2 I2 RL /KIX 1 ICN 1  1700   1850  E0/333      1:50
            Y9 B9 M9 H9 E9 QL KL SL VL WL TL LL GR XL NL
```

응답결과 설명	① Dual City Pair(출발하는 도착도시와 돌아오는 도시가 상이한 경우 동일 항공사 지정 조회) ② 10월 3일 서울에서 도쿄까지 특정 항공편(KE), 11월 13일 오사카에서 서울까지 동일 항공사의 예약가능편 조회

명령어	**>DO3**	
	명령어 설명	① DO3 : 상기 조회된 Availability Line Number 3번 항공편의 항공편 운항정보 조회를 위한 기본 명령어

```
>DO3

DO3
*1A PLANNED FLIGHT INFO*           KE5707  129 SU 03OCT21
APT ARR  DY DEP  DY CLASS/MEAL        EQP GRND EFT  TTL
GMP       1205 SU J/–  C/M D/–        772      2:10
               I/–  Y/M B/–
               MSHEKLUQNT/–
HND 1415 SU                          2:10
COMMENTS-
 1.GMP HND  – COMMERCIAL DUPLICATE – OPERATED BY  JAPAN AIRLINES
 2.GMP HND  – AIRCRAFT OWNER JAPAN AIRLINES
 3.GMP HND  – COCKPIT CREW JAPAN AIRLINES
 ----------------------------이하 내용 생략----------------------------
 10.GMP HND  – F99C99Y999
 11.GMP HND  – CO2/PAX* 93.82 KG ECO, 93.82 KG PRE
```

응답결과 설명	* 먼저 조회한 Availability Line Number 3번 항공편의 항공편 운항정보 조회

(2) 항공 스케줄 조회

명령어	>SN11NOVSELSIN/AKE	
	명령어 설명	① SN : Schedule Notice(항공편 스케줄 조회 기본 명령어) ② 11NOV : 11월 11일 ③ SEL SIN : 출발 및 도착도시의 3-Letter Code ④ /KE : 특정 항공사(KE) 조회

응답결과	>SN11NOVSELSIN
	
	SN11NOVSELSIN
	** – SN ** SIN SINGAPORE.SG 168 TH 11NOV 0000
	1 KE 643 J9 C9 D9 IL RL Z9 Y9 /ICN 2 SIN 1 1435 2015 E0/773 6:40
	            B9 M9 S9 H9 EL KL LL UL QC NC TC GC
	2 KE 645 PC FC AC J9 C9 D9 I5 /ICN 2 SIN 1 1835 0010+1E0/77W 6:35
	            RL Z9 Y9 B9 M9 S9 H9 E9 KL LL UL QC NC TC GC
	3 KE 647 JC CC DC IC RC ZC YC /ICN 2 SIN 1 2310 0500+1E0/333 6:50
	            BC MC SC HC EC KC LC UC QC N	

응답결과 설명	* AN(Availability Notice) 조회 화면과 거의 유사하나, AN화면은 실제 Booking이 가능한 좌석만 보여지고 SN(Schedule Notice) 조회 화면은 Close 좌석도 확인 가능함	

(3) Time Table 조회

명령어	>TN23DECSELBKK/AKE	
	명령어 설명	① TN : Timetable Notice(항공편 운항요일 조회 기본 명령어) ② 23DEC : 12월 23일 ③ SEL BKK : 출발 및 도착도시의 3-Letter Code ④ /KE : 특정 항공사(KE) 조회
응답결과	>TN23DECSELBKK/AKE TN23DECSELBKK/AKE ** – TN ** BKK BANGKOK.TH 23DEC21 30DEC21 1 KE 657 D ICN 2 BKK 0915 1315 0 31OCT21 26MAR22 77W 6:00 2 KE 651 137 ICN 2 BKK 1720 2130 0 31OCT21 26MAR22 388 6:10 3 KE 653 X4 ICN 2 BKK 1905 2320 0 31OCT21 26MAR22 77W 6:15 4 KE 659 D ICN 2 BKK 2010 0020+1 0 31OCT21 26MAR22 77W 6:10 NO MORE FLIGHTS 23DEC21 TO 30DEC21	
응답결과 설명	① D : Daily 운항(137 : 월, 수, 일요일 운항, X4 : 목요일을 제외하고 모든 요일 운항) ② 0 : ICN에서 BKK까지 No-stop(Direct)으로 운항 ③ 31OCT21 26MAR22 : Effected Date~Discontinue Date (운항 유효기간) * 운항요일(Time-Table) 조회 기능은 통상 조회 요청일로부터 7일 내외의 항공사별 운항요일을 조회하기 위한 기능	

(4) 시각(TIME) 조회

명령어	>DD SHA	
	명령어 설명	① DD : 현지 시각(지정 지역) 조회 기본 명령어 ② SHA : 지정 지역 도시의 3-Letter Code
응답결과	>DD SHA DD SHA SHA TIME IS 2201/1001P ON THU27MAY21 SHA IS 01HRS 00MIN EARLIER	
응답결과 설명	① SHA : 중국 도시 상해 3 Code, ② 2201/1001P : 오후 22시 01분 / 10시 01분 PM ③ 01HRS 00MIN EARLIER : 한국 기준 1시간 빠름	

명령어	>DDSEL1200/JKT	
	명령어 설명	① DD : 현지 시각(지정 지역) 조회 기본 명령어 ② SEL 1200 : SEL이 12시일 때 비교지역의 시각을 조회하기 위함 ③ JKT : 비교지역 도시의 3-Letter Code
응답결과	>DD SEL1200/JKT DDSEL1200/JKT JKT TIME IS 1000/1000A ON THU17JUN21 JKT IS 02HRS 00MIN EARLIER	
응답결과 설명	① SEL1200/JKT : SEL이 12시일 때, JKT 현지 시각 조회 ② JKT : 인도네시아의 도시 자카르타 Code ③ 1000/1000A : 오전 10시 00분 / 0시 00분 AM ④ 02HRS 00MIN EARLIER 한국 기준 2시간 빠름	

Memo

(5) 공항 MCT 조회

명령어	>DMICN	
	명령어 설명	① DM : 지정 공항(인천국제공항)의 MCT를 조회하기 위한 기본 명령어 ② ICN : 지정 공항(인천국제공항)의 3-Letter Code(반드시 공항 코드를 지정해야 함)

응답결과	>DMICN
	
	DMICN/01JUN21
	ICN STANDARD MINIMUM CONNECTING TIMES
	ICN-ICN FROM - TO D/D D/I I/D I/I
	CC FLTN-FLTR ORGN EQP TM CS-CC FLTN-FLTR DEST EQP TM CS HHMM HHMM
	HHMM HHMM
	               - 0030 0100 0130 0130
	         1 - 1 0040 0140 0140 0110
	         2 - 1 ---- ---- 0210 0130
	         1 - 2 ---- 0210 ---- 0130
	         2 - 2 ---- ---- ---- 0045
	CK SPECIFIC CARRIER FOR EXCEPTIONS TO STANDARD CONNECTING TIMES	

응답결과 설명	① ICN-ICN : 인천국제공항의 터미널 내외 국제선 및 국내선 최소 연결시간 조회
	② FROM - TO : 터미널 간 연결(예, 1터미널에서 2터미널 간)
	③ D/D, D/I, I/D, I/I
	  - D/D : 국내선에서 국내선 연결(Domestic/Domestic)
	  - D/I : 국내선에서 국제선 연결(Domestic/International)
	  - I/D : 국제선에서 국내선 연결(International/Domestic)
	  - I/I : 국제선에서 국제선 연결(International/International)
	④ TM - TM : ~~~터미널에서 ~~~터미널로 연결
	⑤ HHMM : 시각표시(H : Hour, M : Minute)
	⑥ 0040 0140 0140 0110 : 최소 연결시간 표시(0140 : 1시간 40분 소요, 0110 : 1시간 10분 소요)
	* ICN(인천국제공항)의 터미널 내 및 터미널 간의 국내선/국제선 최소 연결시간(MCT : Minimum
	  Connecting Time) 조회 기능	

6-6. 예약등급(Booking Class) 조회 방법

예약등급(booking class)은 〈그림 4〉와 같이 운임을 결정하는 요소로 여객이 선호하는 ① 객실등급(cabin class), ② 여행기간, ③ 사전발권 조건, ④ 중간 도시경유(transfer) 및 체류(stopover) 여부, ⑤ 왕복 및 편도여정 등에 따라 각기 다르게 적용된다.

즉, 동일한 객실등급(cabin class)일지라도 승객의 여정조건에 따라 예약등급(booking class)이 상이한 경우, 곧 다른 운임이 적용될 수 있다는 것을 의미한다.

예약등급의 결정과정은 우선 여행객의 여행개시일과 구간 및 해당 항공사를 지정하여 해당 운임을 조회한 후, 여객의 여행조건(①~⑤)에 따라 결정한다. 대한항공(KE)과 외국항공사(OAL: other airlines)의 예약등급 결정 명령어는 다음과 같다.

■ 대한항공의 경우 조회 방법

>FQDSELHKG/D15NOV/AKE/IL,X → 여행조건에 맞는 예약등급 확인 후 예약기록
                                 (PNR: passenger name record) 작성

■ 외국항공사의 경우 조회 방법

>www.topasweb.com에서 해당 홈페이지 접속 → 판매가 table 조회 후 적용

■ 대한항공(KE) 예약등급(booking class) 조회 사례

– 여정 : KE 이용, 11월 15일 인천 → 홍콩, 다음 해 2월 20일 홍콩 → 인천

– 여행조건 : 예약 후 2일 이내 발권 예정, 최대 체류기간(MAX–STAY) 3개월

명령어	>FQDSELHKG/D15NOV/AKE/IL,X	
	명령어 설명	① FQD : Availability Notice(운임 조회 기본 명령어) ② SEL HKG : 출발 및 도착도시의 3-Letter Code ③ D15NOV : D(Date), 출발일(11월 15일) ④ AKE : 특정 항공사(KE) 운임 조회(Airline Koreanair) ⑤ IL, X : 낮은 운임에서 높은 운임 순으로 조회

응답결과

```
>FQDSELHKG/D15NOV/AKE/IL,X

FQDSELHKG/D15NOV/AKE/IL,X
ROE 1123.103136 UP TO 100.00 KRW
15NOV21**15NOV21/KE SELHKG/NSP:EH/TPM 1295/MPM 1554
```

LN FARE BASIS	OW	KRW RT	B	PEN	DATES/DAYS	AP	MIN	MAX	R
01 LNEVZLKC		250000	L	+	– –	+	+–	3M	R
02 ENEVZLKC		280000	E	+	– –	+	+–	6M	R
03 HNE0ZLKC		320000	H	+	– –	+	– –	6M	R
04 LLEVZRKC		360000	L	+	S24SEP 14DEC	+	+ –	3M	R
05 MNE0ZLKC		380000	M	+	– – +	– –		12M	R
06 KLEVZRKC		400000	K	+	S24SEP 14DEC+	+	–	3M	R
07 ELEVZRKC		440000	E	+	S24SEP 14DEC+	+	–	6M	R
08 KLEV0RKC	240000		K	+	S24SEP 14DEC+	+	–	–	R
09 HLE0ZRKC		500000	H	+	S24SEP 14DEC	–	–	6M	R
10 BNE0ZLKC		520000	B	+	– –	+–		12M	R
11 ELEV0RKC	270000		E	+	S24SEP 14DEC+	+	–	–	R
12 SLE0ZRKC		540000	S	+	S24SEP 14DEC	– –		6M	R
13 MLE0ZRKC		580000	M	+	S24SEP 14DEC	– –		12M	R
14 HLE00RKC	300000		H	+	S24SEP 14DEC	– –		–	R
15 YRTLJ		600000	Y	–	– –	+–	–		R
16 MLE0ZR1C		651600	M	+	S24SEP 14DEC	– –		12M	M

```
>
```

응답결과 설명

① LN : Line Number
② FARE BASIS : 운임의 종류
③ OW : One Way Fare
④ KRW : Currency Code
⑤ RT : Round Trip Fare
⑥ B : Booking Class
⑦ PEN : Penalty Information
⑧ DATES/DAYS : Seasonality, 요일 등에 관한 규정
⑨ AP : Advanced Purchase(사전구입 조건)
⑩ MIN : Minimum Stay(최소 체류 의무 기간)
⑪ MAX : Maximum Stay(최대 체류 허용 기간)
⑫ R : Routing Information, M : Mileage Information

→ 다음 페이지에 계속

명령어	>FQS15	
	명령어 설명	① FQS : 사전 조회된 운임정보의 하부 세부정보로 운임규정(RULES DISPLAY)을 조회하기 위한 기본 명령어 ② 15 : FQD로 조회된 운임 정보 열다섯 번째

| 응답결과 | >FQS15

FQS15

** RULES DISPLAY **
15NOV21**15NOV21/KE SELHKG/NSP;EH/TPM 1295/MPM 1554
LN FARE BASIS   OW KRW RT B PEN DATES/DAYS AP MIN MAX R
15 YRTLJ   600000 Y   -   -   -   +   -   -   - R

PRIME BOOKING CODE WHEN NO EXCEPTIONS APPLY
  Y

EXCEPTIONS
  VIA KE   NO BOOKING CODE DATA EXISTS FROM
           GMP-USN
  VIA KE   NO BOOKING CODE DATA EXISTS FROM
           GMP-PUS
 IF VIA KE   ORIGINATING FROM KR   (1)
 THEN   Y   REQUIRED WITHIN KR
 IF VIA KE   ORIGINATING FROM KR   (1)
 THEN   C/Y PERMITTED WITHIN KR
  VIA KE M   REQUIRED WITHIN KR FLTS 1400-1499
 >   PAGE 1/ 2 |
| 응답결과 설명 | * 사전 조회된 FQD 운임정보의 세부 운임규정을 조회한 화면 |

 Memo

CHAPTER 2

개인 PNR의 구성요소 및 기본 PNR 작성 방법

CHAPTER 2

개인 PNR의 구성요소 및 기본 PNR 작성 방법

개인여객예약기록(개인 PNR: individual passenger name record)은 항공여행을 하는 데 있어 개인승객(individual passenger)이 제공하는 여행자의 이름(name), 여정(itinerary), 전화번호(phone number), 각종 서비스 요청사항(OS : other service information & SR : special service information), 발권시점(ticket time limited), 예약 요청자(received from passenger) 등의 요소를 세계 각국의 항공사 및 여행사 등에서 조회가 가능하도록 국제항공운송협회(IATA : international air transport association)에서 규정하는 형식에 맞춰 작성하는 항공예약기록을 뜻한다.

개인여객예약기록(개인 PNR)은 항공여객예약시스템인 CRS(computer reservation system)를 이용하여 만들 수 있으며, PNR이 한번 만들어지면 최초 PNR을 만든 CRS에서 자동으로 해당 PNR의 예약번호(PNR address)가 보관되어 항공발권, 공항에서의 체크-인(탑승수속), 기내 서비스 등의 업무에 기초자료로 활용된다. 이렇게 중요한 기능을 갖는 PNR을 CRS를 이용하여 작성하는 데에는 아래와 같은 필수요소와 선택요소가 필요하다.

● 개인 PNR의 구성요소(필수요소) 및 기본/취소명령어

항목	요소 (Elements)	의미	기본 명령어 (Basic entry)	취소 명령어 (Cancel entry)	관련 Help Page
필수 요소	Name	승객의 이름	>NM	>XE1 (1 : 해당 요소번호)	>HE NM
	Itinerary	여정	>AN → >SS	>XE2 (2 : 해당 요소번호)	>HE SS
	Phone-Number	전화번호	>AP	>XE4 (4 : 해당 요소번호)	>HE AP
	Ticket Arrangement	발권 예정일	>TK	>XE5 (5 : 해당 요소번호)	자동입력
선택 요소	Other Service	항공사 전달사항	>OS	>XE7 (7 : 해당 요소번호)	>HE OS
	Special Service	승객 서비스 요청사항	>SR	>XE8 (8 : 해당 요소번호)	>HE SR
	Remarks	참고 및 비고	>RM	>XE9 (9 : 해당 요소번호)	>HE RM
요청자	Received From	최초 예약 및 변경 요청자 입력	>RF	>XE6 (6 : 해당 요소번호)	
작업 완료	End Of Transaction	PNR 작성 완료	>ET → >ET >ER → >ER		

Memo

● 개인 PNR 작성 명령어 종합

항목	요소 (Elements)	작성 명령어 (Input entry)	명령어 의미
필수 요소	Name	>NM1KIM/MALJAMS (MR, MS, MRS)	성인이름 작성
		>NM1KIM/SOAMSTR(CHD/29OCT18)	소아이름 작성
		>NM1KIM/MALJAMRS(INFLEE/AKIMSTR(MISS)/ 05MAY20)	유아이름 작성
	Itinerary	>AN25DECICNLAX/AKE*30DEC >SS1M1*11	Short Entry
		>SSKE017K25DECICNLAX 1	Full Entry
		>SOKE Y 30DEC SFOICN	미확정 여정 작성
	Phone- Number	>APM-010-2345-4567/P1	휴대폰 전화번호
		>APH-02-234-2345/P1	집 전화번호
		>APB-02-222-5567/P1	사무실 전화번호
		>APSEL 02-478-6767 INHA TOUR	여행사 전화번호
		>APE-LEEHY1231@NAVER.COM/P1	E-mail 주소
	Ticket Arrangement	>TKOK	예약과 동시 발권
		>TKTL10DEC /1200	특정 시점 발권
		>TKXL10DEC/1200	미발권 시 취소
선택 요소	Other Service	>OS KE CIP X CEO OF SAMSUNG /P1 >OS KE VIP X MAYOR OF INCHEON-CITY /P2	CIP, VIP
	Special Service	>SR VGML/P1 >SR VGML/P1,3/S3-5 >SR DOCS-P-KR-M111122222-KR-15NOV92- M-20MAR25-KIM-MIJA/P1 >SR DOCA KE HK1-D-USA-301123 AVENUE- NYC-NY-10022/P1/S1 >SR DOCO KE HK1-KOR-V-17317323-KOR- 18JUN04-CHN-I/P1/S1	특별 기내식 여권번호 주소정보 비자정보
	Remarks	>RM/T//TKTL INFO TO PAX1 >RM TKTL INFO TO PAX1	Rmark-Field
요청 자	Received From	>RFP (or >RFPAX)	예약 요청자 이름
작업 완료	End Of Transaction	>ET --> >ET >ER --> >ER	현장에서 주로 >ER 사용

● Amadeus SellConnect로 작성하는 PNR의 특징

① 모든 요소(element)는 이름, 여정, 전화번호, 발권예정일, 항공사 전달사항/승객 서비스 요청사항, OPW/OPC, 참고 및 비고 등의 순으로 자동으로 번호가 부여된다.
② 이름(name)은 입력한 순서대로 배열된다.
③ PNR 조회는 마지막 여정의 출발일 기준 D+3(72시간 이후)일까지 가능하다.
④ 개인 PNR은 1개의 PNR에 최대 9명까지, 단체 PNR은 최대 99명까지 입력 가능하다.

● Amadeus SellConnect를 이용하여 PNR 작성 시 주의사항

Amadeus SellConnect를 활용하여 PNR을 작성하거나, PNR 작업을 완료한 이후에 새로운 PNR을 작성하기 위해서는 반드시 현재의 작업장을 초기화(ignore)한 후에 작업을 하여야 한다. 만일 초기화를 하지 않고 새로운 작업을 하는 경우, 새로운 작업과 이전의 작업내용이 중복되어 문제가 발생할 수 있다.

이러한 문제를 사전에 방지하기 위해서는 항상 새로운 PNR을 작성할 때 다음과 같이 작업장을 초기화(IG, ignore)하는 것을 습관화하여야 한다.

Memo

① 작업장 상태 확인

명령어	>RT	
	명령어 설명	① RT : PNR 조회 실행 명령어
응답결과	>RT INVALID >		
응답결과 설명	① > : SOM(Start of Message) 　명령어(Entry)의 시작 위치를 알려주며 Delete나 Backspace키로 삭제되지 않음 ②	: CURSOR 　명령어의 글자가 Type될 위치를 알려주며 한 자씩 입력할 때마다 한 칸씩 뒤로 이동함	

② 작업장 초기화

명령어	>IG	
	명령어 설명	① IG : Ignored (작업장을 초기화하는 명령어)
응답결과	>IG IGNORED	
응답결과 설명	① PNR 작업장 초기화하는 기능	

Memo

1 🎫 승객의 이름(Name) 작성

승객의 이름(passenger name)을 작성할 때는 성인(adult), 소아(child), 유아(infant)로 구분하여 작성하여야 하며, ① 성인은 출발일 기준 만 12세 이상, ② 소아는 만 2세 이상~12세 미만, ③ 유아는 만 2세 미만의 승객이 이에 해당된다. 한편 승객의 이름을 작성할 때, 성인 이름을 작성하는 형태와 달리 소아나 유아는 생년월일(DOB, date of birthday)을 추가로 입력하여야 하고 성별을 나타내는 Title 또한 성인과 다른 형태로 구성된다.

● **승객의 이름 작성 시 유의사항**

① 입력하는 승객의 이름(passenger name)은 타인 또는 대리인으로 작성되면 PNR이 완성된 후에 변경 불가하므로 실제 탑승객의 실명으로 작성하여야 한다.

② 이름을 작성하는 순서는 반드시 성(last name)을 먼저 작성하고, 성과 이름을 구분하기 위한 기호 슬래시(/)를 입력한다.

③ 이름을 작성할 때는 반드시 full name으로 기재해야 하며, 여권상의 name spelling과 동일해야 한다.

④ 이름 뒤에는 성별(gender) 또는 신분(identity)을 나타내는 title을 입력해야 한다.

⑤ 여정의 좌석 수(number of seat)와 승객의 이름으로 작성되는 승객 수(number of passenger)는 반드시 일치하여야 한다. 단, 유아(infant)는 좌석을 점유하지 않으므로 여정의 요청 좌석 수에서 제외된다.

⑥ 유아는 반드시 동반 성인(엄마, 아빠 또는 성인 보호자)과 함께 작성되어야 한다(예를 들어 성인 1명과 유아 1명이 함께 여행을 할 때, 승객의 이름은 성인과 유아이름을 동시에 작성하는 형태로 이름을 1개만 작성하면 된다. 즉, 성인이름 1개를 작성하고 또 성인과 유아 이름을 함께하는 형태로 작성해서는 안 된다).

⑦ 개인 PNR은 1개의 PNR에 최대 9명까지, 단체 PNR은 최대 99명까지 작성 가능하다.

⑧ 소아(child) 및 유아(infant)의 이름을 작성 시 반드시 생년월일(DOB : date of birthday)을 입력해야 한다.

● 승객의 Title의 종류

성별(gender)에 따른 Title의 종류		신분(identity)에 따른 Title의 종류	
MR	성인 남자	PROF	교수(Professor)
MS	성인 여자(미혼)	DR	의사(Doctor)
MRS	성인 여자(기혼)	CAPT	기장(Captain)
MSTR	남자 소아/유아	REV	성직자(Reverend)
MISS	여자 소아/유아		

* 성인 여자인 경우, 미혼 및 기혼에 따라 MS, MRS를 반드시 구분하여 기입하지 않아도 된다.

● 승객의 나이에 따른 구분

구분	나이 기준	Code	비고
성인(Adult)	만 12세 이상	ADT 또는 ADLT	
소아(Child)	만 2세 이상 ~ 만 12세 미만	CHD 또는 CHLD	
유아(Infant)	만 2세 미만	INF 또는 INFT	좌석 점유하지 않음

Memo

1-1. 성인(Adult) 이름 작성

명령어	>NM1KIM/CHULSOOMR
명령어 설명	① NM : 이름 작성 기본 명령어 ② 1 : 승객 수 ③ KIM/CHULSOO : 성/이름 ④ MR : 성인 남자의 Title
명령어	>NM1LEE/SOONJAMS
명령어 설명	① NM : 이름 작성 기본 명령어 ② 1 : 승객 수 ③ LEE/SOONJA : 성/이름 ④ MS : 성인 여자의 Title(단, 미혼 여성)
명령어	>NM1PARK/MALJAMRS
명령어 설명	① NM : 이름 작성 기본 명령어 ② 1 : 승객 수 ③ PARK/MALJA : 성/이름 ④ MRS : 성인 여자의 Title(단, 결혼한 여성-기혼 여성)

* 성인 여자인 경우, 미혼 및 기혼에 따라 MS, MRS를 반드시 구분하여 기입하지 않아도 된다.

1-2. 소아(Child) 이름 작성

명령어	>NM1KIM/SOAMSTR(CHD/27JUN17)
명령어 설명	① NM : 이름 작성 기본 명령어 ② 1 : 승객 수 ③ KIM/SOA : 성/이름 ④ MSTR : 남자 소아의 성별을 나타내는 Title ⑤ CHD : Child를 의미하는 Code ⑥ 27JUN17 : 소아의 생년월일(DOB : date of birthday)이며, DDMMMYY 형태로 입력함
명령어	>NM1KIM/SOAMISS(CHD/27JUN17)
명령어 설명	① NM : 이름 작성 기본 명령어 ② 1 : 승객 수 ③ KIM/SOA : 성/이름 ④ MISS : 여자 소아의 성별을 나타내는 Title ⑤ CHD : Child를 의미하는 Code ⑥ 27JUN17 : 소아의 생년월일(DOB : date of birthday)이며, DDMMMYY 형태로 입력함

1-3. 유아(Infant) 이름 작성(반드시 성인 보호자와 함께 작성하여야 함)

명령어	>NM1PARK/MALJAMRS(INFLEE/AKIMSTR/11MAY21)
명령어 설명	① NM : 이름 작성 기본 명령어 ② 1 : 승객 수 ③ PARK/MALJAMRS : 성인 보호자의 성/이름 Title ④ INF : Infant를 의미하는 Code ⑤ LEE/AKI : 유아의 성/이름 ⑥ MSTR : 남자 유아의 성별을 나타내는 Title ⑦ 11MAY21 : 유아의 생년월일(DOB : date of birthday)이며, DDMMMYY 형태로 입력함
명령어	>NM1PARK/MALJAMRS(INFLEE/AKIMISS/11MAY21)
명령어 설명	① NM : 이름 작성 기본 명령어 ② 1 : 승객 수 ③ PARK/MALJAMRS : 성인 보호자의 성/이름 Title ④ INF : Infant를 의미하는 Code ⑤ LEE/AKI : 유아의 성/이름 ⑥ MISS : 여자 유아의 성별을 나타내는 Title ⑦ 11MAY21 : 유아의 생년월일(DOB : date of birthday)이며, DDMMMYY 형태로 입력함

● 성인 2명(남자 1명, 여자 1명), 소아 1명(여자), 유아 1명(남자)의 이름 작성 (예제)

명령어	① >NM1KIM/CHULSOOMR
	② >NM1PARK/MALJAMRS(INFLEE/AKIMSTR/11MAY21)
	③ >NM1KIM/SOAMISS(CHD/27JUN17)

응답결과	①>NM1KIM/CHULSOOMR
	   RP/SELK13900/
	   1.KIM/CHULSOOMR
	
	 ②>NM1PARK/MALJAMRS(INFLEE/AKIMSTR/11MAY21)
	   RP/SELK13900/
	   1.KIM/CHULSOOMR 2.PARK/MALJAMRS(INFLEE/AKIMSTR/11MAY21)
	
	 ③>NM1KIM/SOAMISS(CHD/27JUN17)
	   RP/SELK13900/
	   1.KIM/CHULSOOMR 2.PARK/MALJAMRS(INFLEE/AKIMSTR/11MAY21)
	   3.KIM/SOAMISSR(CHD/27JUN17)

응답결과 설명	① KIM/CHULSOO 성인 남자 1명 입력 ② PARK/MALJA 성인 여자가 LEE/AKI라는 남자 유아 1명을 동반하는 경우 이름 입력 ③ KIM/SOA 여자 소아 1명 입력

2 🎫 여정(Itinerary) 작성

여정(itinerary)은 승객이 항공편을 이용하여 출발도시에서 목적지까지 이동하는 구간으로서 ① 항공편명, ② 예약등급, ③ 출발날짜, ④ 출발요일, ⑤ 출발/도착지 공항, ⑥ 예약상태/좌석 수, ⑦ 출/도착 현지시각, ⑧ 도착일자, ⑨ 발권형태(e-ticket 또는 paper-ticket), ⑩ 도중체류 수, ⑪ 기종 등으로 구성된다.

여정의 종류에는 항공편으로 이동하는 항공여정 이외에도 호텔 및 렌터카, 리무진 등의 부대여정(auxiliary segment)과 항공편 이외의 교통수단으로 이동하는 구간을 나타내는 비항공운송구간(ARNK : arrival unknown) 등이 있다.

한편 항공여정을 작성하는 데 있어 여정의 연속성이라는 대원칙을 지켜줘야 하는데 이에는 시간의 연속성과 구간의 연속성이 있다.

● 여정의 종류

여정의 종류	설명
항공여정 (Air-Segment)	항공여정은 승객이 항공기를 이용하여 출발지에서 목적지까지 직항편을 이용하여 이동하는 경우(직항편 여정: Direct Flight Itinerary)와 직항편이 없거나 중간 기착지에서 특별한 일이 있어 며칠을 체류한 후 최종목적지를 가는 항공여정(연결편 여정: Connecting Flight Itinerary)이 있음
부대여정 (Auxiliary Segment)	항공여행을 하는 데 부수적으로 발생할 수 있는 호텔, 렌터카, 리무진 등과 같은 기타 교통편으로 이동하는 구간도 여정으로 구성됨
비항공운송구간 (ARNK)	승객이 항공편을 이용하지 않고 기차, 버스, 도보, 선박 등을 이용하여 여행함으로써 항공운송구간이 단절되는 구간(Surface)을 의미함 예를 들어, 서울(ICN) → 도쿄(TYO) → 오사카(OSA) → 서울(ICN)

● 여정 작성 시 준수 사항 : 시간의 연속성과 구간의 연속성 준수

여정의 연속성	설명	조치사항
시간의 연속성	✓ 하위 여정의 출발시간은 상위 여정의 도착시간보다 같거나 늦어야 함. 단, 날짜변경선 서쪽에서 동쪽으로 이동 경우는 -1일까지 허용(DDLAX)	이는 별도의 조치가 없이 잘못된 CASE이므로 다시 한번 요청하여 여정 일자 및 시간을 잘 확인하고 여정을 작성함
구간의 연속성	✓ 하위 여정의 출발지는 바로 전 여정의 도착지와 일치하는 것을 원칙으로 함. 단,-JFK/LGA/EWR,LHR/LGW, CDG/ORY와 같이 동일 도시 내 공항(Airport)은 동일 출/도착 도시로 인정함	>SI ARNK

Memo

2-1. 직항 및 연결편 여정(Itinerary) 작성 방법

  여정(itinerary)을 작성하는 데 있어 출발지에서 최종 목적지까지 중간에 비행기를 갈아타거나 체류가 한 번도 없이 바로 최종 목적지까지 도달하는 여정을 직항여정(direct flight itinerary)이라 하고, 중간에 비행기를 갈아타거나 일정 일수를 체류한 후 최종목적지까지 도달하는 여정을 연결여정(connect flight itinerary)이라고 한다.

● **여정 작성 순서**

① 1단계 : 여행조건에 따른 예약등급 조회 및 결정-보통은 최대체류일, 도중체류 여부 등에 준하여 예약등급(booking class)을 채택함
>FQDSELLAX/D27OCT/AKE

② 2단계 : 해당일자, 출발지에서 목적까지 그리고 돌아오는 항공편이 어떤 것이 있는지 예약가능편(availability)을 조회함
>AN27OCTICNLAX/AKE*13NOV

③ 3단계 : 좌석 수, 여행조건에 따른 예약등급 등의 조건에 따라 조회된 예약가능편(availability)을 참조하여 해당 항공편의 Line-Number를 지정하여 여정을 작성함
>SS1M2*11

명령어설명	① SS : Segment Sell
	② 1 : 좌석 수
	③ M : 예약등급(Booking Class)
	④ 2 : 예약가능편 조회 화면에서 출발 항공편의 Line-Number
	⑤ * : 구분 부호
	⑥ 11 : 예약가능편 조회 화면에서 돌아오는 항공편의 Line-Number

(1) 직항편 여정(Direct Flight Itinerary) 작성

명령어	>AN27OCTICNLAX/AKE*13NOV	
	명령어 설명	① AN : Availability Notice(예약가능편 조회 기본 명령어) ② 27OCT : 10월 27일(출발날짜), ③ ICN LAX : 출도착도시 ④ /AKE : 특정 항공편(대한항공) 지정 ⑤ *13NOV : 11월 13일 왕복편 조회(돌아오는 구간이 출발여정의 역순이거나 항공편이 동일한 경우에는 LAX/ICN/AKE를 생략할 수 있음)

응답화면	>AN27OCTICNLAX/AKE*13NOV
	
	** AMADEUS AVAILABILITY – AN ** LAX LOS ANGELES.USCA 149 WE 27OCT 0000
	 1 KE 017 P8 AL J9 C9 D9 I9 R9 /ICN 2 LAX B 1430 0940 E0/388 11:10
	          Z9 Y9 B9 M9 S9 H9 E9 K9 L9 U9 QL
	 2 KE 011 P8 A4 J9 C9 D9 I9 R9 /ICN 2 LAX B 1940 1450 E0/388 11:10
	          Z9 Y9 B9 M9 S9 H9 E9 K9 L9 U9 QL
	** AMADEUS AVAILABILITY – AN ** ICN INCHEON INTERNA.KR 166 SA 13NOV 0000
	11 KE 012 P7 AL J9 C9 D9 I9 R9 /LAX B ICN 2 2240 0510+2E0/77W 13:30
	          Z9 Y9 B9 M9 S9 H9 E9 K9 L9 U9 QL
	12DL:KE7451 J6 C6 Y6 B6 M6 S6 H6 /LAX 2 SEA 0755 1051 E0/739 TR
	  DL:KE5020 J6 W4 Y6 B6 M6 S6 H6 /SEA ICN 2 1135 1615+1E0/339 15:20
	          E6 K6 L6 U6

응답결과 설명	* 대한항공 항공편에 대한 10월 27일 ICN/LAX, 11월 13일 LAX/ICN 구간의 예약가능편 조회

명령어	>SS1M2*11	
	명령어 설명	① SS : Segment Sell(Seat Sold)-여정 작성을 위한 기본 명령어 ② 1 : 좌석 수, ③ M : 예약등급(Booking Class) ④ 2 : 예약가능편 조회 화면에서 두 번째 출발 항공편의 Line-Number ⑤ * : 구분 부호 ⑥ 11 : 예약가능편 조회 화면에서 돌아오는 항공편의 첫 번째 항공편의 Line-Number

응답화면	>SS1M2*11
	
	--- SFP ---
	RP/SELK13900/
	① 1 KE 011 M 27OCT 3 ICNLAX DK1 1940 1450 27OCT E 0 388 DB
	        SEE RTSVC
	② 2 KE 012 M 13NOV 6 LAXICN DK1 2240 0510 15NOV E 0 77W BD
	        SEE RTSVC
	    3 RM NOTIFY PASSENGER PRIOR TO TICKET PURCHASE & CHECK-IN:
	        FEDERAL LAWS FORBID THE CARRIAGE OF HAZARDOUS MATERIALS –
	        GGAMAUSHAZ/S1-2

응답결과 설명	① 10월 27일 대한항공 011편 M Class, 19시 40분 ICN 출발 14시 50분 LAX 도착
	    에어버스 380-800 운항편을 출발 여정으로 작성
	② 11월 13일 대한항공 012편 M Class, 22시 40분 LAX 출발 05시 10분 ICN 도착
	    보잉777-300 운항편을 돌아오는 여정으로 작성

(2) 연결편 여정(Connecting Flight Itinerary) 작성

명령어	>AN27OCTICNPHX*13NOVBOSICN
	명령어 설명 ① AN : Availability Notice(예약가능편 조회 기본 명령어) ② 27OCT : 10월 27일(출발날짜), ③ ICN : 출발도시, ④ PHX : 도착도시 ⑤ *13NOVBOSICN: 11월 13일 BOS/ICN 구간 조회

응답화면	>AN27OCTICNPHX*13NOVBOSICN
	
	AN27OCTICNPHX*13NOVBOSICN
	** AMADEUS AVAILABILITY - AN ** PHX PHOENIX.USAZ 149 WE 27OCT 0000
	1 AC:OZ6102 C2 Y4 B4 M4 H4 E4 Q4 /ICN 1 YVR M 1530 0920 E0/789
	           K4 S4 V4 L4 W4
	 *AC8228 J9 C9 D9 Z9 P9 R7 Y9 /YVR M PHX 3 1035 1337 E0/CR9 14:07
	          B9 M9 U9 H9 Q9 V9 W9 G9 S9 T9 L9 A9 K9
	2 AC 064 J9 C9 D9 Z9 P9 R3 O9 /ICN 1 YVR M 1530 0920 E0/789
	          E9 N9 Y9 B9 M9 U9 H9 Q9 V9 W9 G9 S9 T9 L9 A9 K9
	 *AC8228 J9 C9 D9 Z9 P9 R7 Y9 /YVR M PHX 3 1035 1337 E0/CR9 14:07
	          B9 M9 U9 H9 Q9 V9 W9 G9 S9 T9 L9 A9 K9
	
	** AMADEUS AVAILABILITY - AN ** ICN INCHEON INTERNA.KR 166 SA 13NOV 0000
	11KE:DL7668 F0 J0 C0 D0 I0 Z0 Y0 /BOS E ICN 2 1100 1515+1E0/77W 14:15
	          B0 M0 H0 Q0 K0 L0 U0 T0 X0 V0
	12 *AC7505 J9 C7 D7 Z6 P5 R4 Y9 /BOS B YYZ 1 1005 1203 E0/E75
	          B9 M9 U9 H9 Q9 V9 W9 G9 S9 T9 L9 A9 K9
	  AC:OZ6113 CL Y4 B4 M4 H4 E4 Q4 /YYZ 1 ICN 1 1325 1725+1E0/788 17:20
	          K4 S4 V4 L4 W4

응답결과 설명	* 10월 27일 ICN/PHX, 11월 13일 BOS/ICN 구간의 예약가능편 조회(특정 항공사 지정 없음)
명령어	① >SS1M2*Y12
	명령어 설명 ① SS : Segment Sell(Seat Sold)-여정 작성을 위한 기본 명령어 ② 1 : 좌석 수 ③ M : 출발 항공편의 예약등급(Booking Class) ④ 2 : 예약가능편 조회 화면에서 출발 항공편의 Line-Number ⑤ * : 구분 부호 ⑥ Y : 돌아오는 항공편의 예약등급(Booking Class) ⑦ 12 : 예약가능편 조회 화면에서 돌아오는 항공편의 Line-Number
	② >SS1MY2*YM12
	명령어 설명 ① SS : Segment Sell(Seat Sold)-여정 작성을 위한 기본 명령어 ② 1 : 좌석 수 ③ M : 출발 항공편에서 첫 번째 항공편의 예약등급(Booking Class) ④ Y : 출발 항공편에서 연결 항공편의 예약등급(Booking Class) ⑤ 2 : 예약가능편 조회 화면에서 출발 항공편의 Line-Number ⑥ * : 구분 부호 ⑦ Y : 돌아오는 항공편에서 첫 번째 항공편의 예약등급(Booking Class) ⑧ M : 돌아오는 항공편에서 연결 항공편의 예약등급(Booking Class) ⑨ 12 : 예약가능편 조회 화면에서 돌아오는 항공편의 Line-Number

→ 다음 페이지에 계속

응답화면	① 명령에 의한 응답화면	>SS1M2*Y12
		
		--- SFP ---
		RP/SELK13900/
		  1 AC 064 M 27OCT 3 ICNYVR DK1 1530 0920 27OCT E 0 789 MB
		     SEE RTSVC
		  2 AC8228 M 27OCT 3 YVRPHX DK1 1035 1337 27OCT E 0 CR9 F
		     OPERATED BY AIR CANADA EXPRESS – JAZZ
		     OPERATED BY SUBSIDIARY/FRANCHISE
		     SEE RTSVC
		  3 AC7505 Y 13NOV 6 BOSYYZ DK1 1005 1203 13NOV E 0 E75
		     OPERATED BY AIR CANADA EXPRESS – SKY REGIONAL
		     OPERATED BY SUBSIDIARY/FRANCHISE
		     SEE RTSVC
		  4 AC 061 Y 13NOV 6 YYZICN DK1 1325 1725 14NOV E 0 788 MB
		     SEE RTSVC

	② 명령에 의한 응답화면	>SS1MY2*YM12
		
		--- SFP ---
		RP/SELK13900/
		  1 AC 064 M 27OCT 3 ICNYVR DK1 1530 0920 27OCT E 0 789 MB
		     SEE RTSVC
		  2 AC8228 Y 27OCT 3 YVRPHX DK1 1035 1337 27OCT E 0 CR9 F
		     OPERATED BY AIR CANADA EXPRESS – JAZZ
		     OPERATED BY SUBSIDIARY/FRANCHISE
		     SEE RTSVC
		  3 AC7505 Y 13NOV 6 BOSYYZ DK1 1005 1203 13NOV E 0 E75
		     OPERATED BY AIR CANADA EXPRESS – SKY REGIONAL
		     OPERATED BY SUBSIDIARY/FRANCHISE
		     SEE RTSVC
		  4 AC 061 M 13NOV 6 YYZICN DK1 1325 1725 14NOV E 0 788 MB
		     SEE RTSVC

응답결과 설명		① ICN/YVR/PHX 구간은 M Class, BOS/YYZ/ICN 구간은 Y Class로 예약 ② ICN/YVR 구간은 M Class , YVR/PHX구간은 Y Class BOS/YYZ 구간은 Y Class, YYZ/ICN구간은 M Class 로 예약

2-2. 미확정 구간(Open Segment) 작성 방법

일반적으로 출발여정(departure segment)은 반드시 ① 출발일자, ② 여행조건, ③ 출발 시간 등이 확정되어야만 예약이 가능하나, 돌아오는 여정(return segment)은 현지 사정에 따라 부지기수로 변동될 수 있기 때문에 돌아오는 날짜와 시간 등을 미확정인 상태에서 예약기록(PNR)을 작성하는 경우(출장 목적의 상용수요의 경우)가 현장에서는 적지 않다. 이때 돌아오는 항공편의 일정 및 시간 등이 결정되지 않은 상태이지만 미확정 구간(open segment)으로 여정을 작성하는 이유는 편도운임(one way fare)이 아닌 보다 저렴한 왕복운임(round trip fare)을 적용하기 위해서이다. 이렇게 왕복여정으로 예약과 발권을 한 후 목적지에 가서 돌아오는 일자와 시간이 결정되면 운임이 변동되지 않는 조건하에서 현지 콜센터나 지점에 연락(contact)하여 해당 예약기록에 미확정 구간(open segment)을 확정구간(fixed segment)으로 변경 요청한다.

(1) 미확정 구간(Open Segment) 작성 시 주의 사항

① 미확정 사항은 항공편, 돌아오는 날짜에 한해 가능하다. 즉, 예약등급(booking class), 구간은 미확정 상태에서 예약이 불가하다(왕복운임으로 발권을 해야 하기 때문임).

② 구간을 구성할 때는 반드시 공항코드를 입력해야 한다(예, ICN (O), SEL (X)).

③ 운임은 출발일 기준으로 적용되기 때문에 첫 번째 구간은 미확정으로 작성할 수 없다.

④ 미확정 여정 예약 시는 반드시 좌석 수를 입력하지 않아도 된다.

(2) 미확정 구간(Open Segment) 작성 예시

① 출발여정의 항공편을 우선 확정한 이후,

② 돌아오는 여정에 대한 미확정 구간을 작성한다.

명령어	**>AN27OCTICNLAX/AKE**	
	명령어 설명	① AN : Availability Notice(예약가능편 조회 기본 명령어) ② 27OCT : 10월 27일(출발날짜) ③ ICN : 출발도시 ④ LAX : 도착도시 ⑤ /AKE : 특정 항공편(대한항공) 지정

응답화면	>AN27OCTICNLAX/AKE
	
	AN27OCTICNLAX/AKE
	** AMADEUS AVAILABILITY – AN ** LAX LOS ANGELES.USCA 149 WE 27OCT 0000
	 1 KE 017 P8 AL J9 C9 D9 I9 R9 /ICN 2 LAX B 1430 0940 E0/388 11:10
	          Z9 Y9 B9 M9 S9 H9 E9 K9 L9 U9 QL
	 2 KE 011 P8 A4 J9 C9 D9 I9 R9 /ICN 2 LAX B 1940 1450 E0/388 11:10
	          Z9 Y9 B9 M9 S9 H9 E9 K9 L9 U9 Q9 N9 T9 G2		

응답결과 설명	* 대한항공 항공편에 대한 10월 27일 ICN/LAX 구간의 예약가능편 조회		
명령어	① >SS1M1	
	명령어 설명	① SS : Segment Sell(Seat Sold)-여정 작성을 위한 기본 명령어 ② 1 : 좌석 수 ③ M : 예약등급(Booking Class) ④ 1 : 예약가능편 조회 화면에서 첫 번째 출발 항공편의 Line-Number
응답결과 설명	* 10월 27일 대한항공 017편 M Class, 14시 30분 ICN출발 09시 40분 LAX 도착 에어버스 380-800 운항편을 출발 여정으로 작성		
명령어	① >SOKEM29NOVLAXICN	
	명령어 설명	① SO : Open Segment(미확정 여정)작성을 위한 기본 명령어 ② KE : 항공사 2-Letter Code ③ M : 예약등급(Booking Class) ④ 29NOV : 돌아오는 날짜(생략 가능함) ⑤ LAX ICN : Open Segment(미확정 여정)의 출발도시, 도착도시
응답화면	>SOKEM29NOVLAXICN --- SFP --- RP/SELK13900/ 1 KE 017 M 27OCT 3 ICNLAX DK1 1430 0940 27OCT E 0 388 DB SEE RTSVC 2 KEOPEN M 29NOV 1 LAXICN		
응답결과 설명	* 11월 29일 LAX/ICN 구간 KE 항공편 M Class로 편명 미확정		

2-3. 비항공운송구간(Arrival Unknown) 여정 작성 방법

항공여정을 작성할 때는 여정의 연속성(continuity of itinerary)인 시간의 연속성(continuity of time)과 구간의 연속성(continuity of segment)을 가능한 한 준수하도록 권고하고 있다. 그러나 현장에서는 시간의 연속성이 맞지 않거나 구간의 연속성이 맞지 않는 경우를 종종 발견할 수 있다. 시간의 연속성이 맞지 않는 경우는 앞에서도 언급하였듯이 근본적으로 출발시각보다 도착시각이 빠를 수가 없기 때문에 이는 무조건 틀린 경우로 별다른 조치가 필요 없다. 그러나 구간의 연속성이 맞지 않는 경우는 도착지 도시와 그 다음 여정의 출발지 도시가 같지 않은 경우로 이는 유럽이나 미국, 일본 및 중국 등지를 여행하는 경우에 흔히 볼 수 있는 사례이다. 따라서 구간의 연속성이 맞지 않는 비항공운송구간(ARNK : arrival unknown)에 대하여 발권상의 'SURFACE'인 'ARNK'를 입력하여 조치한다.

(1) 'ARNK'는 반드시 비항공운송구간에 입력해야 하나?

① 여정을 작성할 때, 'ARNK'를 입력하지 않으면 Warning Message가 뜨지만 이때 이를 무시하고 '>ER'을 한 번 더 입력하면 PNR이 완성된다.

② 'ARNK'를 입력하지 않으면 PNR을 변경할 때마다 다음과 같은 Warning Message가 뜬다. 'CHECK SEGMENT CONTINUITY-SEGMENT 2/3'

③ 'ARNK'를 입력할 때, 요소번호를 지정하지 않더라도 자동으로 해당 요소번호가 부여되므로 별도로 요소번호를 지정하지 않아도 된다.

(2) 비항공운송구간(Arrival Unknown) 여정 작성 (예시)

① 출발여정과 도착여정을 작성했으나 출발여정의 도착도시와 돌아오는 여정의 출발도시가 다른 경우에는 우선 왕복여정을 작성한 이후,

② 출발여정과 돌아오는 여정 중간에 'ARNK'를 입력한다.

명령어	>AN27OCTICNLAX/AKE*10NOVSFOICN/AKE	
명령어	**명령어 설명**	① AN : Availability Notice(예약가능편 조회 기본 명령어) ② 27OCT : 10월 27일(출발날짜) ③ ICN : 출발도시 ④ LAX : 도착도시 ⑤ /AKE : 특정 항공편(대한항공) 지정 ⑥ 10NOV : 돌아오는 날짜(11월 10일) ⑦ SFO SEL : 돌아오는 여정의 출발 및 도착도시의 3 Code

```
>AN27OCTICNLAX/AKE*10NOVSFOICN/AKE

AN27OCTICNLAX/AKE*10NOVSFOICN/AKE
** AMADEUS AVAILABILITY - AN ** LAX LOS ANGELES.USCA  149 WE 27OCT 0000
 1   KE 017  P8 A4 J9 C9 D9 I9 R9 /ICN 2 LAX B  1430   0940  E0/388           11:10
             Z9 Y9 B9 M9 S9 H9 E9 K9 L9 U9 Q9 N9 T9 G9
 2   KE 011  P8 A4 J9 C9 D9 I9 R9 /ICN 2 LAX B  1940   1450  E0/388           11:10
             Z9 Y9 B9 M9 S9 H9 E9 K9 L9 U9 Q9 N9 T9 G2
3DL:KE5019  J6 C6 D6 I6 R6 W4 Y6 /ICN 2 SEA   1920   1350  E0/339
             B6 M6 S6 H6 E6 K6 L6 U6
 DL:KE7454  J6 C6 D6 I6 R6 Y6 B6 /SEA  LAX 2  1515   1751  E0/739  TR       14:31
             M6 S6 H6 E6 K6 L6 U6

** AMADEUS AVAILABILITY - AN ** ICN INCHEON INTERNA.KR  163 WE 10NOV 0000
11   KE 026  J9 C9 D9 I9 R9 Z9 Y9 /SFO I ICN 2  2330   0530+2E0/77W         13:00
             B9 M9 S9 H9 E9 K9 L9 U9 QL
12AS:KE6116  J9 C9 H9 E9 K9 L9 U9 /SFO 2 SEA   0700   0910  E0/320  TR
      KE 020  J9 C9 D9 I9 R9 Z9 Y9 /SEA   ICN 2 1040 1520+1E0/77W 15:20
             B9 M9 S9 H9 E9 K9 LL UL
13AS:KE6116  J9 C9 H9 E9 K9 L9 U9 /SFO 2 SEA   0700   0910  E0/320  TR
 DL:KE5020  J6 C6 D6 I6 R6 W4 Y6 /SEA   ICN 2 1135  1615+1E0/339           16:15
             B6 M6 S6 H6 E6 K6 L6 U6
```

응답결과 설명	* 대한항공 항공편에 대한 10월 27일 ICN/LAX, 11월 10일 SFO/ICN 구간 예약가능편 확인

명령어	① >SS1M1*11	
명령어	**명령어 설명**	① SS : Segment Sell(Seat Sold)-여정 작성을 위한 기본 명령어 ② 1 : 좌석 수 ③ M : 예약등급(Booking Class) ④ 1 : 예약가능편 조회 화면에서 첫 번째 출발 항공편의 Line-Number ⑤ * : 구분 부호 ⑥ 11 : 예약가능편 조회 화면에서 돌아오는 항공편의 Line-Number

→ 다음 페이지에 계속

응답화면	>SS1M1*11
	--- SFP ---
	RP/SELK13900/
	  1 KE 017 M 27OCT 3 ICNLAX DK1 1430 0940 27OCT E 0 388 DB
	      SEE RTSVC
	  2 KE 026 M 10NOV 3 SFOICN DK1 2330 0530 12NOV E 0 77W BD
	      SEE RTSVC

응답결과 설명	① 10월 27일 대한항공 017편 M Class, 14시 30분 ICN 출발 09시 40분 LAX 도착, 에어버스 380-800 운항편을 출발 여정으로 작성 ② 11월 10일 대한항공 026편 M Class, 23시 30분 SFO 출발 05시 30분 ICN 도착, 보잉 77W 운항편을 돌아오는 여정으로 작성

명령어	① >SIARNK	
	명령어 설명	① SI : Segment Information (비항공 구간) 여정 작성을 위한 기본 명령어 ② ARNK : 비항공운송구간(Arrival Unknown)을 의미하는 Code

응답화면	>SIARNK
	--- SFP ---
	RP/SELK13900/
	  1 KE 017 M 27OCT 3 ICNLAX DK1 1430 0940 27OCT E 0 388 DB
	      SEE RTSVC
	  2 ARNK
	  3 KE 026 M 10NOV 3 SFOICN DK1 2330 0530 12NOV E 0 77W BD
	      SEE RTSVC

응답결과 설명	* 여정의 연속성(Continuity of Itinerary) 중에서 구간의 연속성(Continuity of Segment)이 맞지 않는 경우, 해당 구간을 비항공운송구간(Arrival Unknown)으로 조치하기 위하여 "ARNK"을 입력 하면 자동으로 해당 여정 사이에 입력됨

2-4. 직접예약(Direct Booking) 방법을 활용한 여정 작성 방법

Amadeus SellConnect를 이용하여 항공여정을 작성하는 방법에는 2가지 방법이 있다. 그 첫 번째가 위에서 보았듯 우선 ① Availability 조회한 후, ② 승객이 원하는 날짜 및 시간에 해당하는 항공편을 '>SS'의 기본 명령어를 이용하는 간접예약(indirect booking) 방법과 두 번째 방법은 항공편명, 일자, 여정 구간 등을 직접 입력하는 직접예약(direct booking) 방법이 있다.

그럼 Availability 조회한 후, '>SS' 명령어를 이용하여 여정을 작성하는 간접예약 방법이 아닌, 항공편명, 일자(date), 여정 구간 등을 직접 입력하는 직접예약 방법을 알아본다.

● 직접예약(Direct Booking) 방법을 이용한 여정 작성 사례

명령어	>SSKE017M19NOVICNLAX1	
	명령어 설명	① SS : Segment Sell(Seat Sold)-여정 작성을 위한 기본 명령어 ② KE017 : 출발 항공편 ③ 19NOV : 11월 19일(출발날짜) ④ ICN LAX : 출발도시 및 도착도시 3-Letter Code ⑤ 1 : 요청 좌석숫자(number of seat)
응답화면	>SSKE017M19NOVICNLAX1 --- SFP --- RP/SELK13900/ 1 KE 017 M 19NOV 5 ICNLAX DK1 1430 0830 19NOV E 0 388 DB	
응답결과 설명	* 11월 19일 대한항공 017편 M Class, 14시 30분 ICN 출발, 08시 30분 LAX 도착, 에어버스 380-800 운항편을 출발 여정으로 작성	
명령어	① >SSKE024M22NOVSFOICN1	
	명령어 설명	① SS : Segment Sell(Seat Sold)-여정 작성을 위한 기본 명령어 ② KE024 : 돌아오는 항공편 ③ 22NOV : 11월 22일(돌아오는 출발날짜) ④ SFO ICN : 출발도시 및 도착도시 3-Letter Code ⑤ 1 : 요청 좌석숫자(number of seat)

응답화면	>SSKE024M22NOVSFOICN1
	 --- SFP ---
	 RP/SELK13900/
	  1 KE 017 M 19NOV 5 ICNLAX DK1 1430 0830 19NOV E 0 388 DB
	  2 KE 026 M 22NOV 1 SFOICN DK1 2330 0530 22NOV E 0 77W BD	

→ 다음 페이지에 계속

응답결과 설명	* 11월 22일 대한항공 024편 M Class, 23시 30분 SFO 출발, 05시 30분 ICN 도착, 보잉 77W 운항편으로 도착 여정 작성	
명령어	① >SIARNK	
	명령어 설명	① SI : Segment Information(비항공 구간) 여정 작성을 위한 기본 명령어 ② ARNK : 비항공운송구간(Arrival Unknown)을 의미하는 Code
응답화면	>SIARNK --- SFP --- RP/SELK13900/ 1 KE 017 M 19NOV 5 ICNLAX DK1 1430 0830 19NOV E 0 388 DB 2 ARNK 3 KE 026 M 22NOV 1 SFOICN DK1 2330 0530 22NOV E 0 77W BD	
응답결과 설명	* 여정의 연속성(Continuity of Itinerary) 중에서 구간의 연속성(Continuity of Segment)이 맞지 않는 경우, 해당 구간을 비항공운송구간(Arrival Unknown)으로 조치하기 위하여 "ARNK"을 입력 하면 자동으로 해당 여정 사이에 입력됨	

Memo

3 🎫 전화번호 및 이메일 작성

전화번호(phone-number)를 입력하는 것은 승객의 휴대폰(mobile phone), 집 전화번호(home phone), 사무실 전화번호(business phone)가 있다.

통상 여행사를 통해 예약하는 경우에는 여행사 전화번호(travel agent's phone number)가 입력되고, 전화번호의 기본 명령어를 이용하여 승객의 이메일 주소(e-mail address)도 입력 가능하다.

● 전화번호 입력 시 유의 사항

① 전화번호를 입력하는 기본 명령어는 '>AP'이다.

② 모든 PNR에는 반드시 항공사에서 연락 가능한 전화번호를 입력하여야 하며, 1개 PNR에 2개 이상의 전화번호 입력도 가능하다.

③ PNR 작성이 완료되면서 생성되는 승객의 예약번호는 PNR에 입력된 전화번호를 우선 고려하여 생성되므로 가능한 첫 번째 전화번호는 승객의 휴대폰번호를 입력하는 것을 권장한다.

④ 여행사를 통해 예약을 하는 경우, 첫 번째 전화번호로 여행사 전화번호가 들어가며, 그렇지 않은 경우에는 승객의 휴대폰번호를 가장 먼저 입력 한다.

⑤ 전화번호를 입력하는 기본 명령어(>AP)를 이용하여 완성된 예약기록(PNR)을 자동으로 예약승객에게 전송하기 위하여 해당 승객의 이메일 주소를 입력하는 것도 가능하다.

● 전화번호 및 이메일 작성 사례

① 승객의 휴대폰(Mobile Phone) 번호 입력 사례

명령어	>APM-010-2345-6789/P1	
	명령어 설명	① AP : Advice Phone Number (전화번호 입력하기 위한 기본 명령어) ② M : Mobile Phone, ③ 010-2345-6789 : 승객의 휴대폰 번호 ④ P1 : 이름으로 작성된 승객의 요소 번호(휴대폰 번호 해당 승객)

응답결과	>APM-010-2345-6789/P1
	
	RP/SELK13900/
	  1.LEE/HWIYOUNGMR 2.LEE/TAEGYUMR 3.LEE/MINJEONGMS
	  4 APM 010-2345-6789/P1	

응답결과 설명	* 1번 승객의 휴대폰(Mobile Phone) 번호 입력 사례	

② 승객의 집 전화번호(Home Phone) 입력 사례

명령어	>APH-02-3456-3456/P2	
	명령어 설명	① AP : Advice Phone Number (전화번호 입력하기 위한 기본 명령어) ② H : Home Phone, ③ 02-3456-3456 : 승객의 집 전화번호 ④ P2 : 이름으로 작성된 승객의 요소 번호(집 전화번호 해당 승객)

응답결과	>APH-02-3456-3456/P2
	
	RP/SELK13900/
	  1.LEE/HWIYOUNGMR 2.LEE/TAEGYUMR 3.LEE/MINJEONGMS
	  4 APH 02-3456-3456/P2
	  5 APM 010-2345-6789/P1	

응답결과 설명	* 2번 승객의 집 전화번호 입력 사례	

③ 승객의 사무실 전화번호(Business Phone) 입력 사례

명령어	>APB-032-6789-5678/P3	
	명령어 설명	① AP : Advice Phone Number (전화번호 입력하기 위한 기본 명령어) ② B : Business Phone, ③ 032-6789-5678 : 승객의 사무실 전화번호 ④ P3 : 이름으로 작성된 승객의 요소 번호(사무실 전화번호 해당 승객)

응답결과	>APB-032-6789-5678/P3
	
	RP/SELK13900/
	  1.LEE/HWIYOUNGMR 2.LEE/TAEGYUMR 3.LEE/MINJEONGMS
	  4 APB 032-6789-5678/P3
	  5 APH 02-3456-3456/P2
	  6 APM 010-2345-6789/P1	

응답결과 설명	* 3번 승객의 사무실 전화번호 입력 사례	

④ 여행사 전화번호(Travel Agent Phone) 입력 사례

명령어	>AP 02-4567-5678 INHA TOUR KIM/MALJA MS	
	명령어 설명	① AP : Advice Phone Number (전화번호 입력하기 위한 기본 명령어) ② 02-4567-5678 : 여행사 전화번호 ③ INHA TOUR : 여행사 명 ④ KIM/MALJA MS : INHA TOUR 담당직원 이름
응답결과	>AP 02-4567-5678 INHA TOUR KIM/MALJA MS RP/SELK13900/ 1.LEE/HWIYOUNGMR 2.LEE/TAEGYUMR 3.LEE/MINJEONGMS 4 AP 02-4567-5678 INHA TOUR KIM/MALJA MS 5 APB 032-6789-5678/P3 6 APH 02-3456-3456/P2 7 APM 010-2345-6789/P1	
응답결과 설명	* 여행사 전화번호 입력 사례	

⑤ 이메일 주소(E-mail Address) 입력 사례

명령어	>APE-LEEHY@NAVER.COM/P1	
	명령어 설명	① AP : Advice Phone Number (전화번호를 입력하기 위한 기본 명령어) ② E : E-mail ③ LEEHY@NAVER : 승객의 이메일 주소(E-mail Address) ④ P1 : 이름으로 작성된 승객의 요소 번호(이메일 주소 해당 승객)
응답결과	>APE-LEEHY@NAVER.COM/P1 RP/SELK13900/ 1.LEE/HWIYOUNGMR 2.LEE/TAEGYUMR 3.LEE/MINJEONGMS 4 AP 02-4567-5678 INHA TOUR KIM/MALJA MS 5 APB 032-6789-5678/P3 6 APE LEEHY@NAVER.COM/P1 7 APH 02-3456-3456/P2 8 APM 010-2345-6789/P1	
응답결과 설명	* 1번 승객의 이메일 주소(E-mail Address) 입력 사례	

4 발권 예정시점(Ticket Agreement) 작성

발권 예정시점(Ticket Agreement) 기능은 '>TK'의 기본 명령어를 이용하여 ① 예약완료와 동시에 발권, ② 특정시점을 지정하여 발권, ③ 특정시점까지 발권을 하지 않았을 때 강제로 예약기록을 취소하는 기능이 있다.

그러나 발권 예정시점은 PNR 완성 시에 자동으로 생성되기 때문에 수동으로 반드시 입력해야 하는 것은 아니지만 승객이 원하는 발권시점을 지정하기 위해서는 다음과 같은 기능 중 하나를 선택하여 입력하는 것이 일반적이다.

● 발권 예정시점을 수동으로 지정하는 기능

발권 예정시점 입력기능	설명
>TKOK	✓ 예약과 동시에 발권 예정 또는 Ticket Number가 있는 경우 입력 (Queue 미전송)
>TKTL	✓ 여행사 자체 TKT 발권 권고 시한으로 발권 권고 시한 지난 후에도 예약 취소는 되지 않고, 8번 Q로 자동 전송 (발권 이후 TKOK로 변경)
>TKXL	✓ TKT 발권 권고시한. 발권 권고, 시한 지난 후에는 예약 자동 취소

* TK Ticketing Arrangement 기본 지시어
* TL Ticketing Arrangement Indicator(Ticket Time Limit)

그러나 보통은 PNR이 완성되면서 발권 예정시점을 입력하지 않더라도 자동으로 생성되는 OPW(option warning element)와 OPC(option cancelation element)에 의해 발권경고시점 및 예약취소시점이 지정된다.

- OPW(Option Warning Element) : 특정 시점까지 발권을 하지 않았을 경우의 경고 시한
- OPC(Option Cancelation Element) : 특정 시점까지 발권을 하지 않았을 경우, 예약기록을 취소(Cancelation)하는 시한(Time Limited)을 의미함

● 발권 예정시점을 수동으로 지정하는 사례

① 예약 직후 발권 시행

명령어	>TKOK	
	명령어 설명	① TK : 발권 예정시점(Ticket Agreement) 입력을 위한 기본 명령어 ② OK : 예약직후 발권을 하겠음(Okay)
응답결과	>TKOK RP/SELK13900/ 　1 TK OK31MAY/SELK13900	
응답결과 설명	* 예약 완료 후 바로 발권 예정 또는 Ticket Number가 있는 경우 입력(Queue 미전송)	

② 예약 후 일정 시점 이후 발권 시행(시한이 경과해도 예약기록이 취소되지 않음)

명령어	>TKTL 20NOV/1800	
	명령어 설명	① TK : 발권 예정시점(Ticket Agreement) 입력을 위한 기본 명령어 ② TL : Time Limited(발권 시한-경과해도 예약 취소 없음) ③ 20NOV/1800 : 발권 시점(11월 20일 18시까지 발권)
응답결과	>TKTL 20NOV/1800 RP/SELK13900/ 　1 TK TL20NOV/1800/SELK13900	
응답결과 설명	* 20NOV/1800까지 여행사 자체 TKT 발권 권고 시한으로 발권 권고 시한이 지난 후에도 해당 예약 기록의 여정이 취소되지 않고 Queue로 자동 전송(발권 이후는 자동으로 TKOK로 변경됨)	

③ 예약 후 일정 시점 이후 발권 시행(시한이 경과하면 예약기록이 자동취소됨)

명령어	>TKXL 22NOV/1800	
	명령어 설명	① TK : 발권 예정시점(Ticket Agreement) 입력을 위한 기본 명령어 ② XL : Cancelation Limited(취소 시한-경과하면 예약 취소됨) ③ 20NOV/1800 : 발권 시점(11월 20일 18시까지 발권)
응답결과	>TKXL 22NOV/1800 RP/SELK13900/ 　1 TK XL22NOV/1800/SELK13900	
응답결과 설명	* 22NOV/1800까지 TKT 발권 권고 시한으로 발권 권고 시한이 지난 후에는 해당 예약기록의 여정 이 취소되어 12번 Queue로 자동 전송(발권 이후는 자동으로 TKOK로 변경됨)	

5 최초 예약 요청자 및 변경 요청자 입력(RF)

최초 PNR을 작성 요청하거나 또는 PNR이 완성된 이후 출·도착편에 대한 여정변경 및 각종 Facts(AP, OS, SR-Element 등)를 변경 요청할 때, 관련 작업을 완료(end of transaction)하기 직전에 최초 PNR을 작성 요청자나 PNR 수정 요청자의 이름을 입력하는 Field로서, 이는 추후 승객과의 수정 변경내용에 대한 분쟁이 발생 시, 시시비비를 가늠하는 근거자료로 활용되기도 한다.

● RF-Element의 입력 시기

RF 입력 시기	세부 설명
최초 PNR 작성 후 완료 직전	– 최초에 승객의 이름, 여정, 전화번호 및 발권시점을 입력하고 최종 PNR을 완성하기 직전에 본 예약을 요청한 자의 이름을 입력함
여정 변경(출/도착 항공편)을 한 후	– 기존 작성되었던 PNR에서 출/도착편의 비행기편명, Booking Class, 출발날짜 등의 변경 요청 시
전화번호 및 각종 Data Elements(OS/SR) 변경한 후	– 전화번호(APM, APH, APB, APE 등) 및 각종 Data(OS/SR, Ticket-Field 등)에 대해 기존 요청내용을 변경 또는 새로이 요청된 Data Element를 입력하는 경우

● RF-Element의 입력 방법

명령어	>RFPAX (or >RFP, >RF TGLEE)	
	명령어 설명	① RF : 예약 요청자를 입력하는 기본 명령어(Received From) ② PAX : 예약 요청자 이름
응답결과	>RFPAX RP/SELK13900/① RF PAX② >RF TGLEE RP/SELK13900/① RF TGLEE②	
응답결과 설명	① SELK13900 : Office ID ② RF PAX, TGLEE : 예약을 요청한 자의 이름	

6 📇 PNR 작성 완료(EOT)

여행자의 이름(name), 여정(itinerary), 전화번호(phone number), 각종 서비스 요청사항(OS : other service information & SR : special service information), 발권시점(ticket time limited), 예약 요청자(received from passenger) 등을 입력 완료한 후, 관련 기록이 항공사의 자료시스템에 보관되도록 하기 위하여 해당 작업을 완료해야 한다.

이때 PNR을 만드는 마지막 작업을 EOT(end of transaction)라고 한다.

PNR을 만들기 위한 작업 명령어에는 2가지가 있다. 그 기능의 차이는 아래와 같으며 현업에서는 주로 '>ER'을 사용한다.

● PNR 작성 완료 명령어

EOT 명령어	설명
>ET	- End of Transaction의 뜻으로 PNR 작업이 완료되는 동시에 해당 PNR이 예약한 항공사로 전송되어 더 이상은 현재 작업하고 있는 CRS 모니터에서는 PNR을 확인할 수 없는 상태를 의미함
>ER	- End of Transaction and Retrieve의 뜻으로 해당 PNR 작업이 완료되는 동시에 여정을 예약한 항공사로 전송하였으나 관련 PNR을 다시 해당 CRS 모니터에서 조회가 가능하도록 하는 기능을 의미함

● ET와 ER의 기능 차이(사례)

명령어	>ET	
	명령어 설명	① End of Transaction PNR(PNR 작업이 완료된 후 작업 화면에 완성된 PNR이 보이지 않음)
응답결과	RP/SELK13900/ 1.LEE/TAEGYUMR 2 KE 017 N 11NOV 4 ICNLAX DK1 1430 0830 11NOV E 0 388 DB 3 KE 018 Y 10DEC 5 LAXICN DK1 1050 1740 11DEC E 0 388 LD 4 AP M*010-9839-1569 >ET ① WARNING: SECURE FLT PASSENGER DATA REQUIRED FOR TICKETING PAX 1 RESERVATION NUMBER BASED ON PHONE:9839-1569 ②	
응답결과 설명	① PNR 저장 후 작업 종료 명령어 : 단, 관련 PNR이 작업장에서 보이지 않음 ② 완성된 PNR Adress(예약번호)	

→ 다음 페이지에 계속

명령어	>ER	
	명령어 설명	① End of Transaction and Retrieve PNR(PNR 작업이 완료된 후 작업 화면에 완성된 PNR이 보임)

응답결과	>ER ①
	--- RLR SFP ---
	RP/SELK13900/SELK13900 AA/GS 31MAY21/1522Z 6LP86R
	9839-1569
	  1.LEE/TAEGYUMR
	  2 KE 017 N 11NOV 4 ICNLAX HK1 1430 0830 11NOV E KE/6LP86R
	  3 KE 018 Y 10DEC 5 LAXICN HK1 1050 1740 11DEC E KE/6LP86R
	  4 AP M*010-9839-1569		

응답결과 설명	① PNR 저장 후 재조회 명령어 : PNR 작업이 완료된 후 작업 화면에 완성된 PNR이 보임	

 Memo

7 ✈ PNR 작성 시 오류 발생 사례

승객의 이름(passger name), 여정(itinerary), 전화번호(phone-number), 발권 예정시점 (ticket agreement) 등을 작성하는 과정에서 규정을 준수하지 않아 이들 요소들을 입력하는 과정에서 에러(error)가 발생하는 경우가 종종 있다. 이때 흔히 현장에서 명령어를 잘못 입력하여 발생하는 사례들과 이에 대한 적정한 조치방법을 아래와 같이 살펴본다.

● PNR 작성 시 발생하는 에러 및 조치 방법

에러 메시지의 유형	에러 메시지 내용	유형별 조치 방법
이름의 숫자와 여정의 좌석 숫자가 상이한 경우	"UNABLE TO PROCESS/SERVICES EXCEED NAMES"	✓ 이름의 숫자와 여정의 좌석 숫자를 동일하게 조정하여 여정을 재구성함 >SSKE018M29NOVLAXICN2 또는 >AN29NOVLAXICN/AKE → >SS2M1
구간의 연속성 및 시간의 연속성이 맞지 않는 경우	"WARNING: CHECK SEGMENT CONTINUITY – SEGMENT 2/3"	✓ 구간의 연속성과 시간의 연속성에 맞게 여정을 재구성함 >SI ARNK (해당 여정 밑에 ARNK가 자동 추가 입력됨)
PNR 작성 시 전화번호를 누락한 경우	"NEED TELEPHONE"	✓ PNR을 작성하면서 전화번호를 입력하지 않고 종료하는 경우이므로 반드시 전화번호 중 휴대폰 번호를 입력함 >APM-010-5333-6789/P1

7-1. "이름의 숫자와 여정의 좌석 숫자가 상이한 경우" 발생 에러와 조치 방법

명령어	>ER	
	명령어 설명	① PNR 작성 완료 명령어 : End of Transaction and Retrieve PNR(PNR 작업이 완료된 후 작업 화면에 완성된 PNR이 보임)
응답화면	RP/SELK13900/ ①1.LEE/HWIYOUNGMR 2.LEE/TAEGYUMR 3 KE 017 N 11NOV 4 ICNLAX DK3 ② 1430 0830 11NOV E 0 388 DB SEE RTSVC 4 AP M*010-9999-7777/P1 5 AP M*010-9839-1569/P2 6 TK OK01JUN/SELK13900 >ER UNABLE TO PROCESS/SERVICES EXCEED NAMES ③		

→ 다음 페이지에 계속

응답결과 설명	① PNR상에 승객의 이름 2명 ② PNR상에 여정의 좌석이 3개 요청 중 ③ "이름의 숫자와 여정의 좌석 숫자가 상이"하다는 에러 메시지
조치 명령어	① >XE3 ② >AN29NOVLAXICN/AKE >SS2M1

명령어 설명	① 요소번호 3번 취소 명령어(XE : cancellation element, 3 ; element number) ② 이름의 숫자에 맞춰 여정의 좌석 숫자를 Short Entry 형태로 입력

응답화면	① 명령어에
	의한
	응답화면
		RP/SELK13900/
		
		  1.LEE/HWIYOUNGMR 2.LEE/TAEGYUMR
		 3 KE 017 N 11NOV 4 ICNLAX DK3 1430 0830 11NOV E 0 388 DB
		    SEE RTSVC
		① >XE3
		RP/SELK13900/
		
		  1.LEE/HWIYOUNGMR 2.LEE/TAEGYUMR

	② 명령어에
	의한
	응답화면
		>AN29NOVLAXICN/AKE
		
		>AN29NOVLAXICN/AKE
		** AMADEUS AVAILABILITY – AN > LAX LOS ANGELES.USCA 149 WE
		29NOV 0000
		 1 KE 017 P8 A4 J9 C9 D9 I9 R9 /ICN 2 LAX B 1430 0940 E0/38
		11:10
		             Z9 Y9 B9 M9 S9 H9 E9 K9 L9 U9 Q9 N9 T9 G9
		 2 KE 011 P8 A4 J9 C9 D9 I9 R9 /ICN 2 LAX B 1940 1450 E0/388
		11:10
		             Z9 Y9 B9 M9 S9 H9 E9 K9 L9 U9 Q9 N9 T9 G2
		>SS2M1
		RP/SELK13900/
		
		  1.LEE/HWIYOUNGMR 2.LEE/TAEGYUMR
		 3 KE 017 N 29NOV 4 ICNLAX DK2 1430 0830 11NOV E 0 388 DB
		    SEE RTSVC
		 4 AP M*010-9999-7777/P1
		 5 AP M*010-9839-1569/P2
		 6 TK OK01JUN/SELK13900

응답결과 설명	① 이름의 숫자와 여정의 좌석 숫자가 맞지 않는 여정 취소 ② 이름의 숫자와 여정의 좌석 숫자가 맞도록 우선 예약가능편(Availability)을 조회한 후, 해당 항공 편의 좌석을 승객의 숫자에 맞게 요청함	

7-2. "구간의 연속성과 시간의 연속성이 맞지 않는 경우" 조치 방법

명령어	>ER	
	명령어 설명	① PNR 작성 완료 명령어 : End of Transaction and Retrieve PNR(PNR 작업이 완료된 후 작업 화면에 완성된 PNR이 보임)

응답화면	1.LEE/TAEGYUMR 2 KE 025 Y 20NOV 6 ICNSFO DK1 2020 1355 20NOV E 0 77W BD 　　SEE RTSVC 3 KE 018 M 29NOV 1 LAXICN DK1 1050 1740 30NOV E 0 388 LD 　　SEE RTSVC 4 AP M*010-9839-1569 5 TK OK01JUN/SELK13900 ＞ER WARNING: CHECK SEGMENT CONTINUITY - SEGMENT 2/3①
응답결과 설명	① 2번, 3번 구간의 연속성이 맞지 않다는 에러 메시지

조치 명령어	>SI ARNK	
	명령어 설명	① SI : Segment Information(비항공 구간) 여정 작성을 위한 기본 명령어 ② ARNK : 비항공운송구간(Arrival Unknown)을 의미하는 Code

응답화면	＞SIARNK 1.LEE/TAEGYUMR 2 KE 025 Y 20NOV 6 ICNSFO DK1 2020 1355 20NOV E 0 77W BD 3 ARNK① 4 KE 018 M 29NOV 1 LAXICN DK1 1050 1740 30NOV E 0 388 LD
응답결과 설명	① 비항공 운송구간에 'ARNK'가 자동으로 입력되어 여정의 연속성이 맞춰짐

7-3. "PNR 작성 시 전화번호를 누락한 경우" 조치 방법

명령어	>ER	
	명령어 설명	① PNR 작성 완료 명령어 : End of Transaction and Retrieve PNR(PNR 작업이 완료된 후 작업 화면에 완성된 PNR이 보임)

응답화면	RP/SELK13900/
	
	1.LEE/TAEGYUMR
	2 KE 011 M 20NOV 6 ICNLAX DK1 1940 1340 20NOV E 0 77W BD
	   SEE RTSVC
	3 KE 018 M 29NOV 1 LAXICN DK1 1050 1740 30NOV E 0 388 LD
	   SEE RTSVC
	4 TK OK01JUN/SELK13900
	
	>ER
	NEED TELEPHONE ①	

응답결과 설명	① PNR 작성 시 전화번호를 누락되었다는 에러 표시	
조치 명령어	>APM-010-5333-6789/P1	
	명령어 설명	① AP : Advice Phone Number(전화번호 입력하기 위한 기본 명령어) ② M : Mobile Phone ③ 010-5333-6789 : 승객의 휴대폰 번호 ④ P1 : 이름으로 작성된 승객의 요소 번호(휴대폰 번호 해당 승객)

응답화면	RP/SELK13900/
	
	1.LEE/TAEGYUMR
	2 KE 011 M 20NOV 6 ICNLAX DK1 1940 1340 20NOV E 0 77W BD
	   SEE RTSVC
	3 KE 018 M 29NOV 1 LAXICN DK1 1050 1740 30NOV E 0 388 LD
	   SEE RTSVC
	4 APM 010-5333-6789 ①	

응답결과 설명	① 1번 승객의 휴대폰 번호 010-5333-6789 입력됨	

8 📧 PNR/여정표/ITR 전송 방법

8-1. PNR 전송 방법

PNR을 완성한 후, 승객이 본인의 PNR(예약기록)을 E-Mail이나 FAX를 통해 전송 받기를 원할 때, PNR을 작성 중이거나 PNR이 완성된 후, 관련 승객의 E-Mail 또는 FAX-Number를 입력하면 관련 작업이 완료(EOT)되는 순간 해당 승객의 PNR이 입력 된 E-Mail 또는 FAX로 자동으로 전송된다.

이때 승객에게 전송되는 예약기록은 PNR을 작성하는 CRS화면에서 보이는 형태가 아 닌 일반인이 봤을 때, 쉽게 해당 내용을 이해할 수 있도록 항공사 자체 Form으로 바뀌 어서 전송된다.

● PNR 전송 명령어 및 기능

PNR 전송 방법	명령어	비고
E-Mail 전송 방법	>APE-LEEHY@NAVER.COM/P1	
FAX를 이용한 전송 방법	>APF-02-234-2232/P1	

● PNR 전송 방법

명령어	① >APE-LEEHY@NAVER.COM/P1 ② >APF-02-234-2232/P1	
	명령어 설명	① AP : Advice Phone Number(전화번호를 입력하기 위한 기본 명령어) ② E : E-mail, ③ LEEHY@NAVER : 승객의 이메일 주소(E-mail Address) ④ P1 : 이름으로 작성된 승객의 요소 번호(이메일 주소 해당 승객)
		① AP : Advice Phone Number(전화번호를 입력하기 위한 기본 명령어) ② F : Fax, ③ 010-5333-6789 : 승객의 Fax 번호 ④ P1 : 이름으로 작성된 승객의 요소 번호
응답결과	>APE-LEEHY@NAVER.COM/P1 >APF-02-234-2232/P1 --- RLR --- RP/SELK13900/SELK13900　　　　AA/SU　8APR21/1319Z　56XW9Q 0234-2345 　1.JEONG/SEOWOO MS 　2　KE 901 M 15SEP 3 ICNCDG HK1　1320　1830　15SEP　E　KE/56XW9Q 　3　KEOPEN M　　　CDGICN 　4 AP 02-123-1234 HAPPY TOUR-A 　5 APE LEEHY@NAVER.COM① 　6 APF 02-234-2232② -------------------------------이하 내용 생략------------------------------	
응답결과 설명	① 1번 승객의 이메일 주소가 PNR에 입력됨, ② 1번 승객의 팩스번호가 PNR에 입력됨 * 통상 이메일 또는 팩스번호 중 1개를 입력함	

8-2. 여정표 전송(Itinerary Sending) 및 ITR 전송 방법

개인 PNR을 완성한 후, 승객이 요구한 일정으로 PNR이 잘 작성되었는지를 승객이 확인하기를 원하는 경우, 승객의 이메일을 이용하여 전송하는 여정표(itinerary)와 이와 유사한 기능으로 여행 시 주의해야 할 사항 및 여행약관, 규정 등을 포함하는 ITR이 있다.

● PNR 전송 명령어 및 기능

여정표 및 ITR	명령어	의미
여정표	>IBP-EML-LEEHY@NAVER.COM	지정된 승객이름만 해당 e-mail로 여정 정보 송부
	>IBPJ-EML-LEEHY@NAVER.COM	해당 e-mail로 모든 승객이름 포함 여정 정보 송부 (J : Jiont)
	>IBP-EMLA	PNR에 입력된 e-mail로 여정 정보 송부
	>IBP-FAXA	PNR에 입력된 FAX번호로 여정 정보 송부
	>IBP	단말기와 연결된 Host-Print로 여정표 인쇄
	>IBD	여정표를 Entry화면에서 Display하는 기능
ITR	>ITR-EML-LEEHY@NAVER.COM	지정된 승객이름의 e-mail로 ITR 정보 송부
	>ITR-EMLA	PNR에 입력된 e-mail로 ITR 정보 송부
	>ITR-FAXA	PNR에 입력된 FAX번호로 ITR 정보 송부
	>ITR	단말기와 견결된 Host-Print로 ITR 인쇄

각주) ITR : E-Ticket Itineary and Receipt

● 여정표 및 ITR 전송 방법

명령어	>RT0234-2345	
	명령어 설명	① RT : PNR 조회 실행 명령어(Retrive) ② 0234-2345 : PNR번호(예약번호)
응답화면	RP/SELK13900/SELK13900　　　　AA/SU　8APR21/1319Z　56XW9Q 0234-2345① 　1.JEONG/SEOWOO MS 　2　KE 901 M 15SEP 3 ICNCDG HK1　1320 1830　15SEP　E　KE/56XW9Q 　3　KEOPEN M　　　CDGICN 　4　AP 02-123-1234 HAPPY TOUR-A 　5　APE LEEHY@NAVER.COM 　6　TK OK08APR/SELK13900 　7　OPW SELK13900-21APR:1900/1C7/KE REQUIRES TICKET ON OR BEFORE 　　　　22APR:1900 ICN TIME ZONE/TKT/S2 　8 OPC SELK13900-22APR:1900/1C8/KE CANCELLATION DUE TO NO 　　　　TICKET ICN TIME ZONE/TKT/S2	
응답결과 설명	① PNR 0234-2345 조회	
명령어	① >IBP-EML-LEEHY@NAVER.COM ② >ITR-EML-LEEHY@NAVER.COM	
	명령어 설명	① IBP : 여정표 전송 기본 명령어 ② ITR : ITR 전송 기본 명령어
응답화면	>IBP-EML-LEEHY@NAVER.COM ITINERARY EMAIL SENT ①	
응답결과 설명	① LEEHY@NAVER.COM 이메일로 여정표 전송완료	

CHAPTER 3

개인 PNR 작성 시
추가 필요사항 및 입력 방법

BOARDING PASS

CHAPTER **3**

개인 PNR 작성 시 추가 필요사항 및 입력 방법

PNR(passenger name record)을 작성하는 데 필요한 구성요소는 기본적으로 승객이 제공하는 여행자의 이름(name), 여정(itinerary), 전화번호(phone number), 발권시점(ticket time limited), 예약 요청자(received from passenger)가 있는데, 이 외에도 승객의 신분 및 직위를 입력하는 OSI-Field와 승객이 여행 과정에서 필요사항을 요청하는 SSR-Field, 자유형식으로 필요 메시지를 전달하는 RM-Field 등이 있다.

추가 필요사항은 일반적으로 승객의 신분 및 직위를 입력하는 OSI-Field와 특정 메시지를 전달하기 위한 RM-Field가 있는데, 이는 항공사가 특정 업무를 위하여 내부적으로 필요한 정보 기능에 국한되나 SSR-Field는 승객이 여행하는 과정에서 반드시 필요사항인 만큼, 해당 사항을 정확히 입력해야만 서비스를 제공하는 접점에서 실수가 없을 것이다.

● PNR의 구성요소(선택요소)

항목	요소 (Elements)	작성 명령어 (Input entry)	명령어 의미
필수 요소	Name	>NM1KIM/MALJAMS (MR, MS, MRS)	성인이름 작성
		>NM1KIM/SOAMSTR(CHD/29OCT18)	소아이름 작성
		>NM1KIM/MALJAMRS(INFLEE/AKIMSTR (MISS)/05MAY20)	유아이름 작성
	Itinerary	>AN25DECICNLAX/AKE*30DEC >SS1M1*11	Short Entry
		>SSKE017K25DECICNLAX 1	Full Entry
		>SOKE Y 30DEC SFOICN	미확정 여정 작성
	Phone- Number	>APM-010-2345-4567/P1	휴대폰 전화번호
		>APH-02-234-2345/P1	집 전화번호
		>APB-02-222-5567/P1	사무실 전화번호
		>APSEL 02-478-6767 INHA TOUR	여행사 전화번호
		>APE-LEEHY1231@NAVER.COM/P1	E-mail 주소
	Ticket Arrangement	>TKOK	예약과 동시 발권
		>TKTL10DEC /1200	특정 시점 발권
		>TKXL10DEC/1200	미발권 시 취소
선택 요소	Other Service	>OS KE CIP X CEO OF SAMSUNG /P1 >OS KE VIP X MAYOR OF INCHEON-CITY /P2	CIP, VIP
	Special Service	>SR VGML/P1 >SR VGML/P1,3/S3-5 >SR DOCS-P-KR-M111122222-KR- 15NOV92-M-20MAR25-KIM-MIJA/P1 >SR DOCA KE HK1-D-USA-301123 AVE NUE-NYC-NY-10022/P1/S1 >SR DOCO KE HK1-KOR-V-17317323-KOR- 18JUN04-CHN-I/P1/S1	특별 기내식 여권번호 주소정보 비자정보
	Remarks	>RM/T//TKTL INFO TO PAX1 >RM TKTL INFO TO PAX1	Remark-Field
요청 자	Received From	>RFP (or >RFPAX)	예약 요청자 이름
작업 완료	End Of Transaction	>ET → >ET >ER → >ER	현장에서 주로 >ER 사용

1 🎫 서비스 사항(OSI/SSR-Field)의 종류 및 작성 방법

항공여객 예약 시, 여행자의 신분 및 직위, 여행과정에서 필요사항 등을 운항사에 요구할 때 입력하는 요소를 의미한다. 이 중에서 ① 여행자의 신분 및 직위는 특별히 항공사에서 준비해야 할 것은 없지만, ② 여행자가 항공여행 과정에서 필요로 하는 요청사항은 대체적으로 물질적인 서비스를 요구하기 때문에 이는 사전 철저한 준비가 필요하다. 따라서 운항 항공사가 관련 서비스를 제공할 수 있도록 서비스 요청사항을 해당 승객의 PNR에 정확하게 입력하는 것이 중요하다.

서비스 관련 요소(OSI/SSR-fact element)는 해당 승객의 신분 및 직위만을 승객 여행 관련자(항공사 및 여행사 직원)에게 전달 목적으로 하는 OSI-Field(OSI : other service information)와 승객이 여행 시 필요한 서비스 요청사항이나 여행에 필요한 각 구비사항 등을 해당 승객의 PNR에 입력하여 응답을 받아야 하는 SSR-Field(SSR : special service requirement)로 나뉜다.

1-1. OSI-Field

OSI-Field는 승객과 연계된 정보(Information)를 승객이 여행할 때 운송 및 기타 서비스 제공자에게 참고 목적으로 입력하는 항목(field)으로 이에 대한 응답(Replay)은 필요 없으며, '>OS' 기본 명령어를 이용하여 해당 승객의 PNR에 입력한다.

예를 들어 승객이 대기업 CEO인 경우, 예약자 또는 예약을 담당하는 직원은 해당 승객의 PNR에 CIP 키워드(keyword)를 이용하여 OSI-Field(other service information)를 입력하면 관계되는 항공사 및 운송직무 직원들은 이를 참고하여 적정한 조치를 취한다.

● OSI-Field 작성 예시

명령어	>OS KE CIP X CEO OF SAMSUNG /P1	
	명령어 설명	① OS : OSI 입력 기본 명령어, ② KE : 대한항공 직원들에게 공지하는 정보 ③ CIP : Commercial Important Passenger, ④ X : 문장을 구분하는 표식 ⑤ CEO OF SAMSUNG : 승객의 상세 신분 내용, ⑥ /P1 : 1번 승객에게 입력
응답화면	>OS KE CIP X CEO OF SAMSUNG /P1 RP/SELK13900/ 　1.LEE/HWIYOUNGMR　2.LEE/TAEGYUMR 　3 OSI KE CIP X CEO OF SAMSUNG/P1①	
응답결과 설명	① 1번 승객이 주요 경제인 신분을 OSI 내용인 'KE CIP X CEO OF SAMSUNG'로 입력한 결과	
명령어	>OS KE VIP X MAYOR OF INCHEON-CITY /P2	
	명령어 설명	① OS : OSI 입력 기본 명령어, ② KE : 대한항공 직원들에게 공지하는 정보 ③ VIP : Very Important Passenger, ④ X : 문장을 구분하는 표식 ⑤ MAYOR OF INCHEON : 승객의 상세 신분 내용, ⑥ /P2 : 2번 승객에게 입력
응답화면	>OS KE VIP X MAYOR OF INCHEON-CITY /P2 RP/SELK13900/ 　1.LEE/HWIYOUNGMR　2.LEE/TAEGYUMR 　3 OSI KE CIP X CEO OF SAMSUNG/P1 　4 OSI KE VIP X MAYOR OF INCHEON-CITY /P2①	
응답결과 설명	① 2번 승객이 주요 공무원 신분을 'KE VIP X MAYOR OF INCHEON-CITY'로 입력한 결과	

1-2. SSR-Field

SSR-Field는 ① 승객이 여행하는 과정에서 필요로 하는 제반 서비스를 요청하는 기능이며, ② 승객이 여행하는 데 사전에 필요한 주요 서류(여권, 비자 및 운송제한승객 사전제출 서류) 등을 관련 항공사에게 송부하는 성격을 갖기 때문에 해당 항공사는 관련된 정보(information)를 정확히 숙지해야 하는 것은 물론 경우에 따라서는 요청 서비스를 적재적소의 서비스 접점에서 제공하거나 원활한 운송 등을 위해서 별도의 필요사항을 준비해야 하는 의무가 있다.

따라서 ③ SSR-Field(special service requirement)는 요청서비스 및 관련 정보내용을 정확히 전달하기 위해 정해진 형식(format)에 맞춰 입력하는 것은 물론 ④ SSR-Field로 입력된 승객의 요청사항이 서비스를 제공하는 항공사로부터 제공 가능한지 여부에 대한 응답(replay)을 사전에 반드시 받아야 한다.

● Keyword

IATA에서는 승객이 항공사에 요청하는 서비스 사항들을 정해진 Code로 만들어 입력 형태를 표준화하고 있는데 이를 통상 Keyword라고 한다. 경우에 따라서 특정 항공사의 경우 업무 효율화를 위하여 자체적으로 Keyword를 만들어 사용하기도 한다. 예를 들어 대한항공의 경우 유/소아식 미신청인 경우에는 'NOCM', 대한항공만이 제공하고 있는 한가족서비스(family care service) 요청 승객은 'FMLY'라는 자체 Keyword를 만들어 사용하고 있다.

Keyword는 승객이 여행 중에 특정 지역 및 상태에서 제공 받고자 하는 서비스를 SSR-Field를 이용하여 해당 승객의 PNR에 입력하는 코드(code)의 일종이다.

① 기내식 Keyword (>HE MEAL → >MS22)

순번	기내식 Keyword	영어식 의미	한국식 의미
1	BBML	Baby Meal	유아식
2	BLML	Bland Meal	무자극식
3	CHML	Child Meal	소아식
4	DBML	Diabetic Meal	당뇨식
5	FPML	Fruit Meal	과일식
6	FSML	Fish Meal	생선식
7	HNML	Hindu Meal	힌두식
8	IVML	Indian vegetarian Meal	인도채식
9	JPML	Japanese Meal	일본식
10	KSML	Kosher Meal	유대교식
11	LCML	Low calorie Meal	저칼로리식
12	LFML	Low fat Meal	저지방식
13	LSML	Low salt Meal	저염식
14	MOML	Moslem Meal	무슬림식
15	SFML	Sea food Meal	해산물식
16	SPML	Special Meal	특별식
17	VGML	Vegetarian Meal	야채식

② 일반 Keyword(>HE SSR → >GPSR4)

순번	일반 Keyword	영어식 의미	한국식 의미	Free Text
1	AVIH	Animal in Hold	기내반입 불가 동물	M
2	BLND	Blind Passenger	시각 장애 승객	O
3	BSCT	Bassinet · Carry cot · Baby Basket	아기 바구니	O
4	CBBG	Cabin Baggage Requiring Seat	좌석 점유 기내화물	M
5	CHLD	Child Passenger	소아	O
6	DEAF	Deaf Passenger	청각 장애 승객	O
7	DEPU	Deportee Passenger	추방자	O
8	DOCA	APIS Address Detail	사전입국정보(주소정보)	O
9	DOCS	APIS Passport or Identity Card	사전입국정보(여권정보)	O
10	EXST	Extra Seat	추가 좌석	O
11	FMLY	Family Care Service	한가족 서비스	KE
12	FQTV	Frequency Flyer Program	상용고객우대제도	O
13	FRAG	Fragile Baggage	취급주의 화물	O
14	GRPF	Group Fare	그룹운임 정보	M
15	GRPS	Passenger Travelling Together	동반 그룹여행자	O
16	INFT	Infant Passenger	유아	M
17	MAAS	Meet and Assist	도움요청	M
18	MEDA	Medical Case	환자	O
19	OTHS	Other Service not Specified by SSR	SSR 사항이 아닌 정보	M
20	PETC	Animal in Cabin	기내반입 반려동물	M
21	RQST	Seat Request	좌석요청	M
22	SEMN	Seaman	선원	M
23	SPEQ	Sports Equipment	스포츠 장비	M
24	STCR	Stretcher Passenger	환자침대 요청 승객	O
25	TWOV	Transit or Transfer without VISA	무비자 환승 승객	O
26	UMNR	Unaccompanied Passenger	비동반 소아	O
27	VIP	Very Important Passenger	귀빈	O

28	WCHC	Wheelchair Cabin Seat	기내반입 휠체어승객	O
29	WCHR	Wheelchair Ramp	램프탑승 휠체어승객	O
30	WCHS	Wheelchair Steps	사다리탑승 휠체어승객	O
31	XBAG	Excess Baggage	초과 수하물	M
32	CIP	Commercially Important Passenger	대기업 임원 승객	KE
33	TCP	The Complete Party	단체승객 수	KE

☞ Free Text : O(Option), M(Mandatory), KE(대한항공 자체 사용 Code)

● Keyword를 이용한 기내식 요청

명령어	>SR VGML/P1
명령어 설명	① SR : SSR-Field(Special Service Requirement) 입력을 위한 기본 명령어 ② VGML : Vegetarian Meal(야채식의 Keyword) ③ P1 : 1번 승객에게 서비스 제공(Passenger Number One)
명령어	>SR VGML/P1/S3
명령어 설명	① SR : SSR-Field(Special Service Requirement) 입력을 위한 기본 명령어 ② VGML : Vegetarian Meal(야채식의 Keyword) ③ P1 : 1번 승객에게 서비스 제공(Passenger Number One) ④ S3 : 3번 Segment 구간에서 서비스 제공
명령어	>SR VGML/P1-3/S3,5
명령어 설명	① SR : SSR-Field(Special Service Requirement) 입력을 위한 기본 명령어 ② VGML : Vegetarian Meal(야채식의 Keyword) ③ P1-3 : 1번~3승객에게 서비스 제공(Passenger Number From One To Three) ④ S3,5 : 3번, 5번 Segment 구간에서 서비스 제공
명령어	>SR VGML/P1,3/S3-5
명령어 설명	① SR : SSR-Field(Special Service Requirement) 입력을 위한 기본 명령어 ② VGML : Vegetarian Meal(야채식의 Keyword) ③ P1,3 : 1번, 3번 승객에게 서비스 제공(Passenger Number One And Three) ④ S3-5 : 3번~5번 Segment 구간에서 서비스 제공

● Keyword를 이용한 일반정보(APIS, VISA 정보 등) 입력 사례

명령어	>SR DOCS-P-KR-M111122222-KR-15NOV92-M-20MAR25-KIM-MIJA/P1
명령어 설명	① SR : SSR-Field(Special Service Requirement) 입력을 위한 기본 명령어 ② DOCS : APIS Keyword(Document Status : 여권 정보) 　APIS(Advanced Passenger Information System)는 사전입국심사제도를 의미하는 것으로 모든 　승객의 Passport Data를 PNR에 입력하면 해당 항공사에서 관계 당국에 관련 자료를 사전에 통보 　하여 해당 국가 도착 시 승객이 보다 신속하게 입국 심사를 받을 수 있도록 하는 제도임 ③ P : 여권 Type Code(Passport Code) ④ KR : 여권 발행국 ⑤ M111122222 : 여권번호 ⑥ KR : 국적 ⑦ 15NOV92 : DOB(생년월일: Date of Birthday) ⑧ M : 성별 ⑨ 20MAR25 : 여권만료일 ⑩ KIM-MIJA : 성명 ⑪ P1 : 1번 승객의 여권정보
명령어	>SR DOCA KE HK1-D-USA-301123 AVENUE-NYC-NY-10022/P1/S3
명령어 설명	① SR : SSR-Field(Special Service Requirement) 입력을 위한 기본 명령어 ② DOCA : 미국 내 첫 번째 도착하는 주소 정보(미국행만 입력) (Document Address) ③ USA-301123 AVENUE-NYC-NY-10022 : 미국 내 주소 ④ P1 : 1번 승객에 입력 ⑤ S3 : 3번 Segment 에 입력(미국 내 첫 번째 도착하는 여정 번호)
명령어	>SR DOCO KE HK1-KOR-V-17317323-KOR-18JUN20-CHN-I/P1/S4
명령어 설명	① SR : SSR-Field(Special Service Requirement) 입력을 위한 기본 명령어 ② DOCO : 비자정보 입력 명령어(Document Official Letter) ③ KOR : 국적 ④ V : 비자 코드(Visa Code) ⑤ 17317323 : Visa 번호 ⑥ KOR : Visa 발급지 ⑦ 18JUN20 : Visa 발급일 ⑧ CHN : 여행국가 ⑨ I : Infant(성인인 경우 생략) ⑩ P1 : 1번 승객에 입력 ⑪ S4 : 4번 Segment 에 입력(Visa가 필요한 국가에 첫 번째 도착하는 여정 번호)
명령어	>SR WCHR/S3/P1
명령어 설명	① SR : SSR-Field(Special Service Requirement) 명령어 ② WCHR : 휠체어 명령어 ③ S3 : 3번 Segment에 입력(휠체어가 필요한 여정 번호) ④ P1 : 1번 승객에 입력

2 한가족서비스 의미 및 입력 방법

2-1. 한가족서비스(Family Care Service)의 의미

한가족서비스(family care service)는 특정 공항(대한항공 직항공항)에서 추가비용 없이 제공되는 대한항공(Korean Air)만의 서비스이다. 한가족서비스를 제공받기 위해서는 ① 한시적으로 운항하는 임시편(extra flight, charter flight)을 이용하거나, ② 공동 운항편(code-share flight) 중 KE Marketing Flight를 이용하는 경우에는 본 서비스를 제공 받을 수가 없기 때문에 반드시 본 서비스를 받기 위해서는 대한항공 정기편(regular flight)을 이용해야 한다.

● 한가족서비스(Family Care Service)를 받을 수 있는 대상승객

	대상승객	요청 Code	요청 Code의 의미
1	✓ 7세 미만의 유/소아를 2명 이상 동반한 성인(여성) 승객	W	Woman
2	✓ 보호자 없이 여행하는 경로우대 승객(만 65세 이상 승객)	O	Old Passenger
3	✓ 목적지 언어소통에 문제가 있는 해외여행 초행 승객	F	First Traveler
4	✓ 보호자 없이 여행하는 "만12세 이상~만16세 미만"의 승객	C	Optional Child
5	✓ 당일 타 항공편 연결 승객 중 환승지역 언어 소통에 문제가 있는 승객	T	Transit Passenger

● 한가족서비스(Family Care Service)로 요청할 수 있는 서비스의 종류

	요청서비스		요청 Code	요청 Code의 의미
	출도착서비스	서비스 사항		
1	출발서비스	✓ 출발 안내 서비스(체크-인 카운터에서 항공기 출입문까지 서비스)	DEP	Departure
2	도착서비스	✓ 도착 안내 서비스(도착 항공편 출입문에서 수화물 인수까지 서비스)	ARR	Arrival
3		✓ 마중 가족 서비스(도착 항공편 출입문에서 수화물 인수 후, 공항에 마중 나온 가족에게 인계 서비스)	MTG	Meeting
4		✓ 지상 교통편 연결 서비스(도착 항공편 출입문에서 수화물 인수 후, 공항을 나와 시내로 가는 교통편 안내 서비스)	TRP	Transportation
5	환승서비스	✓ 연결편 안내 서비스(환승지역에서 연결 항공편까지 동반 안내 서비스)	CON	Connection

2-2. 한가족서비스(Family Care Service) 요청 방법

기본 명령어	>SR FMLY-W(O,F,C,T)/DEP(ARR,CON,MTG,TRP)/S3/P1	
	명령어 설명	① SR : SSR-Field(Special Service Requirement) 입력을 위한 기본 명령어 ② FMLY : 한가족서비스 신청 명령어 ③ W : 7세 미만의 유/소아를 2명 이상 동반한 성인(여성) 승객 　　(대상 승객 W, O, F, C, T 중에서 1개만을 선택) ④ DEP : 출발서비스 　　(제공 서비스 DEP와 ARR, CON, MTG, TRP 중에서 1개만을 선택) ⑤ /S3 : 3번 Segment 구간에서 서비스 제공 ⑥ /P1 : 1번 승객에게 서비스 제공(Passenger Number One)
명령어 (예시)	>SR FMLY-W/DEP ARR/S3/P1	
	명령어 설명	① SR : SSR-Field(Special Service Requirement) 명령어 ② FMLY : 한가족서비스 신청 명령어 ③ W : 7세 미만의 유/소아를 2명 이상 동반한 성인(여성) 승객 ④ DEP : 출발서비스,　 CON : 연결서비스 ⑤ /S3 : 3번 Segment 구간에서 서비스 제공 ⑥ /P1 : 1번 승객에게 서비스 제공(Passenger Number One)
응답화면	RP/SELK13900/SELK13900　　　　AA/SU　1JUN21/1433Z　57HI73 9134-8005 　1.LEE/TAEGYU MR　2.LEE/MINJEONG MS 　3　KE 653 C 10NOV 3 ICNBKK HK2　1905 2320　10NOV　E　KE/57HI73 　4　KE 654 C 15NOV 1 BKKICN HK2　0100 0830　15NOV　E　KE/57HI73 　5 AP M*010-9134-8005/P1 　6 AP M*010-8888-9865/P2 　7 TK OK01JUN/SELK13900 　8 SSR FMLY KE UC1 W/DEP ARR/S3/P1	
응답결과 설명	① SSR FMLY KE UC1 W/DEP ARR/S3/P1 　(3번 여정인 ICN/BKK 구간에 한가족서비스 중 출발서비스, 도착서비스를 1번 승객에 제공 신청)	
명령어 (예시)	>SR FMLY-T/DEP CON/S3/P1	
	명령어 설명	① SR : SSR-Field(Special Service Requirement) 명령어 ② FMLY : 한가족서비스 신청 명령어 ③ T : 당일 타 항공편 연결 승객 중 환승지역 언어 소통에 문제가 있는 승객 ④ DEP : 출발서비스,　 CON : 환승서비스 ⑤ /S3 : 3번 Segment 에 입력 ⑥ /P1 : 1번 승객에게 입력
응답화면	RP/SELK13900/SELK13900　　　　AA/SU　1JUN21/1433Z　57HI73 9134-8005 　1.LEE/TAEGYU MR　2.LEE/MINJEONG MS 　3　KE 653 C 10NOV 3 ICNBKK　HK2　1905 2320　10NOV　E　KE/57HI73 　4　EK 385 M 11NOV 1 BKKDXB HK2　0105 0500　11NOV　E　EK/57HI73 　5 AP M*010-9134-8005/P1 　6 AP M*010-8888-9865/P2 　7 TK OK01JUN/SELK13900 　8 SSR FMLY KE UC1 T/DEP CON/S3/P1	
응답결과 설명	① SSR FMLY KE UC1 T/DEP CON/S3/P1 　(3번 여정인 ICN/BKK 구간에 한가족서비스 중 출발서비스, 환승서비스를 1번 승객에 제공 신청)	

3 APIS 정보 의미 및 정보 입력 방법

3-1. APIS 정보의 의미

사전입국심사제도(APIS: advanced passenger information system)는 사전입국심사제도(APIS)를 채택한 국가로 여행(국제선 여행객)을 하는 모든 승객의 여권(passport)정보(미국행 승개은 주소정보까지 입력)를 도착지 국가에 사전 통보함으로써 해당편의 모든 승객들이 목적지에 도착하여 입국심사를 신속히 받을 수 있도록 하는 제도이다. 즉 APIS 제도를 운영하는 목적은 ① 항공기 보완 강화에 따른 일반 승객의 입국심사 시간 단축, ② 사전 테러 및 위해 승객을 색출하여 항공기 및 승객의 안전을 도모하기 위한 제도이다.

APIS 정보는 미국행 승객의 경우에는 여권(passport)정보와 함께 미국 내 체류 주소(residence address)정보를 동시에 입력해야 하며, 이외 지역은 여권정보만을 입력하면 된다.

● **여행지에 따른 여권 및 주소정보 입력 대상국가**

국가	여권정보 필요 여부	주소정보 필요 여부
미국	여권정보 필요	주소정보 필요
이외 국가	여권정보 필요	불필요

그림 1 우리나라 여권 및 기타 국가 여권 (예시)

3-2. APIS 정보 작성 방법

● 미주행의 경우, 여권 및 주소정보 작성 방법

명령어	>SR DOCS-P-KR-M111122222-KR-15NOV92-M-20MAR25-KIM-MIJA/P1
명령어 설명	① SR : SSR-Field(Special Service Requirement) 입력을 위한 기본 명령어 ② DOCS : APIS Keyword(document status : 여권 정보) ③ P : 여권 Type Code(passport code) ④ KR : 여권 발행국, ⑤ M111122222 : 여권번호, ⑥ KR : 국적 ⑦ 15NOV92 : DOB(생년월일: Date of Birthday), ⑧ M : 성별, ⑨ 20MAR25 : 여권만료일 ⑩ KIM-MIJA : 성명, ⑪ P1 : 1번 승객의 여권정보
명령어	>SR DOCA KE HK1-D-USA-301123 AVENUE-NYC-NY-10022/P1/S3
명령어 설명	① SR : SSR-Field(Special Service Requirement) 입력을 위한 기본 명령어 ② DOCA : 미국 내 첫 번째 도착하는 주소 정보(미국행만 입력) (document address) ③ USA-301123 AVENUE-NYC-NY-10022 : 미국 내 주소 ④ P1 : 1번 승객에 입력, ⑤ S3 : 3번 Segment 에 입력(미국 내 첫 번째 도착하는 여정 번호)

응답결과	RP/SELK13900/SELK13900 AA/SU 31MAY21/1727Z 6NE2GM
	0839-1569
	  1.KIM/MALJA MS 2.LEE/HWIYOUNG MR
	  3 KE 025 Y 10DEC 5 ICNSFO HK2 2020 1355 10DEC E KE/6NE2GM
	  4 KE 026 Y 20DEC 1 SFOICN HK2 2330 0530 22DEC E KE/6NE2GM
	  5 AP M*010-9839-1569
	  6 TK OK01JUN/SELK13900
	  7 SSR DOCS KE HK1 P/KR/M111122222/KR/15NOV92/M/20MAR25/KIM/MIJA/P1 ①
	  8 SSR DOCA KE HK1 D/USA/301123 AVENUE-NYC-NY-10022/P1/S3②

응답결과 설명	① 1번 승객에게 여권정보 입력 완료, ② 1번 승객에게 미국 내 첫 번째 도착 도시 주소 입력완료

● 미주 지역 이외로 여행하는 여행객의 경우 여권정보 작성 방법

명령어	>SR DOCS-P-KR-M111122222-KR-15NOV92-M-20MAR25-KIM-MIJA/P1
명령어 설명	① SR : SSR-Field(Special Service Requirement) 입력을 위한 기본 명령어 ② DOCS : APIS Keyword(document status : 여권 정보) ③ P : 여권 Type Code(passport code) ④ KR : 여권 발행국, ⑤ M111122222 : 여권번호, ⑥ KR : 국적 ⑦ 15NOV92 : DOB(생년월일: Date of Birthday), ⑧ M : 성별, ⑨ 20MAR25 : 여권만료일 ⑩ KIM-MIJA : 성명, ⑪ P1 : 1번 승객의 여권정보

응답결과	RP/SELK13900/SELK13900 AA/SU 31MAY21/1727Z 6NE2GM
	0839-1569
	  1.KIM/MALJA MS
	  2 KE 653 Y 20NOV 6 ICNBKK DK1 1905 2320 20NOV E 0 77W D
	  3 KE 654 M 22DEC 3 BKKICN DK1 0100 0830 22DEC E 0 77W B
	  4 AP M*010-9839-1569
	  5 TK OK01JUN/SELK13900
	  6 SSR DOCS KE HK1 P/KR/M111122222/KR/15NOV92/M/20MAR25/KIM/MIJA/P1 ①

응답결과 설명	① 1번 승객에게 여권정보 입력 완료

4 VISA 정보 의미 및 작성 방법

4-1. VISA 정보 의미

해외여행을 할 때 상대국과 우리나라와 여행자에 대한 VISA면제 협정이 맺어져 있으면 별도의 VISA를 발급받지 않아도 여행을 할 수 있으나, 중국 및 일부 적성국가(사회주의 국가)의 경우는 우리나라에 주재하고 있는 여행목적지 국가의 대사 · 공사 · 영사로부터 본인의 여권에 해당국 입국허가를 의미하는 서명을 받는 절차가 필요하다.

이렇게 해서 발급받은 VISA의 기능은 ① 자기나라로 여행하고자 하는 여행자의 여권이 출발지 국가의 여권발급 기관으로부터 정상적으로 발급되어 유효한 여권임을 증명하는 동시에, ② VISA 발급자가 해당 여행자를 자기 나라에 입국할 수 있도록 본국 관리에게 추천하는 기능을 갖는다.

● VISA 정보 입력 방법

명령어	>SR DOCO KE HK1-KOR-V-17317323-KOR-18FEB14-CHN-I/P1/S4	
	명령어 설명	① SR : SSR-Field(Special Service Requirement) 입력을 위한 기본 명령어 ② DOCO : 비자정보 입력 명령어(Document Official Letter) ③ KOR : 국적, ④ V : 비자 코드(Visa Code) ⑤ 17317323 : Visa 번호, ⑥ KOR : Visa 발급지 ⑦ 18FEB14 : Visa 발급일, ⑧ CHN : 여행국가 ⑨ I : Infant(성인인 경우 생략), ⑩ P1 : 1번 승객에 입력 ⑪ S4 : 4번 Segment 에 입력(Visa가 필요한 국가에 첫 번째 도착하는 여정 번호)

응답결과	1.LEE/TAEGYU MR 2.LEE/MINJEONG MS 3.LEE/SUJI MS
	 4 CZ4536 Y 10DEC 5 ICNPEK LL3 0755 0925 10DEC E 0 739 C
	     OPERATED BY KOREAN AIR
	     LINK DOWN. SOLD IN STANDARD ACCESS
	     SEE RTSVC
	 5 CZ4507 Y 15DEC 3 PEKICN SS3 1415 1735 15DEC E 0 333 C
	     OPERATED BY KOREAN AIR
	     LINK DOWN. SOLD IN STANDARD ACCESS
	     SEE RTSVC
	 6 AP M*010-9839-1569
	 7 TK OK01JUN/SELK13900
	 8 SSR DOCO KE HK1 KOR/V/17317323/KOR/18FEB14/CHN/I/S4/P1 ①	

응답결과 설명	① 1번 승객의 비자정보를 4번 Segment에 입력 완료	

4-2. 비자면제 체결국가 중 전자여행허가제(ESTA/ETAS) 필요 국가

전자여행허가제(ESTA/ETAS)는 한국인이 미국과 호주를 최대 90일간 단순 관광 및 친지방문 목적으로 여행하는 경우, 해당 국가 대사관에서 입국허가제 형태로 비자를 발급하는 형식이 아닌 해당 웹 또는 항공사 CRS를 이용하여 미국과 호주를 입국예정임을 통보하는 입국통보제 형태로 운영되는 제도이다.

① 미국 전자여행허가제(ESTA)

우리나라는 2021년 기준 미국과 비자면제 프로그램(VWP)에 가입된 39개 국가 중 한 나라로 미국 여행목적이 상용 또는 관광이고 미국에서 90일 혹은 그 이하의 기간만 체류할 경우에는 공식적인 미국 비자를 받지 않아도 된다. 단, 미국정부의 전자여행허가제(ESTA: electronic system for travel authorization)라고 하여 미국과 비자면제프로그램(VWP)을 실시하고 있는 나라의 국민이 미국을 방문하고자 할 때는 미국정부가 지정하는 인터넷사이트(https://esta.cbp.dhs.gov)에 접속하여 입국신청을 하여 입국허가를 받으면 된다.

● 미국 ESTA 온라인(https://esta.cbp.dhs.gov) 신청 방법/절차

미국과 비자면제프로그램(VWP)을 실시하고 있는 나라의 국민들은 미국 공항에서 입국 심사를 받을 때 입국 비자 대신 미국 국토안보부의 미국방문(US-VISIT) 프로그램에 관련 정보를 등록해야 하는데 그러기 위해서는 관세국경보호국 웹사이트인 온라인(https://esta.cbp.dhs.gov)에 접속하여 다음과 같은 정보를 입력한다.

- 유효한 여권
- 여행자의 이메일 주소
- 여행자의 거주지 주소, 전화번호
- 여행자의 비상 연락인의 전화번호, 이메일 주소 등

미국 전자여행허가(ESTA) 요청 Process

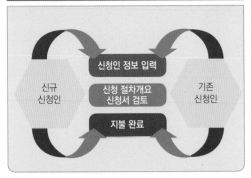

https://esta.cbp.dhs.gov 첫 화면

신청화면 : 1단계
(주의사항 및 안내 등)

신청화면 : 2단계
인적사항1(이름, 생일, 국적, 여권번호 등)

신청화면 : 3단계
인적사항2(주소, 전화번호, 메일주소 등)

신청화면 : 4단계
자격요건 물음에 체크

② 호주 전자여행허가제(ETAS)

호주 전자여행허가(ETA: electronic travel authority)는 호주 관광 및 업무를 위한 목적으로 최장 3개월(90일)까지 체류 가능한 전자여행허가이며 직접 대사관에 신청하지 않고 온라인으로 신청하는 전자여행허가(Electronic Travel Authority) 제도이다.

호주전자여행허가서(ETA)를 승인 발급 후, ETA는 반드시 여권내용(영문명 여권번호 만료일 생년월일)과 동일한지 재확인하되 입국 시 별도 공항입국심사대에서 제시할 필요는 없다. 그 이유는 입국심사대에서 여권을 제출하면 출입국직원이 전자여행허가서(ETA) 발급승인 여부가 자동 확인되기 때문이다. ETA 유효기간은 1년 복수로 한번 입국하면 90일간 체류가 가능하다.

● 호주 ETA 신청 방법/절차

호주 또한 미국과 같이 한국과는 비자 면제국가로 해당 국가 여행 시 사전 온라인 (https://www.eta.homeaffairs.gov.au)에 접속하여 다름과 같은 사항을 입력하면 된다.

- 여행목적, 현재 위치 등
- 인적사항1(이름, 생일, 국적, 여권번호 등)
- 인적사항2(주소, 전화번호, 메일주소 등)
- 신용카드 결제 후 신청 확약여부 등 확인

https://www.eta.homeaffairs.gov.au
첫 화면

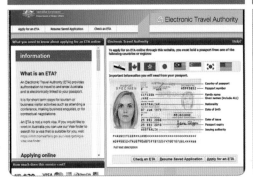

신청화면 : 1단계
(여행목적, 현재 위치 등)

신청화면 : 2단계
인적사항1(이름, 생일, 국적, 여권번호 등)

신청화면 : 3단계
인적사항2(주소, 전화번호, 메일주소 등)

신청화면 : 4단계
인적사항 확인 물음에 체크

신청화면 : 5단계
신용카드 결제

신청화면 : 6단계
결제확인(영수증)

신청화면 : 7단계
신청확정(CONFIRMATION)

신청화면 : 8-1단계
체크 ETA(Check-1 on ETA)

신청화면 : 8-2단계
체크 ETA(Check-2 on ETA)

5. 사전좌석배정(ASP) 방법

5-1. 사전좌석배정제도의 의미 및 운영 목적

좌석배정(seat assignment)은 통상 승객이 여행 당일 공항에 가서 체크-인(check-in) 과정에서 이뤄지는 것이 원칙이나, 본 과정을 서비스의 일환으로 예약단계에서 좌석배정서비스를 제공하는 것을 사전좌석배정제도(ASP: advanced seating product)라고 한다.

본 제도의 목적은 ① 자사를 반복적으로 이용해주는 상용고객(frequency traveler)을 내상으로 서비스 차원에서 선호좌석을 보장해 준다는 배려차원의 목적이 있고, ② 사전 예약·발권을 유도하여 현금성 유동자금을 확보한 후 재투자로 인한 자사의 수익경영의 목적이 있다.

한편 본 제도의 운영 과정에서 주의할 점은 관련 승객의 PNR(여객예약기록)을 작성한 후 발권이 완료된 이후에만 사전좌석배정을 위한 Seat Map 조회가 가능하고, 이를 기준으로 한 사전좌석배정이 가능하다는 것이다.

5-2. 사전좌석배정제도 시행 규정

규정	세부 내용	
① ASP 가능 승객	• 예약 확약(HK)인 경우 및 발권이 완료된 승객만이 가능 • 예약 상태가 대기 예약(PE) 또는 가예약(Open Segment)인 경우는 ASP가 불가	
② ASP 가능 시한	국제선	• P/F/J/C Class : D-24시간 전 • EY Class : D-48시간 전까지 요청하여야 함
	국내선	• 국내선 : D-3시간 전까지 요청 가능
③ ASP 제한 승객	• SUBLO Ticket(항공사, 여행사 직원 할인 및 가족 할인 항공권 등) 소지 승객 • 동일 Flight/Date에 예약된 10명 이상의 승객(G Class 승객) • RPA(Restricted Passenger Advice) 승객	
④ infant 동반 승객	• 만 2세 미만의 유아 동반 승객	

5-3. 사전좌석배정제도 요청 방법

● PNR 및 예약가능편(Availability) 조회 후 Seat Map 조회

명령어	>SM3
명령어 설명	* 완성된 PNR을 조회한 후, 해당 여정을 지정하여 Seat Map을 조회하는 명령어 ① SM : Seat Map 조회를 위한 기본 명령어 ② 3 : PNR의 3번 여정(Segment) 지정
명령어	>SM3/V
명령어 설명	* 완성된 PNR을 조회한 후, 해당 여정을 지정하여 Seat Map을 세로로 조회하기 위한 명령어 ① SM : Seat Map 조회를 위한 기본 명령어 ② 3 : PNR의 3번 여정(Segment) 지정 ③ V : 세로형식으로 조회
명령어	>SM/1
명령어 설명	* 예약가능편(Availability)을 조회한 후, 예약가능편 Line Number를 지정하여 Seat Map을 조회하기 위한 명령어 ① SM : Seat Map 조회를 위한 기본 명령어 ② /1 : 예약가능편(Availability) Line Number

● PNR에 ASP 요청 입력 명령어

명령어	>ST/A
명령어 설명	① ST : ASP 요청 기본 명령어 ② /A : 복도(Aisle) 좌석 요청(여정 지정과 승객 지정이 없으면 모든 여정 및 모든 승객에 요청하는 좌석이 ASP됨)
명령어	>ST/29G/P1
명령어 설명	① ST : ASP 요청 기본 명령어 ② /29G : 29G 좌석 지정(여정 지정이 없으면 모든 여정에 요청하는 좌석이 ASP됨) ③ /P1 : 1번 승객
명령어	>ST/S3/29GH
명령어 설명	① ST : ASP 요청 기본 명령어 ② /S3 : 3번 Segment 지정 ③ /29GH 좌석 지정(승객 지정이 없으면 모든 승객에 요청하는 좌석이 ASP됨)
명령어	>ST/W/S3-4/P1
명령어 설명	① ST : ASP 요청 기본 명령어 ② W : 창가좌석 지정 ③ /S3-4 : 3번, 4번 Segment 지정 ④ /P1 : 1번 승객

● PNR 조회 후 Seat Map 조회 및 ASP 요청(예시)

명령어	>SM3	
	명령어 설명	① SM : Seat Map 조회 기본 명령어 ② 3 : PNR의 3번 여정(Segment) 지정
응답결과	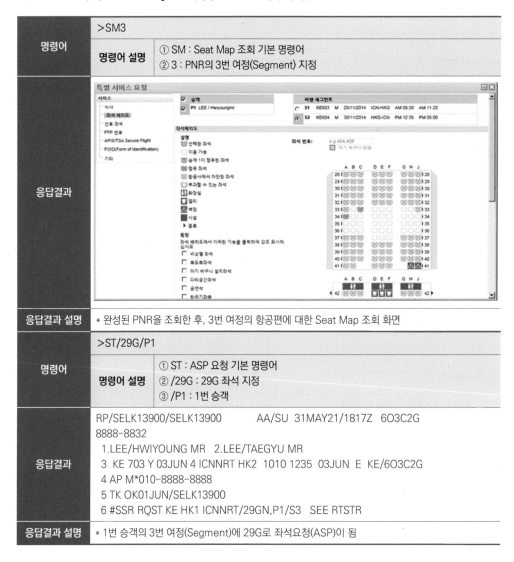	
응답결과 설명	* 완성된 PNR을 조회한 후, 3번 여정의 항공편에 대한 Seat Map 조회 화면	
명령어	>ST/29G/P1	
	명령어 설명	① ST : ASP 요청 기본 명령어 ② /29G : 29G 좌석 지정 ③ /P1 : 1번 승객
응답결과	RP/SELK13900/SELK13900 AA/SU 31MAY21/1817Z 6O3C2G 8888-8832 1.LEE/HWIYOUNG MR 2.LEE/TAEGYU MR 3 KE 703 Y 03JUN 4 ICNNRT HK2 1010 1235 03JUN E KE/6O3C2G 4 AP M*010-8888-8888 5 TK OK01JUN/SELK13900 6 #SSR RQST KE HK1 ICNNRT/29GN,P1/S3 SEE RTSTR	
응답결과 설명	* 1번 승객의 3번 여정(Segment)에 29G로 좌석요청(ASP)이 됨	

6 🎫 Remark-Field

6-1. Remark-Field의 기능

Remark-Field는 별도의 규정화된 Keyword가 없이 자유롭게 해당 PNR에 특정인 또는 특정 직무자에게 전달하고 하는 내용을 메시지 형식으로 입력하는 것으로 기능은 다음과 같다.

① 직원 상호 간 업무연락 목적의 메시지(Message) 기능

업무상 각 직원 간에 업무 협조가 필요한 사항을 표기하여 해당 Queue로 전송할 때 사용하는 기능

② 예약 재확인(Reconfirm) 또는 승객에게 필요 정보 전달 기능

승객이 여행을 시작하기 D-72시간 전, 보통은 출발 여정에 대한 확인-콜을 하는데 이에 대한 표식으로 입력하거나 지연 및 조기 출발 등에 대한 안내 후 이에 대한 근거로 표식하는 기능

③ 직원 참조(Reference Facts) 기능

업무상 해당 PNR을 처리하는 모든 직원에게 공지 목적의 참조할 내용을 입력하여 특정 업무를 하는 과정에서 참조하도록 하는 기능

6-2. Remark-Field 작성 형식에 따른 명령어 구분

Remark-Field 작성 형식에 있어, 단순히 입력하는 내용만을 PNR에 나타나게 하는 방법(un-time stamp)과 관련 사항을 입력한 장소, 작성자, 시간 등이 자동으로 명기되도록 하는 형식(time stamp)의 명령어가 있다. 이 중 현장에서는 입력내용이 누가, 어디서, 언제 입력했는지에 대한 내용이 있어야 보다 신뢰할 수 있는 만큼, time stamp 형태로 입력하는 것이 일반화되어 있다.

구분	명령어	설명
Un-Time Stamp	>RM TKTL INFO TO PAX1	✓ Remarks의 내용만을 기록 시 활용하는 명령어
Time Stamp	>RM/T//TKTL INFO TO PAX1	✓ Remarks의 내용분만 아니라 Remarks를 입력한 직원의 Sign 및 Duty-code, 입력 일시 등을 시스템에 자동적으로 남기고자 할 때 활용하는 명령어

6-3. Remark-Field 입력 방법

명령어	① >RM TKTL INFO TO PAX1 ② >RM/T//TKTL INFO TO PAX1
	명령어 설명 ① RM : General Remarks 기본 명령어 ② TKTL INFO TO PAX1 : Free Text 입력어
응답화면	RP/SELK13900/SELK13900　　　　　AA/SU　31MAY21/1817Z　6O3C2G 8888-8832 　1.LEE/HWIYOUNG MR　2.LEE/TAEGYU MR 　3　KE 703 Y 03JUN 4 ICNNRT HK2　1010 1235　03JUN　E　KE/6O3C2G 　4 AP M*010-8888-8888 　5 TK OK01JUN/SELK13900 　6 #SSR RQST KE HK1 ICNNRT/29GN,P1/S3　SEE RTSTR 　7 RM TKTL INFO TO PAX1 ① 　8 RM TKTL INFO TO PAX1/SELK13900 AASU 31MAY/1817Z ②
응답결과 설명	① 1번 승객에게 티켓발권시한 안내 정보 메시지를 Un-Time Stamp 형식으로 입력한 사례 ② 1번 승객에게 티켓발권시한 안내 정보 메시지를 Time Stamp 형식으로 입력한 사례

7 FFP제도 및 PNR 작성 방법

7-1. FFP의 이해

항공사의 상용고객우대제도(FFP : frequency flyer program)는 미국의 아메리칸항공이 최초로 도입한 마케팅기법으로 항공편 이용빈도가 높은 고객을 대상으로 특정서비스를 제공함으로써 고정적인 고객을 확보하는 마케팅기법의 하나로 활용되어 왔다. 즉, FFP 는 자사의 항공기를 이용하여 항공여행을 자주하는 승객에게 차별화된 혜택을 제공함으로써 충성도 높은 고정고객을 확보하고 궁극적으로 재구매(resale)를 유도하기 위한 주요 마케팅 기법이다.

7-2. FFP 마일리지 적립 형태

상용고객우대제도는 회원으로 가입한 승객의 탑승실적에 따라 일정한 마일리지를 적립해 준다. 마일리지 적립 형태는 탑승횟수 또는 탑승 항공편의 운항거리를 기준으로 결정되는데, 좌석등급에 따라 차등화된다. 즉, 동일한 비행구간에 탑승하였더라도 1등석(first class), 2등석(business class) 및 3등석(economy class)의 가격 차이가 크기 때문에 이를 고려하여 마일리지를 차등하여 적립하는 것이다. 좌석등급에 따라 차등화하는 정도는 아래 〈표 1〉에서 보는 바와 같이 항공사마다 다를 수 있으나, 대한항공(Korean Air)의 경우 3등석을 기준으로 2등석은 일반석의 25%, 1등석은 50%를 추가로 적립해 준다. 반면에 단체승객(group passenger) 또는 일정한 수준 이하의 할인 항공권은 3등석 항공권 마일리지의 일부만 제공하거나 전혀 제공하지 않는 경우도 있다.

표1 탑승 좌석등급별 마일리지 차등 적립비율(일반적인 항공사의 사례 예시) ✈	
탑승 좌석등급	**마일리지 적립 비율**
Economy Class (Individual Passenger)	탑승거리의 100%
Economy Class (Group Passenger)	탑승거리의 70%
Business Class	Economy Class 탑승거리의 125%
First Class	Economy Class 탑승거리의 150%
Premium First Class	Economy Class 탑승거리의 165%

예를 들어, 대한항공의 마일리지프로그램인 스카이패스(Skypass)회원이 글로벌동맹체 (global alliance) 스카이팀(Skyteam)에 속한 어느 항공사를 이용하더라도 탑승 마일리지 를 승객이 원하는 항공사의 마일리지로 적립이 가능하다. 이렇게 적립된 마일리지는 글 로벌동맹체 내 모든 항공사 간에 제공하는 혜택을 공유할 수 있다.

한편 최근에는 각각의 항공사가 은행, 신용카드, 렌터카 산업 등과 제휴를 하여 이들 제휴사를 이용하는 경우에도 항공사 마일리지로 적립이 가능하게 되었다. 따라서 기존 항공사의 마일리지 프로그램이 상용고객에 대한 충성도 프로그램의 일환으로 운영되어 져왔던 개념이라면 이제는 기존의 개념을 새롭게 재정립되어야 하는 때가 된 것이다.

7-3. FFP 등급별 혜택

고객이 FFP 회원으로 가입하면 항공사는 자사 항공편을 이용하는 탑승거리 및 기타 제휴사 이용실적에 따라 일정 마일리지를 적립해주고, 적립된 마일리지가 어느 수준에 도달하면 이에 따라 다양한 보상제도를 운영한다.

FFP 제도는 적립된 마일리지 또는 탑승횟수를 기준으로 회원등급에 따라 다양한 혜택 을 제공하는데, 마일리지 차감에 따른 혜택은 회원등급에 관계없이 동일하게 적용되지 만, 기타 서비스에 대하여는 회원등급에 따라 차등 지급된다. 적립 마일리지 차감에 의 한 대표적인 보상제도는 무료항공권과 좌석승급이 있다. 이때 차감 마일리지 정도는 항 공사와 운항노선에 따라 각기 다른 기준을 적용한다.

표 2 대한항공의 SKYPASS 회원 등급별 자격 및 혜택 예시(수시 변경 가능)

회원 구분	회원등급별 자격 및 지급 혜택
SKYPASS Junior	✓ 만 12세 미만의 어린이가 SKYPASS회원으로 가입하는 경우 ✓ 탑승 마일리지 성인과 동일한 100% 적립 ✓ 회원 혜택: 생일 축하카드(인터넷, 이메일 카드) 우송
SKYPASS	✓ 만 12세 이상 고객이 회원 가입 시 자격 부여
Morning Calm Club	✓ 자격: (KE + 제휴사) 총 5만 마일 이상이면서 KE 탑승 최소 3만 마일 이상 또는 　KE 탑승 횟수 40회 이상(국내선은 0.5회로 간주) ✓ 대한항공 탑승 수속 시 모닝캄 클럽 회원 카운터 이용 ✓ 대한항공 직영 라운지에 한해 2년 간 총 4회 이용 가능 ✓ KE 운항편 이용 시 FBA 10KG 추가 허용(ONLY WT SYSTEM)
Morning Calm Premium Club	✓ 자격: KE 및 SKYTEAM 탑승 실적 50만 마일 이상 100만 마일 미만 – 평생회원 ✓ 대한항공 국제선 1등석 카운터 이용 ✓ KE 운항편 이용 시 탑승 당일 프레스티지 클래스 라운지 이용 ✓ 보너스 사용 시 성수기에도 평수기 공제 마일 적용 ✓ KE 운항편 이용 시 무료수하물 추가 허용(20KG / 1PC 추가 허용)
Million Miler Club	✓ KE 및 SKYTEAM 탑승 실적 100만 마일 이상 – 평생회원 ✓ 보너스 사용 시 성수기에도 평수기 공제마일 적용 ✓ KE 운항편 이용 시 탑승 당일 프레스티지 클래스 라운지 이용 ✓ KE 운항편 이용 시 무료수하물 추가 허용(30KG / 1PC 추가 허용)

* 자료 : 대한항공 홈페이지 발췌(www.koreanair.com)

7-4. FFP 활용한 PNR 작성 단계 및 방법(대한항공 Skypass회원인 경우)

● 대한항공 Skypass회원 경우, FFP 회원번호 활용한 PNR 작성 단계

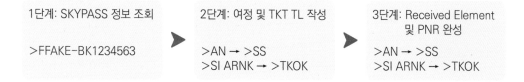

1단계: SKYPASS 정보 조회

>FFAKE-BK1234563

2단계: 여정 및 TKT TL 작성

>AN → >SS
>SI ARNK → >TKOK

3단계: Received Element 및 PNR 완성

>AN → >SS
>SI ARNK → >TKOK

● FFP 활용한 PNR 작성 방법

명령어	>FFAKE-BK112315362275	
	명령어 설명	① FFA : 스카이패스 번호 조회 기본 명령어 ② KE : 항공사 ③ BK1234563 : 스카이패스 번호

응답결과	>FFAKE-BK112315362275
	
	RP/SELK13900/
	  1.PARK/MINHWA MR ①
	  2 AP M*010-9999-9999 ②
	  3 *SSR FQTV YY HK/ KE112315362275/TB ③	

응답결과 설명	① 스카이패스 회원 이름 ② 회원 연락처 ③ 회원 스카이패스 번호(BK112315362275)	
명령어	>AN18DECICNLAX/AKE*30DECSFOICN/AKE >SS1M1*11 >SI ARNK >TKOK >RFP >ER >ER	
	명령어 설명	① AN : Availability Notice(예약가능편 조회 기본 명령어) ② SS : Segment Sell(Seat Sold)-여정 작성을 위한 기본 명령어 ③ SI : Segment Information(비항공 구간) 여정 작성을 위한 기본 명령어 ④ TK : 발권 예정시점(Ticket Agreement) 입력을 위한 기본 명령어 ⑤ RF : Received From ⑥ ER : End of Transaction PNR

응답결과	--- RLR RLP SFP ---
	RP/SELK13900/SELK13900 AA/GS 31MAY21/1844Z 6OGK4W
	8179-9481
	  1.PARK/MINHWA MR
	  2 KE 011 M 18DEC 6 ICNLAX HK1 1940 1340 18DEC E KE/6OGK4W
	  3 ARNK
	  4 KE 026 M 30DEC 4 SFOICN HK1 2330 0530 01JAN E KE/6OGK4W
	  5 AP M*010-9999-9999
	  6 TK OK01JUN/SELK13900
	  7 *SSR FQTV KE HK/ KE112315362275/TB
	  8 SK DISC KE HK1 SEL - 00
	  9 RM NOTIFY PASSENGER PRIOR TO TICKET PURCHASE & CHECK-IN:
	       FEDERAL LAWS FORBID THE CARRIAGE OF HAZARDOUS MATERIALS -
	       GGAMAUSHAZ/S2,4
	10 FD PAX SEL/S2,4	

응답결과 설명	* 스카이패스 회원번호로 조회한 PARK/MINHWA MR님의 이름과 회원번호 정보에 12월 18일 ICN/LAX, 12월 30일 SFO/ICN 구간을 KE 항공편으로 예약 완료함	

CHAPTER 4

OAL을 포함한 개인 PNR 및 부대서비스 작성

CHAPTER **4**

OAL을 포함한 개인 PNR 및 부대서비스 작성

1 OAL 예약 과정(Process)

1-1. OAL CRS/GDS의 이해

CRS(computer reservation system) 및 GDS(global distribution system)는 항공여행에 필요한 항공여객예약, 발권, 운임 정보뿐만 아니라 호텔, 렌터카, 철도, 크루즈 등의 예약 및 운임 정보를 조회해 볼 수 있으며 각국의 출입국 절차, 날씨, 교통편 등에 이르기까지 여행에 필요한 각종 여행정보를 제공해준다. 현재 전 세계 항공사들은 판매의 대부분을 대리점 판매에 의존하는 간접 판매(indirect sale)로 운영하고 있는데 이를 가능하게 하는 도구가 바로 CRS/GDS 이다

● 세계 5대 글로벌 CRS/GDS 현황

CRS/GDS	주요 지분사	M/S	주요 시장	비고
Sabre	Public	28%	미주, 유럽, 아시아	Axess, Abacus와 제휴
Galileo Int'l	Cendant	26%	미주, 유럽, 아시아	Apollo와 합병
Amadeus	KE, OZ, AF, LH 등	25%	미주, 유럽, 아시아	System-One과 합병
Worldspan	CVCEP & TMB	11%	북미, 유럽	
Abacus	CX, SQ, CI, Sabre	5%	동남아	Sabre와 제휴
Axess	JL, Sabre	3%	일본	Sabre와 제휴
Infini	NH, Abacus	2%	일본	Abacus와 제휴
TravelSky	CAAC	1%	중국	단독운영 CRS

1-2. OAL 예약 과정

국적항공사(national carrier)와 외국항공사(OAL : other airlines)의 연결 항공편에 대한 좌석 확보를 위해서는 ① 국적항공사는 CRS/GDS를 이용하여 OAL의 CRS/GDS에 필요 좌석을 요청하고, ② 상대 OAL CRS/GDS는 요청좌석에 대한 좌석 확약 여부를 응답 메시지를 통해 요청 항공사에 통보해주면, ③ 요청 항공사는 상대 OAL CRS/GDS로부터 받은 응답내역을 해당 승객의 PNR에 상태코드로 유지하는데 이와 같은 제 과정을 그림으로 그려보면 〈그림 1〉과 같이 국적항공사와 OAL 간의 좌석요청 과정을 국적항공사와 OAL 간 CRS/GDS의 소통(communication) 과정으로 나타낼 수 있다.

그림 1 국적항공사와 외국항공사의 CRS 간 Communication Channel 구도 ✈

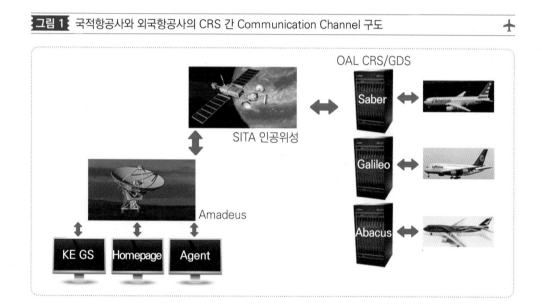

1-3. 예약, 응답, 상태-Code 이해

국적항공사(national carrier)와 외국항공사(OAL : other airlines)에 좌석을 요청하여 확약을 받기까지의 CRS/GDS 간의 소통(communication) 수단이 코드(code)인데 이 과정에서 이용되는 코드를 정리하면 ① 국적항공사가 보유한 CRS/GDS를 이용하여 OAL의 CRS/GDS에 필요 좌석을 요청하는 코드가 요청코드(action code)이고, ② 상대 OAL CRS/GDS가 요청한 좌석에 대하여 여부 좌석에 대한 회신을 하는 코드가 응답코드(advice code)이며, ③ 요청 항공사가 OAL CRS/GDS로 부터 받은 응답내역을 해당 승객의 PNR에 유지하는 코드가 바로 상태코드(status code)이다.

이 과정을 Amadeus-SellConnect을 이용하여 국적항공사와 외국항공사(OAL) 간의 좌석요청부터 응답, 상태유지 과정을 그림으로 그리면 아래와 같다.

● **Amadeus-SellConnect을 이용하여 OAL 좌석 요청 과정**

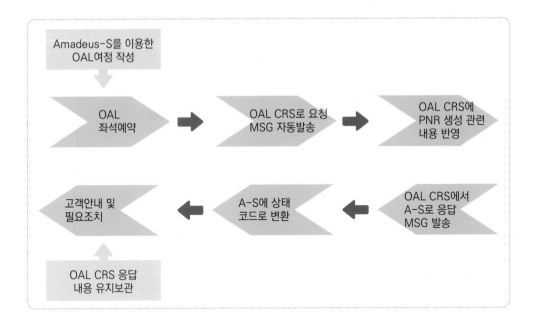

● 항공여정 예약과정에서의 요청코드, 응답코드, 상태코드의 흐름 및 변환 과정

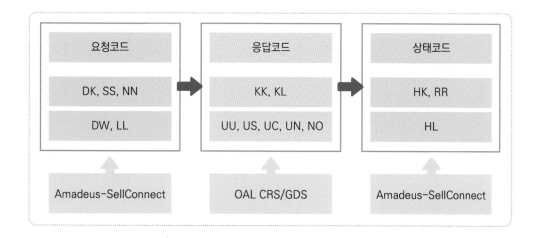

● 요청코드, 응답코드, 상태코드의 종류 및 의미

코드	코드의 종류		코드의 의미
요청코드 (Action Code)	확약	DK	✓ 좌석 판매 Confirm을 나타내는 코드
		SS	✓ Authorized Sell, 좌석을 판매한 상태
		NN	✓ 좌석 및 부대서비스를 요청 시 사용하는 기본 요청코드
	대기	DW	✓ 대기자 요청 코드
		LL	✓ List (Add to waiting list) – 대기자로 예약을 요청할 경우 사용하는 코드
응답코드 (Advice Code)	확약	KK	✓ Confirming : 항공편, 기타 요청 사항이 OK 되었음을 통보함
		KL	✓ Confirming from waiting list : 대기자 명단에 있던 승객이 OK 되었음을 통보
	대기 또는 불가	UU	✓ Unable – Have waitlisted : 요청된 내용이 현재는 불가하며 대기자임을 통보함
		US	✓ Sell & Report Agreement에 의하여 좌석을 판매하였으나, 해당 항공사가 Accept하지 않음-대기자 List에 있음
		UC	✓ Waitlist 및 sale이 불가함
		UN	✓ 요청한 비행편이 운항하지 않거나, 요청한 서비스가 제공되지 않음을 통보
		NO	✓ 요청사항이 잘못되었거나, 기타의 사유로 Action을 취하지 않았음을 통보

상태코드 (Status Code)	확약	HK	✓Holds confirmed : 예약이 확약되어 있는 상태
		RR	✓Reconfirmed : 예약 재확인까지 마친 상태
	대기	HL	✓Have waitlisted : 예약이 대기자 명단에 올려있는 상태
기타코드	DL		✓Deleted from Confirming List – KL 상태에서 대기자로 되돌려진 상태
	HN		✓Holding Need, Pending for Reply – 항공사 좌석을 요청하고 응답이 오 기까지 유지되는 코드, GRP의 경우 SG로 요청하면 HN으로 보여짐

1-4. 응답코드(Advice Code)를 상태코드(Status Code)로 전환 방법

응답코드(advice code)는 반드시 상태코드(status code)로의 전환이 필요한데, 이는 현재의 좌석 상태가 어떠한지를 명확히 확인(clear)시켜주는 의미인 것이다. 응답코드를 상태코드로 변환하는 과정은 다음과 같이 2가지 방법(>ETK, >ERK)이 있다.

● 응답코드(Advice Code)를 상태코드(Status Code)로 변환 처리하는 명령어

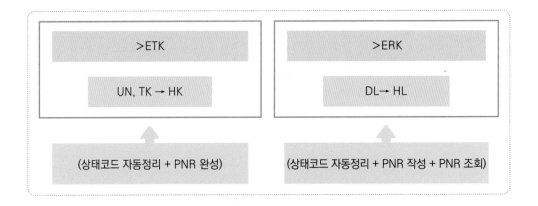

2 ✈ 외국항공사(OAL)를 포함하는 개인 PNR 작성 방법

국적항공사(KE, OZ, LJ, 7C, BX, TW, ZE, RS, 4V, RF, YP, 4H)와 함께 외국항공사(OAL)로 연결하는 여정을 작성할 때, 단순히 국적항공사를 이용하여 여정을 작성하는 것과 같이 ① KE/OAL구간의 예약가능편(availability)을 확인한 후, ② KE/OAL 구간의 예약이 가능한 예약등급으로 여정을 작성하면 된다. 이때 왕복여정의 구간과 항공사가 동일할 수도 있고 상이할 수도 있는데 이때는 구간별로 별도의 항공사를 지정하여 예약편을 확인한 후, 각각의 항공사의 예약등급을 지정하여 여정을 작성한다.

즉, 외국항공사(OAL)를 포함하는 여정 작성 순서는 먼저 승객이 원하는 항공편의 좌석 여부를 조회한 후 이를 토대로, OAL만으로 구성되는 여정 작성 방법과 KE+OAL의 조합하여 구성하는 방법이 있다. 따라서 지금부터 OAL 또는 국적항공사+OAL로 여정을 구성하기 위한 예약가능편 조회와 여정 작성 방법을 알아본다.

2-1. OAL 여정 작성 및 KE+OAL 여정 작성 방법

일반적으로 OAL만으로 여정을 작성하느냐 아니면 KE+OAL로 연결되는 여정으로 작성하느냐의 문제는 우선 여정을 작성하기 위한 전초단계로 조회하는 예약가능편(availability)을 어떠한 형식으로 조회하느냐에 의하여 결정된다.

● OAL만으로 구성되는 여정 또는 국적항공사(KE) + OAL으로 구성되는 여정 작성 단계

① 1단계 : 여행조건에 따른 예약등급 조회 및 결정-보통은 최대체류일, 도중체류 여부 등에 준하여 예약등급(booking class)을 선택함
   >FQDSELLAX/D27OCT/AYY
② 2단계 및 3단계 : 해당일자, 출발지에서 목적까지 그리고 돌아오는 항공편이 어떤 것이 있는지 예약가능편(availability)을 조회한 후, 좌석 수, 여행조건에 준하여 예약등급 등에 따라 조회된 예약가능편(availability)을 참조하여 해당 항공편의 Availability Line-Number를 지정하여 여정을 작성함

■ OAL 및 KE+OAL 여정 작성을 위한 예약가능편 조회 및 여정작성 명령어

예약가능편 (availability) 조회	여정 작성(SS)	예약가능편 조회결과 설명
>AN25DEC SELPHX	>SS1MY1	SELPHX 편도 여정구간의 예약가능편 확인
>AN25DEC SELPHX*30DEC	>SS1NY1*YN11	30DEC 동일구간 Return편 동시 조회
>AN25DEC SELPHX*30DEC HOUSEL	>SS1SY1*KT11	30DEC 불일치구간 HOUSEL Return 동시 조회
>AN25DEC SELPHX/AKE,AA*30DEC HOUSEL/ADL,KE	>SS1MY1*SM11	25DEC SELPHX 및 30DEC HOUSEL 구간 항공사 지정 조회
>ACR30DEC		특정일자(30DEC) Return편 조회

명령어설명	① SS : Segment Sell ② 1 : 좌석 수 ③ M : 예약등급(Booking Class) ④ 2 : 예약가능편 조회 화면에서 출발 항공편의 Line-Number ⑤ * : 구분 부호 ⑥ 11 : 예약가능편 조회 화면에서 돌아오는 항공편의 Line-Number

2-2. OAL 여정 작성 방법

(1) 왕복구간(Direct Flight-Consistency Round-trip)이 동일한 OAL연계 여정 작성

명령어	>AN25DEC SELPHX*30DEC	
	명령어 설명	① AN : Availability Notice(예약가능편 조회 기본 명령어) ② 25DEC : 출발일(12월 25일), ③ SELPHX : 출발 및 도착도시의 3-Letter Code ④ * : 구분 부호, ⑤ 30DEC: 12월 30일 왕복편 조회
응답화면	>AN25DEC SELPHX*30DEC AN25DECSELPHX*30DEC ** AMADEUS AVAILABILITY – AN ** PHX PHOENIX.USAZ　　　207 SA 25DEC 0000 　1　KE 019　J9 C9 D9 I6 R3 Z9 Y9 /ICN 2 SEA　1600　0840　E0/77W 　　　　　　　B9 M9 S9 H9 E9 K9 L9 U9 Q9 NL TL GL 　　　AS 928　J7 C3 D1 I1 U0 E　Y7 /SEA　PHX 3　1015　1403　E0/73H　　　　　　14:03 　　　　　　　B7 H7 K0 M7 L0 V0 S1 N0 Q0 O1 G0 X1 T0 ** AMADEUS AVAILABILITY – AN ** SEL SEOUL.KR　　　　　213 TH 30DEC 0000 11　F92791　Y4 B4　　　　　　PHX 3 SFO I　0814　0920　T0 320 　　　UA 893　J9 C9 D9 Z9 P9 Y9 B9 /SFO I ICN 1　1040　1615+1E0/789　　　　16:01 　　　　　　　M9 E9 U9 H9 Q9 V9 W9 S9 T9 L9 K9 G9 N9 12　*AA2951　C0 J7 R7 D7 I7 Y7 B7 /PHX 4 LAX 0　0912　0956　E0.CR7 　　　　　　　H7 K7 M7 L7 G7 V7 S7 N7 Q7 O0 　　　OZ:UA7286　J9 C9 D9 Z9 P9 Y9 B9 /LAX B ICN 1　1210　1730+1E0/388　　　16:18 　　　　　　　M9 E9 U9 H9 Q9 V9 W9 S9 T9 L9 K9 G9
응답결과 설명	* 12월 25일 서울에서 미국의 피닉스까지가는 항공편과 12월 30일 피닉스에서 서울까지 돌아오는 예약가능편 조회	
명령어	>SS1MY1*BY11	
	명령어 설명	① SS : Segment Sell(Seat Sold)-여정 작성을 위한 기본 명령어 ② 1 : 요청 좌석 수(Number of Seats) ③ M, Y : 출발 항공편인 KE(M), AS(Y)의 예약등급(Booking Class) ④ 1 : 예약가능편 조회 화면에서 출발 항공편의 Availability Line-Number ⑤ * : 구분 부호 ⑥ B, Y : 돌아오는 항공편인 F9(B), UA(Y)의 예약등급(Booking Class) ⑦ 11 : 예약가능편 조회 화면에서 돌아오는 항공편의 Availability Line-Number
응답화면	>SS1MY1*BY11 --- SFP --- RP/SELK13900/ 　1　KE 019　M 25DEC 6 ICNSEA DK1　1600 0840　25DEC　E　0 77W DB 　2　AS 928　Y 25DEC 6 SEAPHX DK1　1015 1403　25DEC　E　0 73H 　3　F92791　B 30DEC 4 PHXSFO SS1　0814 0920　30DEC　E　0 320 G 　　　SEE RTSVC 　4　UA 893　Y 30DEC 4 SFOICN DK1　1040 1615　31DEC　E　　XYZ	
응답결과 설명	① 출발여정인 ICN/SEA 구간은 KE019 M Class로 작성 ② 이어지는 연결구간인 SEA/PHX는 AS928 Y Class로 작성 ③ 돌아오는 PHX/SFO 구간은 F9 2791 B Class로 작성 ④ 연결편인 SFO/ICN 여정은 UA893 Y Class로 작성	

(2) 왕복구간(Direct Flight-Consistency Round-trip)이 상이한 OAL연계 여정 작성

명령어	>AN25DEC SELPHX*30DEC HOUSEL	
	명령어 설명	① AN : Availability Notice(예약가능편 조회 기본 명령어) ② 25DEC : 출발일(12월 25일) ③ SELPHX : 출발여정의 출발 및 도착도시의 3-Letter Code ④ * : 구분 부호 ⑤ 30DEC: 12월 30일 왕복편 조회 ⑥ HOUSEL : 돌아오는 여정의 출발 및 도착도시의 3-Letter Code

| 응답화면 | >AN25DEC SELPHX*30DEC HOUSEL

AN25DECSELPHX*30DECHOUSEL
** AMADEUS AVAILABILITY – AN ** PHX PHOENIX.USAZ   207 SA 25DEC 0000
 1 KE 019 J9 C9 D9 I6 R3 79 Y9 /ICN 2 SEA   1600   0840 E0/77W
          B9 M9 S9 H9 E9 K9 L9 U9 Q9 NL TL GL
     AS 928 J7 C3 D1 I1 U0 E Y7 /SEA PHX 3 1015   1403 E0/73H   14:03
          B7 H7 K0 M7 L0 V0 S1 N0 Q0 O1 G0 X1 T0
 2 OZ 212 J9 C9 D9 Z9 U7 P7 Y9 /ICN 1 SFO I 2040   1400 E0/359
          B9 M9 H9 E9 Q9 K9 S9 V9 WL TL L5 GR
     AA1210 C7 J7 R7 D7 I7 Y7 B7 /SFO 1 PHX 4 1554   1851 E0.321   14:11
          H7 K7 M7 L7 G7 V7 S7 N7 Q7 O7

** AMADEUS AVAILABILITY – AN ** SEL SEOUL.KR   213 TH 30DEC 0000
11 *DL3628 J9 C9 D9 I9 Z9 W9 S0 /IAH A MSP 1 0730   1026 E0/E7W
          Y9 B9 M9 H9 Q9 K9 L9 U9 T9 X9 V9 E9
     DL 171 J9 C9 D9 I9 Z9 P9 A9 /MSP 1 ICN 2 1130   1530+1E0/339   17:00
          G8 W9 S9 Y9 B9 M9 H9 Q9 K9 L9 U9 T9 X9 V0 E9
12 *AA5881 C0 J7 R7 D7 I0 Y7 B7 /HOU DFW 0 0820   0940 E0.CR9
          H7 K7 M7 L7 G7 V7 S7 N7 Q7 O7
     AA 281 C0 J7 R7 D7 I0 W7 P0 /DFW 0 ICN 1 1050   1625+1E0.788   17:05
          Y7 B7 H7 K7 M7 L7 G7 V7 S7 N7 Q7 O7 | | |

| 응답결과 설명 | * 12월 25일 SEL/PHX 구간과 12월 30일 HOU/SEL 구간의 예약가능편 조회 결과 화면 | |

명령어	>SS1SY1*KT11	
	명령어 설명	① SS : Segment Sell(Seat Sold)-여정 작성을 위한 기본 명령어 ② 1 : 요청 좌석 수(Number of Seats) ③ S, Y : 출발 항공편인 KE(S), AS(Y)의 예약등급(Booking Class) ④ 1 : 예약가능편 조회 화면에서 출발 항공편의 Availability Line-Number ⑤ * : 구분 부호 ⑥ K, T : 돌아오는 항공편인 DL3628(K), DL171(T)의 예약등급(Booking Class) ⑦ 11 : 예약가능편 조회 화면에서 돌아오는 항공편의 Availability Line-Number

| 응답화면 | >SS1SY1*KT11

--- MSC SFP ---
RP/SELK13900/
 1 KE 019 S 25DEC 6 ICNSEA DK1 1600 0840 25DEC E 0 77W DB
 2 AS 928 Y 25DEC 6 SEAPHX DK1 1015 1403 25DEC E 0 73H
 3 DL3628 K 30DEC 4*IAHMSP DK1 0730 1026 30DEC E 0 E7W
 4 DL 171 T 30DEC 4*MSPICN DK1 1130 1530 31DEC E 0 339 D | | |

| 응답결과 설명 | ① 출발여정인 ICN/SEA 구간은 KE019 S Class로 작성
② 이어지는 연결구간인 SEA/PHX는 AS928 Y Class로 작성
③ 돌아오는 IAH/MSP 구간은 DL3628 K Class로 작성
④ 연결편인 MSP/ICN 여정은 DL171 T Class로 작성 | |

2-3. KE+OAL 여정 작성 실습

● KE+OAL(YY) 연계, 상이한 왕복구간(Inconsistency Round-trip) 여정 작성 방법

명령어	>AN25DEC SELPHX/AKE,AA*30DEC HOUSEL/ADL,KE	
	명령어 설명	① AN : Availability Notice(예약가능편 조회 기본 명령어) ② 25DEC : 출발일(12월 25일) ③ SELPHX : 출발여정의 출발 및 도착도시의 3-Letter Code ④ A : 항공편 지정(Airline) ⑤ KE, AA : 출발여정 첫 번째 항공편 KE, 연결 항공편 AA의 예약가능편 조회 ⑥ * : 구분 부호, ⑦ 30DEC: 12월 30일 왕복편 조회 ⑧ HOUSEL : 돌아오는 여정 출발 및 도착도시의 3-Letter Code, ⑨ A : 항공편 지정 ⑩ DL, KE : 돌아오는 여정 첫 번째 항공편 DL, 연결 항공편 KE의 예약가능편 조회

응답화면	>AN25DEC SELPHX/AKE,AA*30DEC HOUSEL/ADL,KE
	
	AN25DECSELPHX/AKE,AA*30DECHOUSEL/ADL,KE
	** AMADEUS AVAILABILITY – AN ** PHX PHOENIX.USAZ 207 SA 25DEC 0000
	 1 KE 011 P4 AL J9 C9 D9 I9 R6 /ICN 2 LAX B 1940 1340 E0/77W
	           Z9 Y9 B9 M9 S9 H9 E9 K9 L9 U9 QL NL TL GL
	     AA1625 C7 J7 R7 D7 I7 Y7 B7 /LAX 0 PHX 4 1640 1903 E0.321 15:23
	 2 KE 025 J2 C1 D1 I1 R1 Z1 Y9 /ICN 2 SFO 1 2020 1355 E0/77W
	           B9 M9 S9 H9 E9 K9 L9 U9 Q9 N3 TL GL
	     AA 330 C7 J7 R7 D7 I7 Y7 B7 /SFO 1 PHX 4 1828 2130 E0.321 N 17:10
	
	** AMADEUS AVAILABILITY – AN ** SEL SEOUL.KR 213 TH 30DEC 0000
	11 *DL3628 J9 C9 D9 I9 Z9 W9 S0 /IAH A MSP 1 0730 1026 E0/E7W
	     KE 171 J9 C9 D9 I9 Z9 P9 A9 /MSP 1 ICN 2 1130 1530+1E0/339 17:00
	           G8 W9 S9 Y9 B9 M9 H9 Q9 K9 L9 U9 T9 X9 V0 E9
	12 *DL3717 J9 C9 D9 I9 Z9 W9 S0 /IAH A DTWEM 0740 1129 E0/CR9
	     KE 159 J9 C9 D9 I9 Z9 P9 A9 /DTWEM ICN 2 1250 1630+1E0/359 17:50
	           G9 W9 S9 Y9 B9 M9 H9 Q9 K9 L9 U9 T8 X8 V0 E9	

응답결과 설명	* 12월 25일 SEL/PHX 구간은 KE와 AA 항공편, 12월 30일 HOU/SEL 구간은 DL와 KE로 연계 되는 예약가능편(Availability) 조회	
명령어	>SS1MY1*WM11	
	명령어 설명	① SS : Segment Sell(Seat Sold)-여정 작성을 위한 기본 명령어 ② 1 : 요청 좌석 수(Number of Seats) ③ M, Y : 출발 항공편인 KE(M), AA(Y)의 예약등급(Booking Class) ④ 1 : 예약가능편 조회 화면에서 출발 항공편의 Availability Line-Number ⑤ * : 구분 부호 ⑥ Y, M : 돌아오는 항공편인 DL(Y), KE(M)의 예약등급(Booking Class) ⑦ 11 : 예약가능편 조회 화면에서 돌아오는 항공편의 Availability Line-Number
응답화면	>SS1MY1*YM11 --- MSC SFP --- RP/SELK13900/ 1 KE 011 M 25DEC 6 ICNLAX DK1 1940 1340 25DEC E 0 77W BD 2 AA1625 Y 25DEC 6 LAXPHX DK1 1640 1903 25DEC E 0 321 3 DL3628 W 30DEC 4*IAHMSP DK1 0730 1026 30DEC E 0 E7W 4 KE 171 M 30DEC 4*MSPICN DK1 1130 1530 31DEC E 0 339 D	
응답결과 설명	① 출발여정인 ICN/LAX 는 KE011 M Class로 작성 ② 이어지는 연결구간인 LAX/PHX는 AA1625 Y Class로 작성 ③ 돌아오는 IAH/MSP는 DL3628 Y Class로 작성 ④ 연결편인 MSP/ICN는 KE171 M Class로 작성	

3 항공여정 부대서비스(Auxiliary Service) 예약

Amadeus SellConnect를 이용하여 순수 항공여정 이외 호텔(hotel), 렌터카(rent-a-car) 등을 항공여정으로 작성하는 과정에서 이를 마치 항공여정과 같은 형태로 PNR에 구성하는 것을 항공여정 부대서비스(auxiliary service) 예약이라고 한다.

3-1. 항공여정 부대서비스의 종류

항공여정 부대서비스의 종류	항공여정 부대서비스의 예약 내용
• 호텔 예약	• 일반호텔 및 STPC호텔 예약
• Rent-a-Car 예약	• 세계 전 지역 Rent-a-Car 조회 및 예약

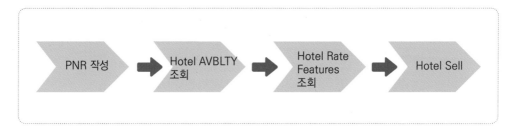

3-2. 호텔 예약 방법

① 호텔 예약 절차(Process)

PNR 작성 → Hotel AVBLTY 조회 → Hotel Rate Features 조회 → Hotel Sell

② 호텔 예약서비스 명령어

조회 내용	호텔 예약서비스 명령어	의미
Hotel Availability 조회	>HA LAX 13MAR-15MAR	① HA : 호텔 Availability(예약 가능 상황) 조회 기본 명령어 ② LAX : 호텔 위치 지역(도시) ③ 13MAR-15MAR : 호텔 체크인(Check-In) 날짜-체크아웃(Check-Out) 날짜
	>HA1	① HA : 호텔 Availability(예약 가능 상황) Line Number 지정 조회 기본 명령어 ② 1 : 호텔 Availability(예약 가능 상황) Line Number 지정
Hotel Type 및 Rate/Features 조회	>HP1	① HP : 해당 ROOM TYPE에 따른 Pricing과 Features 조회 기본 명령어 ② 1 : 해당 ROOM TYPE 번호 지정
Hotel 예약	>HS/P1/G-CC- VI40041110222444/2209	① HS : 호텔 구매를 위한 기본 명령어 ② P1 : PNR상에 승객번호 ③ G : 구매 확정 형태(Guarantee) ④ CC : 지불수단-신용카드(Credit-Card) ⑤ VI40041110222444/2209 : 신용카드 번호 (Credit-Card Number)

③ AMADEUS를 이용한 "일반 호텔" 예약 방법

명령어	>HA LAX 13MAR-15MAR	
	명령어 설명	① HA : 호텔 Availability(예약 가능 상황) 조회 기본 명령어 ② LAX : 호텔 위치 지역(도시) ③ 13MAR-15MAR : 호텔 체크인(check-in) 날짜-체크아웃(check-out) 날짜
응답화면	>HA LAX 13MAR-15MAR US LAX CA ALL AREAS SU 13MAR22-15MAR22 OCC:1 AR CUR 1 RC!RESIDENCE INN MIRADA MARRIOTT N USD=143.10-249.00 2 RC!RESIDENCE INN PLACENT MARRIOT N USD=174.00-404.00 3 MC!NEWPORT BCH MARRIOTT HOTEL SPA A USD=293.00-579.00 4 FN!FAIRFIELD INN HILLS MARRIOTT W USD=102.60-199.00 5 MX!MOTEL 6 CARSON N USD=72.99-72.99 6 SI!SHERATON GATEWAY LOS ANGELES A USD=169.00-419.00 7 MC!MARINA DEL REY MARRIOTT D USD=289.00-389.00 8 EA!EXTENDED STAY AMERICA EL SEGUN S USD=103.49-134.99 9 FN!FAIRFIELD INN N STES MARRIOTT E USD=107.00-149.00 MORE *TRN*	

→ 다음 페이지에 계속

응답결과 설명	① US LAX CA : 호텔이 위치한 도시 ② 13MAR22-15MAR22 : 체크인(Check-in) 날짜-체크아웃(Check-out) 날짜 ③ CUR : Room 가격(높은 수준의 가격~제일 낮은 가격)
명령어	>HA1
	명령어 설명　① HA : 호텔 Availability(예약 가능 상황) Line Number 지정 조회 기본 명령어 ② 1 : 호텔 Availability(예약 가능 상황) Line Number 지정
응답결과 설명	>HA1 **** RESIDENCE INN **** US LAX CA　　　　　　　SU 13MAR22-15MAR22　　OCC:1 RC!RESIDENCE INN MIRADA MARRIOTT　LAXLMR　N　TAXI　　　Y CAT:F MARRIOTT IS COMMITTED TO A SAFE ENVIRONMENT. REVIEW OUR GLOBAL CLEANLINESS PROGRAM AT CLEAN.MARRIOTT.COM 1)152.10　　HE SEE RATE RULES 　 325.48　　I 1 QUEEN(S), SOFA BED, BATHROOMS: 1, FULL KITC 　 SM3RAC　USD　HE N, MICROWAVE, 500SQFT/45SQM, LIVING/SIT... 　 CHECK HP　　D　　　　　　COM:YES 2)161.10　　HE SEE RATE RULES 　 345.28　　I 1 QUEEN(S), SOFA BED, BATHROOMS: 1, FULL KITC 　 SM3RAC　USD　HE N, MICROWAVE, 500SQFT/45SQM, LIVING/SIT... 　 CHECK HP　　D　　　　　　COM:YES 3)169.00　　HE FLEXIBLE RATE 　 361.56　　I 1 QUEEN(S), SOFA BED, BATHROOMS: 1, FULL KITC 　 REGRAC　USD　HE N, MICROWAVE, 500SQFT/45SQM, LIVING/SIT... 　 CXL > 12MAR22　G　　　　　COM:YES
응답결과 설명	* 호텔 Availability(예약 가능 상황) Line Number 지정한 호텔의 Room Type 조회 화면
명령어	>HP1
	명령어 설명　① HP : 해당 ROOM TYPE에 따른 Pricing과 Features 조회 기본 명령어 ② 1 : 해당 ROOM TYPE 번호 지정
응답화면	>HP1 **** RESIDENCE INN **** US LAX CA　　　　　　　　SU 13MAR22-15MAR22　　OCC:1 RC!RESIDENCE INN MIRADA MARRIOTT　　　LAXLMR ----------RATE INFORMATION------------------------------R - RAT 152.10 USD　　SM3RAC　D * 　 152.10 USD PER NIGHT STARTING 13MAR22 FOR 1 NIGHT(S) 　 143.10 USD PER NIGHT STARTING 14MAR22 FOR 1 NIGHT(S) 　 325.48 USD TOTAL RATE STARTING 13MAR22 FOR 2 NIGHT(S) COMMISSION: COMMISSIONABLE RATE HTL/BC-SM3A00 ----------RATE INCLUSIONS / EXTRAS---------------------I - INC OCCUPANCY TAX: 29.52 USD PER ROOM PER STAY SURCHARGE: 0.76 USD PER ROOM PER STAY ----------CANCELLATION POLICIES----------------------C - CXL CANCEL PERMITTED UP TO 1 DAY AFTER BOOKING ----------BOOKING REQUIREMENTS----------------------B - BOO MINIMUM STAY: NO MINIMUM MAXIMUM STAY: NO MAXIMUM ADVANCE BOOKING: 10 DAY(S) DEPOSIT REQUIRED ----------ROOM AND RATE DESCRIPTION-----------------D - DES
응답결과 설명	* 해당 ROOM TYPE에 따른 Pricing과 Features 조회 결과

명령어	>HS/P1/G-CC-VI40041110222444/2209	
	명령어 설명	① HS : 호텔 구매를 위한 기본 명령어, ② P1 : PNR상에 승객번호 ③ G : 구매 확정 형태(Guarantee), ④ CC : 지불수단-신용카드(Credit-Card) ⑤ VI40041110222444/2209 : 신용카드 번호(Credit-Card Number)

④ "STPC 호텔"의 의미 및 운영 형태

STPC(stopover on company's account) 호텔서비스는 특정 지점 간에 직항편(direct flight)을 운항하지 않는 항공사가 동지점 간 직항편을 운항하는 상대항공사를 대상으로 경쟁력을 갖추기 위하여 일정 조건하에서 연결편 탑승을 위한 대기 시간 동안 승객이 편안하게 쉴 수 있도록 제공하는 delivering carrier(최초 운송 항공사) 무료 제공 호텔 서비스를 의미한다.

예를 들어 KE/KE 또는 KE/OAL 항공편으로 연결 시 해당 규정 및 조건을 충족하면 STPC로 간주하여 호텔 Room, Meal, Ground Transportation 등 연결 지점에서 소요되는 모든 비용을 delivering carrier(최초 운송 항공사)인 KE가 부담하는 서비스를 일컫는다.

● STPC 호텔 예약서비스의 종류

STPC호텔 종류	정의 및 조건	내용
NOMAL STPC 호텔	정의	• 정상적인 KE STPC 적용절차에 제공되는 STPC 호텔
	규정 및 조건	• KE가 Delivering Carrier이어야 함 • 연결지점 도착 전 이원구간 예약 확약 및 THRU TKT을 소지하고 있어야 함 • 운임제한 조건인 Minimum Sector Fare(NUC350 이상) 충족해야 함 • 승객의 SKD, 지역제한 조건 등을 충족하여야 함
포괄 AUTH STPC	정의	• NOMAL STPC SVC 제공 대상이 되지 못하는 여정형태 중 판매력 강화 또는 기타 사유로 특정 여정의 승객에게 일괄 AUTH에 의하여 허용하는 STPC 호텔 SVC
	규정 및 조건	• 탑승일 기준 연간 2회(하계/동계)의 포괄 L/O AUTH 규정에 준함 • 수입보존을 위하여 HOT SALE, GRP, 마일리지 및 보너스 TKT은 전 기간 제외

3-3. 렌터카 예약 방법

① 렌터카 예약 절차(Process)

② 렌터카 예약서비스 명령어

조회 내용	호텔 예약서비스 명령어	의미
Availability 조회	>CA JFK 22NOV-2 / ARR-1500-1800	Multiple-Company Availability ※ 22NOV-2 : Pick-up date, 렌탈 일수, ARR-1500-1800 : Pick-up, Drop-off Time
	>CA ZE CDG 22NOV-2 / ARR-1500-2000	Single-Company Availability ※ ZE : 렌터카 회사 Code
	〈PNR Display 이후〉 >CAS1 / ARR-1500-2000	PNR Segment를 이용한 조회 ※ S1 : PNR상의 Segment 번호
렌터카 Type 및 Rate/Features 조회	>HC-T-ECAR	Rent-a-Car Type 조회 명령어 ※ ECAR : Car Type
	>CA LAX 22NOV-2/ARR-1500-2000 >CR3	Rent-a-Car Rate/Features 조회 명령어
렌터카 예약	>CS/P1	Rent-a-Car Sale 명령어 ※ P1 : 승객 번호

③ 렌터카 예약서비스 예약 방법

명령어	>CA JFK 22NOV-2 / ARR-1500-1800	
	명령어 설명	① CA : 렌터카 Availability(예약 가능 상황) 조회 기본 명령어 ② JFK : 렌터카 인수(PICK-UP) 위치 지역(도시) ③ 22NOV-2 : 렌터카 렌트 기간(11월 22일부터 2일간) ④ ARR-1500-1800 : 렌터카 인수(PICK-UP) 및 반환 시간

→ 다음 페이지에 계속

응답화면	>CA JFK 22NOV-2 / ARR-1500-1800 CA JFK 22NOV-2 / ARR-1500-1800 **AMADEUS CARS RATE AVAILABILITY** CHECK POLICIES: USE CT OR CR JFK NEW YORK/NY/US:JOHN F KENNEDY ARRIVAL:MO22NOV21/15:00 RETURN:WE24NOV21/18:00 INCLUSIVE A TYPE DAILY-KRW ESTIMATED-KRW KM/M CHRG S 1T ET+ENTERPRISE ECAR +53291@* 195260@* UNL .00 . 2T ZR+DOLLAR CCAR +56692@* 206780@* UNL .00 . 3T AL+ALAMO ECAR +163274@* 619851@* UNL .00 . 4T ZL+NATIONAL ECAR +176880@* 652268@* UNL .00 . 5T ZE+HERTZ EDAR +325448@* 976344@* UNL .00 . @-RATE CONVERTED *-EXTRA HOUR/DAY MAY APPLY +-C/A PLUS RATE =-EXACT MATCH &-UPSELL >-ALTERNATE NO MORE ITEMS
응답결과 설명	① ARRIVAL:MO22NOV21/15:00 : 도착 및 렌터카 인수(PICK-UP) 일시 ② RETURN:WE24NOV21/18:00 : 반환 일시 ③ TYPE : 렌터카의 모델명(사양)
명령어	>CR1
	명령어 설명 ① CR : 렌터카 Availability(예약 가능 상황) Line Number 지정 조회 기본 명령어 ② 1 : 렌터카 Availability(예약 가능 상황) Line Number 지정

응답화면	>CR1
	
	*** ENTERPRISE COMPLETE ACCESS PLUS RATE FEATURES ***
	KIOSK SERVICE AVAILABLE
	IATA NBR NOT ON FILE QUEUE AGENCY INFO TO ET
	              MO22NOV21/15:00-WE24NOV21/18:00
	 1) KRW 195260@* RATE IS AVAILABLE
	RATE INFORMATION ------------------------------------- R - RAT
	
	   ESTIMATED TOTAL / CURRENCY:KRW 195260@
	   INCLUSIVE OF
	    BASE RATE 3DAYS/0 HOUR 159872@
	   (INC. OF NAVIGATION SYSTEM)
	   TAX - STATE TAX 15919@
	   AIRPORT ACCESS FEE 11.11 PCT 17767@
	   CONCESSION RECOVERY FEE SURCHARG 1701@
	
	   RATE CURRENCY:KRW 53291@/ UNL
	   EXTRA DAY 53291@/ UNL
	   EXTRA HOUR 17767@/ UNL
	TAX INFORMATION ------------------------------------- T - TAX
	    9 PERCENT TAX - STATE TAX *INCL IN ESTIMATED*
	SURCHARGES ------------------------------------- S - SUR
	MORE
	>

응답결과 설명	* 호텔렌터카 Availability(예약 가능 상황) Line Number를 지정한 렌터카 회사의 CAR-Type별 상세 정보 조회 화면
명령어	>CS/P1/G-CC-VI40041110222444/2209
	명령어 설명 ① CS : 렌터카 결제를 위한 기본 명령어 ② P1 : PNR상에 승객번호 ③ G : 구매 확정 형태(Guarantee) ④ CC : 지불수단-신용카드(Credit-Card) ⑤ VI40041110222444/2209 : 신용카드 번호(Credit-Card Number)

CHAPTER 5

PNR 조회 및
개인 PNR 수정/삭제/추가 방법

CHAPTER **5**

PNR 조회 및 개인 PNR 수정/삭제/추가 방법

1 PNR 조회 방법

1-1. PNR 조회 목적

예약기록(PNR)을 완성한 이후, PNR의 구성요소 중에서 승객 이름(name), 여정(itinerary), 전화번호(phone number), 각종 서비스 요청사항(OSI : other service information & SSR : special service information), 발권시점(ticket time limited) 등을 변경하거나, 항공권 발권(ticketing) 및 제반 승객의 운송서비스(check-in) 업무를 수행하기 위해서는 이미 만들어 놓은 해당승객의 예약기록을 먼저 조회해야 한다. 이때 승객의 예약기록(PNR)을 조회하기 위해서는 ① 승객의 예약기록번호(PNR address number), ② 출발 항공편명(flight number), 출발일자(departure date), ③ 승객의 이름(passenger name) 등을 활용하여 찾을 수 있는데, 현업에서는 이들 방법 중 하나를 선택하여 조회하면 된다.

● 예약기록(PNR)을 위한 조회 명령어

조회 명령어	명령어의 기능
>RT8938-8138	예약번호를 이용하여 PNR을 찾는 방법
>RTKE607/25NOV-KIM/MALJA	비행편과 출발날짜 및 승객명단을 이용하여 PNR을 찾는 방법
>RTKE607-KIM/MALJA	비행편과 승객명단을 이용하여 PNR을 찾는 방법
>RT/25NOV-KIM/MALJA	출발날짜 및 승객명단을 이용하여 PNR을 찾는 방법
>RT/KIM/MALJA	승객명단만을 이용하여 예약기록을 찾는 방법

1-2. PNR 조회 실습

① 예약번호 이용 PNR 조회 방법

명령어	>RT8938-8138	
	명령어 설명	① RT : PNR 조회 실행 명령어(retrieve) ② 8938-8138 : 예약번호(reservation number)
응답화면	>RT8938-8138 --- RLR --- RP/SELK13900/SELK13900　　　　AA/SU　31MAY21/1915Z　6OVV8K 8938-8138 　1.KIM/MALJA MS 　2　KE 607 Y 25NOV 4 ICNHKG HK1　2000 2310　25NOV　E　KE/6OVV8K 　3 APM 010-8938-8138 　4 TK OK31MAY/SELK13900	
응답결과 설명	* KIM/MALJA, 11월 25일 KE607편 Y Class로 예약된 PNR을 예약번호를 이용하여 조회한 화면	

② 비행편명과 출발날짜 및 승객이름 이용 PNR 조회 방법

명령어	>RTKE607/25NOV-KIM/MALJA	
	명령어 설명	① RT : PNR 조회 실행 명령어(retrieve) ② KE607/25NOV : 출발 항공편명 및 날짜, ③ KIM/MALJA : 승객이름
응답화면	>RTKE607/25NOV-KIM/MALJA --- RLR --- RP/SELK13900/SELK13900　　　　AA/SU　31MAY21/1915Z　6OVV8K 8938-8138 　1.KIM/MALJA MS 　2　KE 607 Y 25NOV 4 ICNHKG HK1　2000 2310　25NOV　E　KE/6OVV8K 　3 APM 010-8938-8138 　4 TK OK31MAY/SELK13900	
응답결과 설명	* 기존에 만들어 놓은 PNR을 출발 항공편명/출발날짜, 승객의 이름을 이용하여 조회한 화면	

③ 비행편명과 승객이름 이용 PNR 조회 방법

명령어	>RTKE607-KIM/MALJA	
	명령어 설명	① RT : PNR 조회 실행 명령어(retrieve) ② KE607 : 출발 항공편명, ③ KIM/MALJA : 승객이름
응답화면	>RTKE607-KIM/MALJA --- RLR --- RP/SELK13900/SELK13900 AA/SU 31MAY21/1915Z 6OVV8K 8938-8138 1.KIM/MALJA MS 2 KE 607 Y 25NOV 4 ICNHKG HK1 2000 2310 25NOV E KE/6OVV8K 3 APM 010-8938-8138 4 TK OK31MAY/SELK13900	
응답결과 설명	* 기존에 만들어 놓은 승객의 PNR을 항공편명과 승객의 이름만을 이용하여 조회한 화면	

④ 출발날짜 및 승객이름 이용 PNR 조회 방법

명령어	>RT/25NOV-KIM/MALJA	
	명령어 설명	① RT : PNR 조회 실행 명령어(retrieve) ② 25NOV : 출발 날짜, ③ KIM/MALJA : 승객이름
응답화면	>RT/25NOV-KIM/MALJA --- RLR --- RP/SELK13900/SELK13900 AA/SU 31MAY21/1915Z 6OVV8K 8938-8138 1.KIM/MALJA MS 2 KE 607 Y 25NOV 4 ICNHKG HK1 2000 2310 25NOV E KE/6OVV8K 3 APM 010-8938-8138	
응답결과 설명	* 기존에 만들어 놓은 승객의 PNR을 출발날짜와 이름만을 이용하여 조회한 화면	

⑤ 승객이름만을 이용 PNR 조회 방법

명령어	>RT/KIM/MALJA	
	명령어 설명	① RT : PNR 조회 실행 명령어(retrieve), ② KIM/MALJA : 승객이름
응답화면	>RT/KIM/MALJA --- RLR --- RP/SELK13900/SELK13900 AA/SU 31MAY21/1915Z 6OVV8K 8938-8138 1.KIM/MALJA MS 2 KE 607 Y 25NOV 4 ICNHKG HK1 2000 2310 25NOV E KE/6OVV8K 3 APM 010-8938-8138 4 TK OK31MAY/SELK13900	
응답결과 설명	* 기존에 만들어 놓은 승객의 PNR을 승객의 이름만으로 이용하여 조회한 화면	

2 ✉ 승객 이름 수정(Change) 방법

성인(adult)이나 소아(child)는 최초 PNR이 완성(EOT)되면, 어떠한 경우에도 이름 (name) 변경이 불가하다. 그러나 PNR을 만들고 있는 과정, 즉 완성(EOT) 명령어를 입력 하기 이전에는 성인, 소아의 이름 수정이 가능하다. 특히 소아의 이름의 경우에는 PNR 이 완성된 이후라도 생년월일(DOB: date of birthday)이 잘못된 경우에 한해서는 수정이 가능하다. 이에 반해 동반유아(accompany infant)는 해당 PNR이 완성된 전후와 관계없 이 이름 및 생년월일(DOB) 모두 수정이 가능하다.

2-1. 유아(Infant) 이름 및 정보 수정 방법

성인 이름과 같이 작성되는 동반유아(accompany infant)는 최초 PNR이 완성(EOT)된 이후라도 이름을 추가 또는 삭제 모두 가능하다.

명령어	① >1/	
	명령어 설명	① 1/ : 1번 승객에 대한 변경사항 지시 명령어 ＊ 빈칸을 넣으면 INF 정보가 삭제됨
	② >1/(INFKIM/AKIMISS/05MAY21)	
	명령어 설명	① 1/ : 1번 승객에 변경사항 지시 명령어 ② (INFKIM/AKIMISS/05MAY21) : 유아이름 추가-(INF/이름/DOB) 형태로 입력
응답화면	① 명령에 의한 응답화면	--- RLR --- RP/SELK13900/SELK13900　　AA/SU　31MAY21/1915Z　6OVV8K 8938-8138 　1.KIM/MALJAMS(INFKIM/AKIMISS/05MAY21) 　2 KE 607 Y 25NOV 4 ICNHKG HK1　2000 2310　25NOV　E　KE/6OVV8K 　3 APM 010-8938-8138 >1/ ① --- RLR --- RP/SELK13900/SELK13900　　AA/SU　31MAY21/1915Z　6OVV8K 8938-8138 　1.KIM/MALJAMS 　2 KE 607 Y 25NOV 4 ICNHKG HK1　2000 2310　25NOV　E　KE/6OVV8K 　3 APM 010-8938-8138

→ 다음 페이지에 계속

		--- RLR ---
		RP/SELK13900/SELK13900 AA/SU 31MAY21/1915Z 6OVV8K
		8938-8138
		  1.KIM/MALJAMS
		  2 KE 607 Y 25NOV 4 ICNHKG HK1 2000 2310 25NOV E KE/6OVV8K
		  3 APM 010-8938-8138
		
		>1/(INFKIM/AKIMISS/05MAY21) ②
		
		--- RLR ---
		RP/SELK13900/SELK13900 AA/SU 31MAY21/1915Z 6OVV8K
		8938-8138
		  1.KIM/MALJAMS(INFKIM/AKIMISS/05MAY21)
		  2 KE 607 Y 25NOV 4 ICNHKG HK1 2000 2310 25NOV E KE/6OVV8K
		  3 APM 010-8938-8138

② 명령에 의한 응답화면	
응답결과 설명	① 기존 PNR에서 보호자와 함께 작성된 유아(Infant) 이름 삭제 ② 기존 성인 승객 이름(보호자) 뒤에 유아(Infant) 이름을 추가하는 경우

2-2. 소아(Child) 정보 수정 방법

소아 이름은 성인 이름과 같이 PNR을 작성하는 과정에서는 수정이 가능하나 최초 PNR이 완성(EOT)된 이후에는 수정이 불가하다. 단, PNR이 완성된 이후라도 생년월일(DOB: date of birthday) 정보가 잘못된 경우에 한해서는 수정이 가능하다.

명령어	>2/(CHD/20SEP10)	
	명령어 설명	① 2/ : 2번 소아 승객에 출생 연월일(DOB) 추가 지시 명령어 ② (CHD/20SEP10) : 소아의 추가 DOB 사항

응답화면	RP/SELK13900/
	  1.LEE/TAEGYU MR 2.LEE/MINJEONG MISS
	
	>2/(CHD/20SEP10) ①
	
	RP/SELK13900/
	  1.LEE/TAEGYU MR 2.LEE/MINJEONG MISS(CHD/20SEP10)	

응답결과 설명	① 기존 작성된 PNR의 이름 중에서 2번 소아 승객의 DOB(CHD/20SEP10)가 추가로 입력된 결과 화면	

2-3. 성인(Adult) 및 소아(Child) 이름 수정 방법

성인(adult)과 소아(child) 이름은 PNR이 작성 완성(EOT)된 이후에는 변경(name change) 불가하다. 그러나 PNR을 작성하는 과정에서 입력된 이름이 잘못되어 수정이 필요할 때는 성인 및 소아의 이름이라도 변경 가능하다.

명령어	① >1/1KIM/CHULSOOMR	
	명령어 설명	① 1/ : 1번 승객에 변경사항 지시 명령어 ② 1KIM/CHULSOOMR : 변경할 이름
	② >2/1KIM/SOAMSTR(CHD/10DEC19)	
	명령어 설명	① SS : Segment Sell ② 1 : 좌석 수
응답화면	① 명령에 의한 응답화면	RP/SELK13900/ 　1.LEE/TAEGYU MR　2.LEE/MINJEONG MS(CHD/20SEP10) >1/1KIM/CHULSOOMR ① ** WARNING PAX NAME CHANGED. CHECK NAME BEFORE EOT ** RP/SELK13900/ 　1.KIM/CHULSOOMR　2.LEE/MINJEONG MS(CHD/20SEP10)
	② 명령에 의한 응답화면	RP/SELK13900/ 　1.KIM/CHULSOOMR　2.LEE/MINJEONG MS(CHD/20OCT19) >2/1KIM/SOAMSTR(CHD/10DEC19) ② ** WARNING PAX NAME CHANGED. CHECK NAME BEFORE EOT ** RP/SELK13900/ 　1.KIM/CHULSOOMR　2.KIM/SOAMSTR(CHD/10DEC19)
응답결과 설명	① PNR을 작성하는 과정에서 1번 성인(Adult) 승객의 이름이 LEE/TAEGYU MR이었던 것이 KIM/CHULSOOMR로 변경됨 ② PNR을 작성하는 과정에서 2번 소아(Child) 승객의 이름과 DOB가 LEE/MINJEONG MS(CHD/20SEP10)이었던 것이 KIM/SOAMSTR(CHD/20SEP10)로 변경됨	

3 전체 승객 및 일부 승객 취소(Cancellation) 방법

여정을 취소하기 위하여 PNR을 구성하고 있는 일부 승객의 이름(name)을 ">XE" 명령어를 이용하여 취소하는 경우와 또 다른 방법은 ">XE" 명령어를 이용하여 일부 여정을 취소함으로써 전체승객의 일부여정을 취소할 수도 있다. 한편 ">XI" 명령어를 이용하여 전체 승객의 전체 여정을 동시에 취소하는 방법도 있다.

3-1. 전체 승객의 전 여정 취소 방법

명령어	>XI	
	명령어 설명	① XI : Cancelled All Segment(전 여정 취소)
응답화면	RP/SELK13900/SELK13900　　　　AA/GS　1JUN21/0213Z　6UB4WJ 7777-7712 　1.LEE/TAEGYU MR　2.LEE/MINJEONG MS 　3　KE 653 Y 10DEC 5 ICNBKK HK2　1905 2320　10DEC　E　KE/6UB4WJ 　4　KE 654 Y 29DEC 3 BKKICN HK2　0100 0830　29DEC　E　KE/6UB4WJ 　5 AP M*010-7777-7777 　6 TK OK01JUN/SELK13900 >XI ① PNR UPDATED BY PARALLEL PROCESS-PLEASE VERIFY PNR CONTENT --- RLR --- RP/SELK13900/SELK13900　　　　AA/SU　1JUN21/0213Z　6UB4WJ 7777-7712 　1.LEE/TAEGYU MR　2.LEE/MINJEONG MS 　3 AP M*010-7777-7777 　4 TK OK01JUN/SELK13900	
응답결과 설명	① 여정으로 구성된 모든 여정이 취소됨(출발 및 돌아오는 여정이 모두 취소됨)	

3-2. 전체 승객의 일부여정 취소 방법

명령어	>XE3	
	명령어 설명	① XE : Cancelled Element(지정 요소 취소 명령어) ② 3: 여정(Segment) 지정 번호
응답화면	RP/SELK13900/SELK13900 AA/SU 1JUN21/0213Z 6UB4WJ 7777-7712 1.LEE/TAEGYU MR 2.LEE/MINJEONG MS 3 KE 653 Y 10DEC 5 ICNBKK HK2 1905 2320 10DEC E KE/6UB4WJ 4 KE 654 Y 29DEC 3 BKKICN HK2 0100 0830 29DEC E KE/6UB4WJ 5 AP M*010-7777-7777 >XE3 ① --- RLR --- RP/SELK13900/SELK13900 AA/SU 1JUN21/0213Z 6UB4WJ 7777-7712 1.LEE/TAEGYU MR 2.LEE/MINJEONG MS 3 KE 654 Y 29DEC 3 BKKICN HK2 0100 0830 29DEC E KE/6UB4WJ 4 AP M*010-7777-7777	
응답결과 설명	① 3번 여정인 ICN/BKK 구간이 취소됨	

3-3. 일부 승객의 전체 여정 취소 방법

명령어	>XE2	
	명령어 설명	① XE : Cancelled Element(지정 요소 취소 명령어) ② 2: 승객(Passenger) 지정 번호
응답화면	--- RLR --- RP/SELK13900/SELK13900 AA/SU 1JUN21/0213Z 6UB4WJ 7777-7712 1.LEE/TAEGYU MR 2.LEE/MINJEONG MS 3 KE 653 Y 10DEC 5 ICNBKK HK2 1905 2320 10DEC E KE/6UB4WJ 4 KE 654 Y 29DEC 3 BKKICN HK2 0100 0830 29DEC E KE/6UB4WJ 5 AP M*010-7777-7777 6 TK OK01JUN/SELK13900 >XE2 ① --- RLR --- RP/SELK13900/SELK13900 AA/SU 1JUN21/0213Z 6UB4WJ 7777-7712 1.LEE/TAEGYU MR 2 KE 653 Y 10DEC 5 ICNBKK HK1 1905 2320 10DEC E KE/6UB4WJ 3 KE 654 Y 29DEC 3 BKKICN HK1 0100 0830 29DEC E KE/6UB4WJ 4 AP M*010-7777-7777 5 TK OK01JUN/SELK13900	
응답결과 설명	① 두 번째 승객이름이 삭제되면서 전체 여정의 좌석 수도 2석에서 1석으로 변경됨	

4 전체 승객의 일부 여정 변경(Change) 기능(SB)

4-1. 전체 승객의 일부 여정 변경 기능(SB) 의미

전체 승객의 일부 여정 변경(change) 작업은 PNR을 구성하고 있는 전체 승객의 일부 여정을 대상으로 ">SB"(should be-modifying PNR)라는 명령어를 이용하여 항공편명(flight number)/예약등급(booking class)/출발일자(date)를 간편하게 수정 작업을 하는 것을 의미한다.

● ">SB" 기능을 활용한 전체 승객의 일부 여정 변경 명령어

구분		명령어	명령어 기능 설명
여정 Status 변경 (Modifying Itinerary)	Flight Number Change	>SBKE621*4	✓ 4번 여정 "KE621"로 항공편명 변경
	Booking Class change	>SBK4 >SBK	✓ 4번 여정 "K"로 Booking Class 변경 ✓ 여정 미지정 경우, 전 여정의 "Class"가 변경됨
	Date Change	>SB11SEP4	✓ 4번 여정 "11SEP"로 날짜 변경
	Class & Date Change	>SBK11SEP4	✓ 4번 여정 "K Class" 및 "11SEP"로 변경
	여정순서 변경	>RS4,3	✓ 3, 4번 여정을 4, 3번 순으로 변경
	좌석 수 변경	>4/3	✓ 4번 여정을 3좌석으로 변경(저장 이전 가능)

4-2. 전체 승객의 일부 여정 변경 방법(SB)

① 전체 승객 일부 여정의 항공기 편명(Flight Number) 수정 방법

명령어	>SBKE623*3	
	명령어 설명	① SB: Should Be-Modifying PNR (PNR의 여정을 변경하는 기본 명령어) ② KE623 : 변경할 항공기 편명(flight number) ③ 3: 변경하고자 하는 여정번호 지정
응답화면	RP/SELK13900/SELK13900 AA/GS 1JUN21/0223Z 6UB4WJ 7777-7712 1.LEE/TAEGYU MR 2.LEE/MINJEONG MS 3 OZ 701 Y 10NOV 3 ICNMNL HK2 0745 1105 10NOV E OZ/6UB4WJ 4 OZ 702 Y 15NOV 1 MNLICN HK2 1215 1655 15NOV E OZ/6UB4WJ 5 AP M*010-7777-7777 >SBKE623*3 ① --- RLR --- RP/SELK13900/SELK13900 AA/GS 1JUN21/0223Z 6UB4WJ 7777-7712 1.LEE/TAEGYU MR 2.LEE/MINJEONG MS 3 KE 623 Y 10NOV 3 ICNMNL DK2 1835 2145 10NOV E 0 773 D SEE RTSVC 4 OZ 702 Y 15NOV 1 MNLICN HK2 1215 1655 15NOV E OZ/6UB4WJ 5 AP M*010-7777-7777	
응답결과 설명	① 3번 여정(Segment)의 ICN/MNL 구간의 항공편이 OZ701에서 KE623으로 변경됨	

② 전체 승객 일부 여정의 예약등급(Booking Class) 수정 방법

명령어	>SBM4	
	명령어 설명	① SB: Should Be-Modifying PNR(PNR의 여정을 변경하는 기본 명령어) ② M : 변경하고자 하는 예약등급(Booking Class) 지정 ③ 4: 변경하고자 하는 여정번호 지정

응답화면	RP/SELK13900/SELK13900 AA/SU 1JUN21/0224Z 6UB4WJ
	7777-7712
	 1.LEE/TAEGYU MR 2.LEE/MINJEONG MS
	 3 KE 623 Y 10NOV 3 ICNMNL HK2 1835 2145 10NOV E KE/6UB4WJ
	 4 OZ 702 Y 15NOV 1 MNLICN HK2 1215 1655 15NOV E OZ/6UB4WJ
	 5 AP M*010-7777-7777
	
	>SBM4 ①
	
	--- RLR ---
	RP/SELK13900/SELK13900 AA/SU 1JUN21/0224Z 6UB4WJ
	7777-7712
	 1.LEE/TAEGYU MR 2.LEE/MINJEONG MS
	 3 KE 623 Y 10NOV 3 ICNMNL HK2 1835 2145 10NOV E KE/6UB4WJ
	 4 OZ 702 M 15NOV 1 MNLICN DK2 1215 1655 15NOV E 0 744 L
	    OZ ECONOMY CLASS
	    SEE RTSVC
	 5 AP M*010-7777-7777	

응답결과 설명	① 4번 여정(Segment) MNL/ICN 구간의 예약등급(Boooking Class)이 M으로 변경됨	

③ 전체 승객 일부 여정의 출발일자(Date) 수정 방법

명령어	>SB12SEP3	
	명령어 설명	① SB: Should Be-Modifying PNR(PNR의 여정을 변경하는 기본 명령어) ② 12SEP : 변경하고자 하는 출발일자(Date) 지정 ③ 3: 변경하고자 하는 여정번호 지정
응답화면	RP/SELK13900/SELK13900　　　　AA/SU　1JUN21/0224Z　6UB4WJ 7777-7712 　1.LEE/TAEGYU MR　2.LEE/MINJEONG MS 　3 KE 623 Y 10NOV 3 ICNMNL HK2　1835 2145　10NOV　E　KE/6UB4WJ 　4 OZ 702 Y 15NOV 1 MNLICN HK2　1215 1655　15NOV　E　OZ/6UB4WJ 　5 AP M*010-7777-7777 >SB12SEP3 ① --- RLR --- RP/SELK13900/SELK13900　　　　AA/SU　1JUN21/0224Z　6UB4WJ 7777-7712 　1.LEE/TAEGYU MR　2.LEE/MINJEONG MS 　3 KE 623 Y 12SEP 7 ICNMNL DK2　1845 2205　12SEP　E　0 773 D 　　SEE RTSVC 　4 OZ 702 Y 15NOV 1 MNLICN HK2　1215 1655　15NOV　E　OZ/6UB4WJ 　5 AP M*010-7777-7777	
응답결과 설명	① 3번 여정(Segment)의 출발일이 12SEP로 변경됨	

④ 전체 승객 예약등급(Booking Class)과 출발일자(Date) 동시 변경 방법

명령어	>SBK12SEP3	
	명령어 설명	① SB: Should Be-Modifying PNR(PNR의 여정을 변경하는 기본 명령어) ② K : 변경하고자 하는 예약등급(Booking Class) 지정 ③ 12SEP : 변경하고자 하는 출발일자(Date) 지정 ④ 3: 변경하고자 하는 여정번호 지정
응답화면	RP/SELK13900/SELK13900　　　　AA/SU　1JUN21/0224Z　6UB4WJ 7777-7712 　1.LEE/TAEGYU MR　2.LEE/MINJEONG MS 　3 KE 623 Y 10NOV 3 ICNMNL HK2　1835 2145　10NOV　E　KE/6UB4WJ 　4 OZ 702 Y 15NOV 1 MNLICN HK2　1215 1655　15NOV　E　OZ/6UB4WJ 　5 AP M*010-7777-7777 　6 TK OK01JUN/SELK13900 >SBK12SEP3 ① --- RLR --- RP/SELK13900/SELK13900　　　　AA/SU　1JUN21/0224Z　6UB4WJ 7777-7712 　1.LEE/TAEGYU MR　2.LEE/MINJEONG MS 　3 KE 623 K 12SEP 7 ICNMNL DK2　1845 2205　12SEP　E　0 773 D 　　SEE RTSVC 　4 OZ 702 Y 15NOV 1 MNLICN HK2　1215 1655　15NOV　E　OZ/6UB4WJ 　5 AP M*010-7777-7777 　6 TK OK01JUN/SELK13900	
응답결과 설명	① 3번 여정(Segment)의 출발일자가 12SEP로 예약등급(booking class)은 K로 동시에 변경됨	

⑤ 전체 승객 여정순서(Hierarchy Of Itinerary) 변경 방법

명령어	>RS4,3	
	명령어 설명	① RS: Reverse Segment(여정의 위치를 변경하는 기본 명령어) ② 4, 3: 여정의 위치를 변경하고 하는 여정번호(앞에 있는 여정을 뒤의 여정으로 변경함, 즉 4번 여정을 3번 여정으로 변경함)
응답화면	RP/SELK13900/SELK13900　　　　　 AA/SU　1JUN21/0224Z　6UB4WJ 7777-7712 　1.LEE/TAEGYU MR　2.LEE/MINJEONG MS 　3　KE 623 Y 10NOV 3 ICNMNL HK2　1835 2145　10NOV　E　KE/6UB4WJ 　4　OZ 702 Y 15NOV 1 MNLICN HK2　1215 1655　15NOV　E　OZ/6UB4WJ 　5 AP M*010-7777-7777 >RS4,3 ① --- RLR --- RP/SELK13900/SELK13900　　　　　 AA/SU　1JUN21/0224Z　6UB4WJ 7777-7712 　1.LEE/TAEGYU MR　2.LEE/MINJEONG MS 　3　OZ 702 Y 15NOV 1 MNLICN HK2　1215 1655　15NOV　E　OZ/6UB4WJ 　4　KE 623 Y 10NOV 3 ICNMNL HK2　1835 2145　10NOV　E　KE/6UB4WJ 　5 AP M*010-7777-7777	
응답결과 설명	① 3번과 4번의 여정(Segment) 순서가 변경됨	

⑥ 전체 승객 일부 여정의 좌석 수(Number Of Seats) 변경 방법

명령어	>4/3	
	명령어 설명	① 4: 여정번호 ② 3 : 좌석숫자(Number Of Seats)
응답화면	RP/SELK13900/ 　1.LEE/TAEGYU MR　2.LEE/MINJEONG MS 　3　KE 653 C 10NOV 3 ICNBKK DK2　1905 2320　10NOV　E　0 77W D 　　SEE RTSVC 　4　KE 654 B 17NOV 3 BKKICN DK2　0100 0830　17NOV　E　0 77W B 　　SEE RTSVC 　5 AP M*010-8888-8888 >4/3 ① RP/SELK13900/ 　1.LEE/TAEGYU MR　2.LEE/MINJEONG MS 　3　KE 653 C 10NOV 3 ICNBKK DK2　1905 2320　10NOV　E　0 77W D 　　SEE RTSVC 　4　KE 654 B 17NOV 3 BKKICN DK3　0100 0830　17NOV　E　0 77W B 　　SEE RTSVC 　5 AP M*010-8888-8888	
응답결과 설명	① 4번 여정(Segment)의 좌석 수가 2석에서 3석으로 변경됨	

5 일부 승객의 일부 여정 취소 및 수정 방법(PNR 분리(Split) 작업)

일부 승객에 대한 일부 여정의 취소(cancellation) 및 수정(change) 작업을 수행하기 위해서는 우선 ① 기존의 부모-PNR(parent-PNR)을 조회하여, ② PNR 내 여러 승객 중에서 수정하고자 하는 승객만을 parent-PNR로부터 분리하는 작업을 수행하는 것을 일부 승객에 대한 일부 여정의 취소 및 수정 작업을 하기 위한 1단계 작업(PNR-split)이라고 한다. 이후 2단계 작업은 ③ parent-PNR로부터 분리된 자식-PNR(split된 PNR: descendent-PNR)을 조회한 후, ④ 해당 여정을 취소하거나 수정하는 작업을 하면 일부 승객의 일부 여정 취소 및 수정 작업은 모두 마무리된다. 계속해서 3단계 작업은 ⑤ 기존의 부모-PNR을 조회한 후, ⑥ 부모-PNR에서 분리한 후, 필요 작업을 수행한 자식-PNR을 조회하는 단계로 1~2단계는 반드시 수행해야 하는 작업인 반면 3단계는 필요시에만 수행하는 작업 단계이다.

● 일부 승객의 일부 여정 취소 및 수정 작업 위한 1~2단계 작업 과정

PNR 분리 및 취소/수정 작업 단계	과정별 필요 명령어	명령어 설명
1단계 작업 (PNR Split 작업)	>RT0234-2345 >SP2 >EF >EF >RFP (or >RFPAX) >ER >ER	1. PNR 번호(234-2345) 승객 조회 2. 2번 승객 분리(Associate PNR 생성) 3. Associate PNR 저장(Parent PNR Display) 4. 요청자 이름 명기(Received Element) 5. 작업 완료(Parent PNR 저장)
2단계 작업 (여정 취소 및 수정 작업)	>RT7099-2813 >SB11OCT3 >ER >ER	1. 분리(Split)된 PNR 번호(7099-2813) 조회 2. 3번 여정 "11SEP"로 날짜 변경 3. 작업 완료
3단계 작업 (분리 PNR 조회)	>RT0234-2345 >RTAXR >RT2	1. PNR 번호(234-2345) 승객 조회 2. Parent PNR에서 분리된 PNR Address 검색 3. ">RTAXR" 검색된 두 번째 승객의 PNR 조회

5-1. 일부 승객의 일부 여정 취소 방법(XE 기능 활용)

● 1단계 작업(PNR Split 작업)

명령어	>RT0234-2350	
	명령어 설명	① RT : PNR 조회 실행 명령어(Retrieve) ② 0234-2350 : 조회하고자 하는 예약번호(Reservation Number) 지정
응답화면	>RT0234-2350 ① --- RLR --- RP/SELK13900/SELK13900 AA/SU 1JUN21/0245Z 6UOCND 0234-2350 1.LEE/TAEGYU MR 2.LEE/JIWON MS 3 KE 901 S 10NOV 3 ICNCDG HK2 1400 1830 10NOV E KE/6UOCND 4 KE 902 M 17NOV 3 CDGICN HK2 2100 1555 18NOV E KE/6UOCND 5 AP M*010-0234-2345		
응답결과 설명	* 기존에 만들어진 예약번호 0234-2350인 PNR 조회함		
명령어	>SP2	
	명령어 설명	① SP : Split 명령어 ② 2 : 2번 승객 지정

응답화면	>SP2
	
	--- RLR ---
	-ASSOCIATE PNR- ①
	RP/SELK13900/SELK13900 AA/SU 1JUN21/0245Z XXXXXX
	 1.LEE/JIWON MS ②
	 2 KE 901 S 10NOV 3 ICNCDG HK1 1400 1830 10NOV E KE/6UOCND
	 3 KE 902 M 17NOV 3 CDGICN HK1 2100 1555 18NOV E KE/6UOCND
	 4 AP M*010-0234-2345
	 5 TK OK01JUN/SELK13900
	 6 OPW SELK13900-14JUN:1900/1C7/KE REQUIRES TICKET ON OR BEFORE
	     15JUN:1900 ICN TIME ZONE/TKT/S2-3
	  * SP 01JUN/AAGS/SELK13900-6UOCND ③		

응답결과 설명	① 예약번호 0234-2350에서 분리된 연계 PNR이라는 표식 ② 예약번호 0234-2350에서 2번 승객만 분리되어 나옴 ③ Split한 일자(01JUN), 작업자(AAGS), 작업 ID(SELK13900-6UOCND) 표시		

→ 다음 페이지에 계속

명령어	>EF >EF
	명령어 설명 ① EF : 분리된 PNR 저장 명령어 ② EF : Warning 메시지가 표출된 후, 다시 한번 해당 Entry를 입력함

응답화면	>EF
	>EF
	--- RLR ---
	-PARENT PNR-
	RP/SELK13900/SELK13900 AA/SU 1JUN21/0245Z 6UOCND
	0234-2350
	 1.LEE/TAEGYU MR
	 2 KE 901 S 10NOV 3 ICNCDG HK1 1400 1830 10NOV E KE/6UOCND
	 3 KE 902 M 17NOV 3 CDG
	     PARIS, CHARLES DE GAULLE
	     ICN HK1 2100 1555 18NOV E KE/6UOCND
	 4 AP M*010-0234-2345
	 5 TK OK01JUN/SELK13900
	 6 OPW SELK13900-14JUN:1900/1C7/KE REQUIRES TICKET ON OR BEFORE
	     15JUN:1900 ICN TIME ZONE/TKT/S2-3
	 * SP 01JUN/AAGS/SELK13900-6UWRFP

응답결과 설명	* 부모-PNR(Parent-PNR)에서 1명의 승객을 분리(Split)한 후 자식-PNR(Split된 PNR: descendent -PNR)의 작업을 완료하기 위한 명령어(본 명령어를 입력하면 다시 부모-PNR(Parent-PNR)로 돌아옴)

명령어	>RFP (or >RFPAX)
	명령어 설명 ① RF : Received From ② PAX : 예약 요청자 이름

응답화면	>RFP RP/SELK13900/SELK13900 AA/GS 1JUN21/0256Z 6UOCND 0234-2350 RF P 1.LEE/TAEGYU MR 2 KE 901 S 10NOV 3 ICNCDG HK1 1400 1830 10NOV E KE/6UOCND 3 KE 902 M 17NOV 3 CDGICN HK1 2100 1555 18NOV E KE/6UOCND 4 AP M*010-0234-2345 5 TK OK01JUN/SELK13900 6 OPW SELK13900-14JUN:1900/1C7/KE REQUIRES TICKET ON OR BEFORE 15JUN:1900 ICN TIME ZONE/TKT/S2-3 * SP 01JUN/AAGS/SELK13900-6UWRFP
응답결과 설명	* 부모-PNR(Parent-PNR)에 일부 승객, 일부 여정 변경 요청자의 이름을 입력하면 PNR 번호 아래에 "RFP" 형태로 변경 요청자의 이름이 입력됨

→ 다음 페이지에 계속

명령어	>ER >ER	
	명령어 설명	① ER : 수정 PNR 작성 완료 명령어(Original Or Parent PNR 저장) ② ER: PNR 작성 완료 명령어(Warning 메시지가 표출되면 해당 Entry를 한 번 더 입력)

응답화면	>ER
	>ER
	
	--- AXR RLR ---
	RP/SELK13900/SELK13900 AA/GS 1JUN21/0256Z 6UOCND
	0234-2350
	 1.LEE/TAEGYU MR
	 2 KE 901 S 10NOV 3 ICNCDG HK1 1400 1830 10NOV E KE/6UOCND
	 3 KE 902 M 17NOV 3 CDGICN HK1 2100 1555 18NOV E KE/6UOCND
	 4 AP M*010-0234-2345
	 5 TK OK01JUN/SELK13900
	 6 OPW SELK13900-14JUN:1900/1C7/KE REQUIRES TICKET ON OR BEFORE
	       15JUN:1900 ICN TIME ZONE/TKT/S2-3
	 7 OPC SELK13900-15JUN:1900/1C8/KE CANCELLATION DUE TO NO
	       TICKET ICN TIME ZONE/TKT/S2-3
	 * SP 01JUN/AAGS/SELK13900-6UWRFP ①		

응답결과 설명	* 부모-PNR(Parent-PNR)에 1단계 분리작업을 완료하면, 부모-PNR(Parent-PNR)에서 분리(Split) 된 자식-PNR(Split된 PNR: descendent-PNR)의 예약번호(6UWRFP)가 맨 하단에 표시됨	

 Memo

● 2단계 작업(여정 취소-Cancellation 작업)

명령어	>RT6UWRFP
	명령어 설명 ① RT : PNR 조회 실행 명령어(Retrieve) ② 6UWRFP : 1단계 분리작업으로, 부모-PNR(Parent-PNR)에서 분리(Split)된 자식-PNR(Split된 PNR: descendent-PNR)의 예약번호(6UWRFP) 지정
응답화면	>RT6UWRFP --- AXR RLR --- RP/SELK13900/SELK13900 AA/GS 1JUN21/0256Z 6UWRFP 0234-2351 1.LEE/JIWON MS 2 KE 901 S 10NOV 3 ICNCDG HK1 1400 1830 10NOV E KE/6UWRFP 3 KE 902 M 17NOV 3 CDGICN HK1 2100 1555 18NOV E KE/6UWRFP 4 AP M*010-0234-2345 5 TK OK01JUN/SELK13900 --------------------이하 내용 생략-------------------- * SP 01JUN/AAGS/SELK13900-6UOCND
응답결과 설명	* 1단계 분리작업으로 부모-PNR(Parent-PNR)에서 분리(Split)된 자식-PNR(Split된 PNR: descendent-PNR)를 조회한 화면
명령어	>XE3
	명령어 설명 ① XE : Cancelled Element(지정 요소 취소 명령어) ② 3 : 요소번호(3번 여정(Segment)) 지정
응답화면	>XE3 --- AXR RLR --- RP/SELK13900/SELK13900 AA/GS 1JUN21/0256Z 6UWRFP 0234-2351 1.LEE/JIWON MS 2 KE 901 S 10NOV 3 ICNCDG HK1 1400 1830 10NOV E KE/6UWRFP 3 AP M*010-0234-2345 4 TK OK01JUN/SELK13900 --------------------이하 내용 생략-------------------- * SP 01JUN/AAGS/SELK13900-6UOCND
응답결과 설명	* 3번 여정인 CDGICN 구간이 취소된 PNR
명령어	>ER >ER
	명령어 설명 ① ER : 수정 PNR 작성 완료 명령어(PNR 작업이 완료 된 후 작업 화면에 완성된 PNR이 보임) ② ER: PNR 작성 완료 명령어(Warning 메시지가 표출되면 해당 Entry를 한 번 더 입력)
응답화면	>ER >ER --- AXR RLR --- RP/SELK13900/SELK13900 AA/GS 1JUN21/0321Z 6UWRFP 0234-2351 1.LEE/JIWON MS 2 KE 901 S 10NOV 3 ICNCDG PARIS, CHARLES DE GAULLE HK1 1400 1830 10NOV E KE/6UWRFP 3 AP M*010-0234-2345 4 TK OK01JUN/SELK13900 --------------------이하 내용 생략-------------------- * SP 01JUN/AAGS/SELK13900-6UOCND
응답결과 설명	* 관련 작업이 완전히 해당 PNR에 적용 완료된 상태의 PNR

● 3단계 작업(분리 PNR 조회 작업)

명령어	>RT0234-2350
	명령어 설명 ① RT : PNR 조회 실행 명령어(Retrieve) ② 0234-2350 : 조회하고자 하는 예약번호(Reservation Number) 지정

응답화면	>RT0234-2350
	
	--- AXR RLR ---
	RP/SELK13900/SELK13900 AA/GS 1JUN21/0256Z 6UOCND
	0234-2350
	  1.LEE/TAEGYU MR
	  2 KE 901 S 10NOV 3 ICNCDG HK1 1400 1830 10NOV E KE/6UOCND
	  3 KE 902 M 17NOV 3 CDGICN HK1 2100 1555 18NOV E KE/6UOCND
	  4 AP M*010-0234-2345
	  5 TK OK01JUN/SELK13900
	  6 OPW SELK13900-14JUN:1900/1C7/KE REQUIRES TICKET ON OR BEFORE
	      15JUN:1900 ICN TIME ZONE/TKT/S2-3
	  7 OPC SELK13900-15JUN:1900/1C8/KE CANCELLATION DUE TO NO
	      TICKET ICN TIME ZONE/TKT/S2-3
	  * SP 01JUN/AAGS/SELK13900-6UWRFP

응답결과 설명	* 부모-PNR에서 분리(Split)된 자식-PNR(Split된 PNR)에서 모든 작업이 완료된 부모-PNR
명령어	>RTAXR
	명령어 설명 ① RT : PNR 조회 실행 명령어(Retrieve) ② AXR : Split PNR(부모-PNR(Parent-PNR)에서 분리(Split)된 자식-PNR(Split 된 PNR: Descendent-PNR))
응답화면	>RTAXR AXR FOR PNR: 6UOCND 01JUN 1232 1.LEE/JIWON MS 1 6UWRFP ① 2.LEE/TAEGYU M- 1 * ②
응답결과 설명	* Split PNR LIST ① Split, 분리된 PNR 정보 ② 현재 PNR 정보
명령어	>RT1
	명령어 설명 ① RT : PNR 조회 실행 명령어(Retrieve) ② 1 : ">RTAXR" 명령어로 조회된 Split PNR List Number

응답화면	>RT1
	
	--- AXR RLR ---
	RP/SELK13900/SELK13900 AA/GS 1JUN21/0321Z 6UWRFP
	0234-2351
	  1.LEE/JIWON MS
	  2 KE 901 S 10NOV 3 ICNCDG
	      PARIS, CHARLES DE GAULLE
	      HK1 1400 1830 10NOV E KE/6UWRFP
	  3 AP M*010-0234-2345
	  4 TK OK01JUN/SELK13900
	  5 OPW SELK13900-14JUN:1900/1C7/KE REQUIRES TICKET ON OR BEFORE
	      15JUN:1900 ICN TIME ZONE/TKT/S2
	  6 OPC SELK13900-15JUN:1900/1C8/KE CANCELLATION DUE TO NO
	      TICKET ICN TIME ZONE/TKT/S2
	  * SP 01JUN/AAGS/SELK13900-6UOCND

응답결과 설명	* ">RTAXR" 명령어로 조회된 Split PNR List Number 중에서 첫 번째 PNR이 조회됨

5-2. 일부 승객의 일부 여정 변경 방법(SB 기능 활용)

● 1단계 작업(PNR Split 작업)

명령어	>RT0234-2350
	명령어 설명 ① RT : PNR 조회 실행 명령어(Retrieve) ② 0234-2350 : 조회하고자 하는 예약번호(Reservation Number) 지정
응답화면	>RT0234-2350 ① -- RLR --- RP/SELK13900/SELK13900 AA/SU 1JUN21/02457 6UOCND 0234-2350 1.LEE/TAEGYU MR 2.LEE/JIWON MS 3 KE 901 S 10NOV 3 ICNCDG HK2 1400 1830 10NOV E KE/6UOCND 4 KE 902 M 17NOV 3 CDGICN HK2 2100 1555 18NOV E KE/6UOCND 5 AP M*010-0234-2345 6 TK OK01JUN/SELK13900
응답결과 설명	* 기존에 만들어진 예약번호 0234-2350인 PNR 조회함
명령어	>SP2
	명령어 설명 ① SP : Split 명령어 ② 2 : 2번 승객 지정

응답화면	>SP2
	
	--- RLR ---
	-ASSOCIATE PNR- ①
	RP/SELK13900/SELK13900 AA/SU 1JUN21/0245Z XXXXXX
	 1.LEE/JIWON MS ②
	 2 KE 901 S 10NOV 3 ICNCDG HK1 1400 1830 10NOV E KE/6UOCND
	 3 KE 902 M 17NOV 3 CDGICN HK1 2100 1555 18NOV E KE/6UOCND
	 4 AP M*010-0234-2345
	 5 TK OK01JUN/SELK13900
	 6 OPW SELK13900-14JUN:1900/1C7/KE REQUIRES TICKET ON OR BEFORE
	    15JUN:1900 ICN TIME ZONE/TKT/S2-3
	  * SP 01JUN/AAGS/SELK13900-6UOCND ③

응답결과 설명	① 예약번호 0234-2350에서 분리된 연계 PNR이라는 표식 ② 예약번호 0234-2350에서 2번 승객만 분리되어 나옴 ③ Split한 일자(01JUN), 작업자(AAGS), 작업 ID(SELK13900-6UOCND) 표시
명령어	>EF >EF
	명령어 설명 ① EF : 분리된 PNR 저장 명령어 ② EF : Warning 메시지가 표출된 후, 다시 한번 해당 Entry를 입력함

응답화면	>EF >EF --- RLR --- -PARENT PNR- RP/SELK13900/SELK13900 AA/SU 1JUN21/0245Z 6UOCND 0234-2350 1.LEE/TAEGYU MR 2 KE 901 S 10NOV 3 ICNCDG HK1 1400 1830 10NOV E KE/6UOCND 3 KE 902 M 17NOV 3 CDG PARIS, CHARLES DE GAULLE ICN HK1 2100 1555 18NOV E KE/6UOCND 4 AP M*010-0234-2345 5 TK OK01JUN/SELK13900 6 OPW SELK13900-14JUN:1900/1C7/KE REQUIRES TICKET ON OR BEFORE 15JUN:1900 ICN TIME ZONE/TKT/S2-3 * SP 01JUN/AAGS/SELK13900-6UWRFP
응답결과 설명	* 부모-PNR(Parent-PNR)에서 1명의 승객을 분리(Split)한 후 자식-PNR(Split된 PNR: Descendent- PNR)의 작업을 완료하기 위한 명령어(본 명령어를 입력하면 다시 부모-PNR(Parent-PNR)로 돌아옴)

명령어	>RFP (or >RFPAX)	
	명령어 설명	① RF : Received From ② PAX : 예약 요청자 이름

응답화면	>RFP RP/SELK13900/SELK13900 AA/GS 1JUN21/0256Z 6UOCND 0234-2350 RF P 1.LEE/TAEGYU MR 2 KE 901 S 10NOV 3 ICNCDG HK1 1400 1830 10NOV E KE/6UOCND 3 KE 902 M 17NOV 3 CDGICN HK1 2100 1555 18NOV E KE/6UOCND 4 AP M*010-0234-2345 5 TK OK01JUN/SELK13900 6 OPW SELK13900-14JUN:1900/1C7/KE REQUIRES TICKET ON OR BEFORE 15JUN:1900 ICN TIME ZONE/TKT/S2-3 * SP 01JUN/AAGS/SELK13900-6UWRFP
응답결과 설명	* 부모-PNR(Parent-PNR)에 일부 승객, 일부 여정 변경 요청자의 이름을 입력하면 PNR 번호 아래에 "RFP" 형태로 변경 요청자의 이름이 입력됨

명령어	>ER >ER	
	명령어 설명	① ER : 수정 PNR 작성 완료 명령어(Original Or Parent PNR 저장) ② ER: PNR 작성 완료 명령어(Warning 메시지가 표출되면 해당 Entry를 한 번 더 입력)

→ 다음 페이지에 계속

응답화면	>ER
	>ER
	
	--- AXR RLR ---
	RP/SELK13900/SELK13900 AA/GS 1JUN21/0256Z 6UOCND
	0234-2350
	 1.LEE/TAEGYU MR
	 2 KE 901 S 10NOV 3 ICNCDG HK1 1400 1830 10NOV E KE/6UOCND
	 3 KE 902 M 17NOV 3 CDGICN HK1 2100 1555 18NOV E KE/6UOCND
	 4 AP M*010-0234-2345
	 5 TK OK01JUN/SELK13900
	 6 OPW SELK13900-14JUN:1900/1C7/KE REQUIRES TICKET ON OR BEFORE
	     15JUN:1900 ICN TIME ZONE/TKT/S2-3
	 7 OPC SELK13900-15JUN:1900/1C8/KE CANCELLATION DUE TO NO
	     TICKET ICN TIME ZONE/TKT/S2-3
	* SP 01JUN/AAGS/SELK13900-6UWRFP ①

응답결과 설명	* 부모-PNR(Parent-PNR)에 1단계 분리작업을 완료하면, 부모-PNR(Parent-PNR)에서 분리(Split) 된 자식-PNR(Split된 PNR: Descendent-PNR)의 예약번호(6UWRFP)가 맨 하단에 표시됨

Memo

● 2단계 작업(여정 변경-Change 작업)

명령어	>RT6UWRFP	
	명령어 설명	① RT : PNR 조회 실행 명령어(Retrieve) ② 6UWRFP : 1단계 분리작업으로, 부모-PNR(Parent-PNR)에서 분리(Split)된 자식-PNR(Split된 PNR: Descendent-PNR)의 예약번호(6UWRFP) 지정

응답화면	>RT6UWRFP
	
	--- AXR RLR ---
	RP/SELK13900/SELK13900 AA/GS 1JUN21/0256Z 6UWRFP
	0234-2351
	  1.LEE/JIWON MS
	  2 KE 901 S 10NOV 3 ICNCDG HK1 1400 1830 10NOV E KE/6UWRFP
	  3 KE 902 M 17NOV 3 CDGICN HK1 2100 1555 18NOV E KE/6UWRFP
	  4 AP M*010-0234-2345
	  5 TK OK01JUN/SELK13900
	-------------------이하 내용 생략---------------------
	* SP 01JUN/AAGS/SELK13900-6UOCND	

응답결과 설명	* 1단계 분리작업으로 부모-PNR(Parent-PNR)에서 분리(Split)된 자식-PNR(Split된 PNR: Descendent-PNR)를 조회한 화면	
명령어	>SB10DEC3	
	명령어 설명	① SB: Should Be-Modifying PNR(PNR의 여정을 변경하는 기본 명령어) ② 10DEC : 변경하고자 하는 출발일자(Date) 지정 ③ 3: 변경하고자 하는 여정번호 지정

응답화면	>SB10OCT3
	RP/SELK13900/SELK13900 AA/SU 1JUN21/0352Z 6UWRFP
	0234-2351
	  1.LEE/JIWON MS
	  2 KE 901 S 10NOV 3 ICNCDG HK1 1400 1830 10NOV E KE/6UWRFP
	  3 KE 902 M 10DEC 3 CDGICN HK1 2100 1555 18NOV E KE/6UWRFP
	  4 AP M*010-0234-2345
	  5 TK OK01JUN/SELK13900
	-------------------이하 내용 생략---------------------
	* SP 01JUN/AAGS/SELK13900-6UOCND	

응답결과 설명	① 3번 Segment(돌아오는 여정)의 일자가 10DEC로 변경됨	
명령어	>ER >ER	
	명령어 설명	① ER : 수정 PNR 작성 완료 명령어(PNR 작업이 완료 된 후 작업 화면에 완성된 PNR이 보임) ② ER: PNR 작성 완료 명령어(Warning 메시지가 표출되면 해당 Entry를 한 번 더 입력)

응답화면	>ER
	>ER
	RP/SELK13900/SELK13900 AA/GS 1JUN21/0401Z 6UWRFP
	0234-2351
	  1.LEE/JIWON MS
	  2 KE 902 M 11OCT 1 CDGICN HK1 2100 1500 12OCT E KE/6UWRFP
	  3 KE 901 S 10DEC 5 ICNCDG HK1 1400 1830 10DEC E KE/6UWRFP
	  4 AP M*010-0234-2345
	  5 TK OK01JUN/SELK13900
	-------------------이하 내용 생략---------------------
	* SP 01JUN/AAGS/SELK13900-6UOCND	

응답결과 설명	* 관련 작업이 완전히 해당 PNR에 적용 완료된 상태의 PNR	

● 3단계 작업(분리 PNR 조회 작업)

명령어	>RT0234-2350	
	명령어 설명	① RT : PNR 조회 실행 명령어(Retrieve) ② 0234-2350 : 조회하고자 하는 예약번호(Reservation Number) 지정

응답화면	>RT0234-2350
	
	--- AXR RLR ---
	RP/SELK13900/SELK13900 AA/GS 1JUN21/0256Z 6UOCND
	0234-2350
	  1.LEE/TAEGYU MR
	  2 KE 901 S 10NOV 3 ICNCDG HK1 1400 1830 10NOV E KE/6UOCND
	  3 KE 902 M 17NOV 3 CDGICN HK1 2100 1555 18NOV E KE/6UOCND
	  4 AP M*010-0234-2345
	  5 TK OK01JUN/SELK13900
	  6 OPW SELK13900-14JUN:1900/1C7/KE REQUIRES TICKET ON OR BEFORE
	     15JUN:1900 ICN TIME ZONE/TKT/S2-3
	  7 OPC SELK13900-15JUN:1900/1C8/KE CANCELLATION DUE TO NO
	     TICKET ICN TIME ZONE/TKT/S2-3
	 * SP 01JUN/AAGS/SELK13900-6UWRFP		

응답결과 설명	* 부모-PNR에서 분리(Split)된 자식-PNR(Split된 PNR)에서 모든 작업이 완료된 부모-PNR	
명령어	>RTAXR	
	명령어 설명	① RT : PNR 조회 실행 명령어(Retrieve) ② AXR : Split PNR (부모-PNR(Parent-PNR)에서 분리(Split)된 자식-PNR(Split된 PNR: Descendent-PNR))
응답화면	>RTAXR AXR FOR PNR: 6UOCND 01JUN 1232 1.LEE/JIWON MS 1 6UWRFP ① 2.LEE/TAEGYU M- 1 * ②		
응답결과 설명	* Split PNR LIST ① Split , 분리된 PNR 정보 ② 현재 PNR 정보	
명령어	>RT1	
	명령어 설명	① RT : PNR 조회 실행 명령어(Retrieve) ② 1 : ">RTAXR" 명령어로 조회된 Split PNR List Number

응답화면	>RT1
	
	RP/SELK13900/SELK13900 AA/SU 1JUN21/0352Z 6UWRFP
	0234-2351
	  1.LEE/JIWON MS
	  2 KE 901 S 10NOV 3 ICNCDG HK1 1400 1830 10NOV E KE/6UWRFP
	  3 KE 902 M 10DEC 3 CDGICN HK1 2100 1555 18NOV E KE/6UWRFP
	  4 AP M*010-0234-2345
	  5 TK OK01JUN/SELK13900
	  6 OPW SELK13900-14JUN:1900/1C7/KE REQUIRES TICKET ON OR BEFORE
	     15JUN:1900 ICN TIME ZONE/TKT/S2-3
	  7 OPC SELK13900-15JUN:1900/1C8/KE CANCELLATION DUE TO NO
	     TICKET ICN TIME ZONE/TKT/S2-3
	 * SP 01JUN/AAGS/SELK13900-6UOCND		

응답결과 설명	* ">RTAXR" 명령어로 조회된 Split PNR List Number 중에서 첫 번째 PNR이 조회됨	

6 🎫 일부 승객 추가 방법(PNR Copy)

일부 승객이 기존 PNR과 동일한 여정으로 여행을 하고자 할 때, 이미 만들어진 PNR에 승객을 추가할 수가 없기 때문에 기존 PNR을 복사(PNR Copy)하는 ">RR" 기능을 활용하여 기존 승객의 PNR의 일부(여정 또는 기타 정보) 또는 전체를 복사(Copy)한 후 승객의 이름 및 전화번호만을 추가하여 또 다른 PNR을 간편하게 만드는 기능을 의미한다.

6-1. PNR 복사(Copy) 방법

사전 작업	기능	명령어	명령어 설명
PNR 조회 이후 (>RT 2345-2678)	여정만 Copy	>RRI	✓ Record Replica Itinerary: 여정만 복사
	여정 포함 모든 정보 Copy	>RRN	✓ Record Replica No name: 이름을 제외한 모든 정보 복사
		>RRN/1	✓ RRN+좌석 수 기존 여정의 좌석 수를 "1석"으로 변경 복사
		>RRN/CK	✓ RRN+Booking Class "K"로 변경하여 복사
		>RRN/S3	✓ RRN+Segment "3번"만 복사
		>RRN/P2,4	✓ RRN+PAX 번호 2, 4번의 승객명도 함께 복사
		>RRN/S3D13DEC	✓ RRN+Segment "3번"의 날짜를 13DEC로 변경 복사
		>RRN/S3CK	✓ RRN+Segment "3번"의 Booking Class를 "K"로 변경하여 복사

* 현업에서 가장 많이 사용하는 명령어는 '>RRI'임

6-2. PNR 복사(Copy)하여 또 다른 승객의 PNR을 작성하는 방법

명령어	>RT0234-2350	
	명령어 설명	① RT : PNR 조회 실행 명령어(Retrieve) ② 0234-2350 : 예약번호(Reservation Number)
응답화면	>RT0234-2350 RP/SELK13900/SELK13900　　　　AA/GS　1JUN21/0256Z　6UOCND 0234-2350 　1.LEE/TAEGYU MR 　2 KE 901 S 10NOV 3 ICNCDG HK1　1400 1830　10NOV　E　KE/6UOCND 　3 KE 902 M 17NOV 3 CDGICN HK1　2100 1555　18NOV　E　KE/6UOCND 　4 AP M*010-0234-2345 　5 TK OK01JUN/SELK13900 　6 OPW SELK13900-14JUN:1900/1C7/KE REQUIRES TICKET ON OR BEFORE 　　　15JUN:1900 ICN TIME ZONE/TKT/S2-3 　7 OPC SELK13900-15JUN:1900/1C8/KE CANCELLATION DUE TO NO 　　　TICKET ICN TIME ZONE/TKT/S2-3 * SP 01JUN/AAGS/SELK13900-6UWRFP	
응답결과 설명	* 11월 10일 ICN/CDG, 11월 17일 CDG/ICN 구간에 KE 항공편으로 이미 1명이 예약된 PNR 조회	
명령어	>RRI	
	명령어 설명	RRI : ITIN ONLY COPY
응답화면	>RRI -IGNORED 6UOCND- RP/SELK13900/ 　1 KE 901 S 10NOV 3 ICNCDG DK1　1400 1830　10NOV　E　0 388 LD 　　BLOCKSPACE CODESHARE FLIGHT 　　SEE RTSVC 　2 KE 902 M 17NOV 3 CDGICN DK1　2100 1555　18NOV　E　0 388 DB 　　BLOCKSPACE CODESHARE FLIGHT 　　SEE RTSVC *TRN*	
응답결과 설명	* 예약번호 0234-2350 PNR에서 여정만을 복사(Copy)한 상태임	

→ 다음 페이지에 계속

명령어		>NM1 KIM/MALJAMS >APM-010-2323-2323/P1 >ER >ER
	명령어 설명	① NM : 이름 작성 기본 명령어, 1 : 승객 수, KIM/MALJA : 성/이름, MS : 여자 성인의 Title ② AP : Advice Phone Number(전화번호 입력하기 위한 기본 명령어), M : Mobile Phone, 010-2323-2323 : 승객의 휴대폰 번호, P1 : 이름으로 작성된 승객의 요소 번호(휴대폰 번호 해당 승객) ③ ER : PNR 작성 완료 명령어 : End of Transaction and Retrieve PNR(PNR 작업이 완료된 후 작업 화면에 완성된 PNR이 보임)
응답화면		>NM1 KIM/MALJAMS >APM-010-2323-2323/P1 >ER >ER RP/SELK13900/SELK13900 AA/GS 1JUN21/0418Z 6W8WLB 2323-2343 1.KIM/MALJAMS 2 KE 901 S 10NOV 3 ICNCDG HK1 1400 1830 10NOV E KE/6W8WLB 3 KE 902 M 17NOV 3 CDGICN HK1 2100 1555 18NOV E KE/6W8WLB 4 APM 010-2323-2323 5 TK OK01JUN/SELK13900
응답결과 설명		* 기존 PNR에서 여정을 복사한 후, KIM/MALJA MS 승객의 이름 및 연락처만을 입력하여 기존 PNR과 동일한 또 하나의 PNR를 작성함

7 기타 요소 변경 및 취소 방법

최초에 PNR을 작성할 때, 승객 이름(passenger name), 여정(itinerary), 전화번호(phone number) 및 각종 data(OSI/SSR-Filed) 등을 입력하면 자동으로 요소번호(element number)가 생성된다. 이후 기존에 작성된 특정 요소를 취소해야만 할 때 ">XE" 명령어에 해당 요소번호를 지정하면 지정된 요소가 삭제된다. 따라서 관련 실습을 전화번호(AP-fact), OSI/SSR-field, remark 및 TK-field 등의 요소번호를 예시로 수행해보자.

7-1. 전화번호(AP-Fact) 승객연계번호 변경 및 취소 방법

일반적으로 전화번호(AP-fact) 승객연계번호 변경 및 취소 작업은 2명 이상의 승객이 함께 여행하는 경우, 최초 PNR 작성 시, 승객 연계번호를 잘못 입력하였거나, PNR 완료(EOT)작업 과정에서 전화번호(adviced phone number)-fact 입력 형식이 잘못되어 에러(error) 메시지가 발생하면, 전화번호와 연계되어 있는 승객 번호를 삭제하거나 수정할 때 본 작업을 수행한다.

● 전화번호(AP-Fact)에서 승객연계번호 취소 실습

명령어	>RT7777-7712	
	명령어 설명	① RT : PNR 조회 실행 명령어(Retrieve) ② 7777-7712 : 예약번호(Reservation Number)
응답화면	>RT7777-7712 RP/SELK13900/SELK13900 AA/GS 1JUN21/0429Z 6UB4WJ 7777-7712 1.LEE/TAEGYU MR 2.LEE/MINJEONG MS 3 KE 623 Y 10NOV 3 ICNMNL HK2 1835 2145 10NOV E KE/6UB4WJ 4 OZ 702 Y 15NOV 1 MNLICN HK2 1215 1655 15NOV E OZ/6UB4WJ 5 AP M*010-7777-7777 6 AP M*010-8888-8888/P2 7 AP E*HAIBLUE@NAVER.COM/P1 8 AP B*02-753-8569/P1	
응답결과 설명	* 11월 10일 KE623 ICN/MNL, 11월 15일 OZ702 MNL/ICN 항공편으로 2명이 예약된 PNR 조회	

명령어	>6/P	
	명령어 설명	① 6 : PNR 내 요소번호(Element Line Number) ② /P : 6번으로 지정된 요소번호의 승객번호 삭제
응답화면	>6/P P/SELK13900/SELK13900　　　AA/GS　1JUN21/0429Z　6UB4WJ 7777-7712 　1.LEE/TAEGYU MR　2.LEE/MINJEONG MS 　3　KE 623 Y 10NOV 3 ICNMNL HK2　1835 2145　10NOV　E　KE/6UB4WJ 　4　OZ 702 Y 15NOV 1 MNLICN HK2　1215 1655　15NOV　E　OZ/6UB4WJ 　5 AP M*010-7777-7777 　6 AP M*010-8888-8888 ① 　7 AP E*HAIBLUE@NAVER.COM/P1 　8 AP B*02-753-8569/P1	
응답결과 설명	* 6번 요소번호에서 응답화면 ①과 같이 기존에 지정된 휴대폰 번호에 2번 승객 지정 취소됨	

● 전화번호(AP-Fact) 승객연계번호 변경 실습

명령어	>RT7777-7712	
	명령어 설명	① RT : PNR 조회 실행 명령어(Retrieve) ② 7777-7712 : 예약번호(Reservation Number)
응답화면	>RT7777-7712 RP/SELK13900/SELK13900　　　AA/GS　1JUN21/0429Z　6UB4WJ 7777-7712 　1.LEE/TAEGYU MR　2.LEE/MINJEONG MS 　3　KE 623 Y 10NOV 3 ICNMNL HK2　1835 2145　10NOV　E　KE/6UB4WJ 　4　OZ 702 Y 15NOV 1 MNLICN HK2　1215 1655　15NOV　E　OZ/6UB4WJ 　5 AP M*010-7777-7777 　6 AP M*010-8888-8888/P2 　7 AP E*HAIBLUE@NAVER.COM/P1 　8 AP B*02-753-8569/P1 　9 TK OK01JUN/SELK13900 10 SSR VGML OZ HK1/S4/P1 11 SSR WCHR KE HK1/S3/P2 12 OSI KE CIP X CEO OF SAMSUNG/P1 13 OSI KE VIP X MAYOR OF INCHEON-CITY /P2 14 OPW SELK13900-14JUN:1900/1C7/KE REQUIRES TICKET ON OR BEFORE 　　　15JUN:1900 ICN TIME ZONE/TKT/S3 15 OPC SELK13900-15JUN:1900/1C8/KE CANCELLATION DUE TO NO 　　　TICKET ICN TIME ZONE/TKT/S3/P1-2	
응답결과 설명	* 11월 10일 KE623 ICN/MNL, 11월 15일 OZ702 MNL/ICN 항공편으로 2명이 예약된 PNR 조회	

→ 다음 페이지에 계속

명령어	>6/P1	
	명령어 설명	① 6 : PNR 내 요소번호(Element Line Number) ② /P1 : 지정된 승객번호 삭제 후 1번 승객으로 입력

응답화면	>6/P1
	
	RP/SELK13900/SELK13900 AA/GS 1JUN21/0429Z 6UB4WJ
	7777-7712
	 1.LEE/TAEGYU MR 2.LEE/MINJEONG MS
	 3 KE 623 Y 10NOV 3 ICNMNL HK2 1835 2145 10NOV E KE/6UB4WJ
	 4 OZ 702 Y 15NOV 1 MNLICN HK2 1215 1655 15NOV E OZ/6UB4WJ
	 5 AP M*010-7777-7777
	 6 AP M*010-8888-8888/P1 ①
	 7 AP E*HAIBLUE@NAVER.COM/P1
	 8 AP B*02-753-8560/P1
	 9 TK OK01JUN/SELK13900
	10 SSR VGML OZ HK1/S4/P1
	11 SSR WCHR KE HK1/S3/P2
	12 OSI KE CIP X CEO OF SAMSUNG/P1
	13 OSI KE VIP X MAYOR OF INCHEON-CITY /P2
	14 OPW SELK13900-14JUN:1900/1C7/KE REQUIRES TICKET ON OR BEFORE
	     15JUN:1900 ICN TIME ZONE/TKT/S3
	15 OPC SELK13900-15JUN:1900/1C8/KE CANCELLATION DUE TO NO
	     TICKET ICN TIME ZONE/TKT/S3/P1-2

응답결과 설명	* 6번 요소번호에서 응답화면 ①과 같이 기존에 지정된 휴대폰 번호에 2번 승객 지정 취소 후 1번 승객으로 변경 지정

7-2. OSI/SSR-Field 및 Remark 및 TK-Field 취소 방법

요소번호(element number)를 기준으로 각종 data(OSI/SSR-Field), remark-field, TK-field 또한 ">XE" 기본 명령어를 이용하여 해당 요소번호(element number)를 지정하면 취소할 수 있다.

● 각종 Element 취소 방법

<table>
<tr>
<td rowspan="2">명령어</td>
<td colspan="2">>RT4999-7777</td>
</tr>
<tr>
<td>명령어 설명</td>
<td>① RT : PNR 조회 실행 명령어(Retrieve)
② 7777-7712 : 예약번호(Reservation Number)</td>
</tr>
<tr>
<td rowspan="2">응답화면</td>
<td colspan="2">>RT4999-7777

RP/SELK13900/SELK13900   AA/GS 1JUN21/0540Z 6XFXZJ
4999-7777
 1.LEE/TAEGYU MR 2.LEE/MINJEONG MS
 3 KE 907 B 13NOV 6 ICNLHR HK2 1255 1630 13NOV E KE/6XFXZJ
 4 KE 908 A 18NOV 4 LHRICN HK2 1850 1450 19NOV E KE/6XFXZJ
 5 AP M*010-9999-7777/P1
 6 AP M*010-9999-7337/P2
 7 AP B*02-852-9654/P2
 8 TK OK01JUN/SELK13900
 9 SSR VGML KE HK1/S4/P2
10 OSI KE VIP X MAYOR OF INCHEON-CITY /P2
11 OPW SELK13900-07JUN:1900/1C7/KE REQUIRES TICKET ON OR BEFORE
      08JUN:1900 ICN TIME ZONE/TKT/S2
12 OPC SELK13900-08JUN:1900/1C8/KE CANCELLATION DUE TO NO
      TICKET ICN TIME ZONE/TKT/S2</td>
</tr>
<tr>
<td>응답결과
설명</td>
<td colspan="2">* 11월 13일 KE907 ICN/LHR, 11월 18일 KE908 LHR/ICN 항공편으로 2명이 예약된 PNR 조회</td>
</tr>
<tr>
<td rowspan="2">명령어</td>
<td colspan="2">① >XE1
② >XE2
③ >XE3
④ >XE6</td>
</tr>
<tr>
<td>명령어 설명</td>
<td>① 1번 승객 이름(Passenger Name) 취소
② 2번 출발여정(Itinerary) 취소
③ 승객 휴대폰 연락처(Phone Number) 취소
④ 첫 번째 승객이 돌아오는 여정에 특별기내식으로 요청한 채식(SSR : Special Service
   Requirement) 취소</td>
</tr>
</table>

→ 다음 페이지에 계속

응답화면	**①번 응답화면**
	
	>XE1 ①
	
	RP/SELK13900/SELK13900 AA/SU 1JUN21/0540Z 6XFXZJ
	4999-7777
	  1.LEE/MINJEONG MS
	  2 KE 907 B 13NOV 6 ICNLHR HK1 1255 1630 13NOV E KE/6XFXZJ
	  3 KE 908 A 18NOV 4 LHRICN HK1 1850 1450 19NOV E KE/6XFXZJ
	  4 AP M*010-9999-7337
	  5 AP INHA YOUR 032-888-8523
	  6 AP B*02-852-9654
	  7 TK OK01JUN/SELK13900
	  8 SSR VGML KE HK1/S3
	  9 SSR VGML KE HK1/S2
	  10 OSI KE VIP X MAYOR OF INCHEON-CITY
	     TICKET ICN TIME ZONE/TKT/S2-3
	--------------------이하 내용 생략------------------------

	②번 응답화면
	
	>XE2 ②
	
	RP/SELK13900/SELK13900 AA/GS 1JUN21/0542Z 6XFXZJ
	4999-7777
	  1.LEE/MINJEONG MS
	  2 KE 908 A 18NOV 4 LHRICN HK1 1850 1450 19NOV E KE/6XFXZJ
	  3 AP M*010-9999-7337
	  4 AP INHA YOUR 032-888-8523
	  5 AP B*02-852-9654
	  6 TK OK01JUN/SELK13900
	  7 SSR VGML KE HK1/S2
	  8 OSI KE VIP X MAYOR OF INCHEON-CITY
	  9 SK SSRX KE SSRS HAVE BEEN CANCELLED-PLZ TAKE ACTION
	--------------------이하 내용 생략------------------------

	③번 응답화면
	
	>XE3 ③
	--- RLR ---
	RP/SELK13900/SELK13900 AA/GS 1JUN21/0542Z 6XFXZJ
	4999-7777
	  1.LEE/MINJEONG MS
	  2 KE 908 A 18NOV 4 LHRICN HK1 1850 1450 19NOV E KE/6XFXZJ
	  3 AP INHA YOUR 032-888-8523
	  4 AP B*02-852-9654
	  5 TK OK01JUN/SELK13900
	  6 SSR VGML KE HK1/S2
	  7 OSI KE VIP X MAYOR OF INCHEON-CITY
	  8 SK SSRX KE SSRS HAVE BEEN CANCELLED-PLZ TAKE ACTION
	--------------------이하 내용 생략------------------------

	④번 응답화면
	
	>XE6 ④
	
	RP/SELK13900/SELK13900 AA/GS 1JUN21/0542Z 6XFXZJ
	4999-7777
	  1.LEE/MINJEONG MS
	  2 KE 908 A 18NOV 4 LHRICN HK1 1850 1450 19NOV E KE/6XFXZJ
	  3 AP INHA YOUR 032-888-8523
	  4 AP B*02-852-9654
	  5 TK OK01JUN/SELK13900
	  6 OSI KE VIP X MAYOR OF INCHEON-CITY
	  7 SK SSRX KE SSRS HAVE BEEN CANCELLED-PLZ TAKE ACTION
	--------------------이하 내용 생략------------------------

응답결과 설명	① 1번 승객 취소 후 결과 화면 ② 2번 Segment ICN/LHR 구간 취소 후 결과 화면 ③ AP M*010-9999-7337 휴대폰 번호 삭제 후 결과 화면 ④ 돌아오는 항공편 LHR/ICN 구간의 VGML 취소 후 결과 화면

8 PNR History 기능 및 조회 방법

8-1. PNR History의 기능 및 활용

PNR History의 기능은 최초 PNR을 작성하거나 작성완료 후 승객의 이름(passenger name), 여정(itinerary), 전화번호(phone number), 각종 data(OSI/SSR-Filed) 및 received elements들에 대한 변경 시점 및 변경사항 등에 대한 내역을 자동으로 보관 및 유지하는 기능을 말한다.

이렇게 저장된 PNR History는 향후 승객의 이름, 여정, 전화번호 phone number 및 각종 data(OSI/SSR-Filed) 등에 대한 ① 시스템상의 오류 원인을 찾아 적절한 조치를 하거나, ② 항공사 및 여행사와 승객간의 예약 및 발권상의 분쟁이 발생했을 때, 옳고 그름의 시시비비를 밝히는 데 근거자료로 활용된다.

● **PNR History 조회 명령어 및 기능**

PNR History 조회 명령어	기능	비고
>RH	Queue History를 제외한 History	000: 최초 PNR 생성 시 작업 내용
>RHQ	Queue History만을 조회	(이름, 여정, OSI/SSR, Option Element,
>RH/ALL	>RH + >RHQ 전체를 조회	Received Element, Queue Reference만
>RHN	Name Element만을 조회	Stop Number 000에 기록됨)
>RHI	Air Segment만을 조회	001: PNR 완료 시 작업 내용
>RHJ	Phone Element만을 조회	000/002: 변경 내용이 수정이나 삭제인 경우

8-2. PNR History 조회-코드 이해

PNR history-original code는 최초에 PNR이 만들어질 때, 자동으로 생성되는 code로 그 종류에는 ON/OS/OR/OQ 등이 있으며, 기타 PNR history-code는 최초에 PNR이 만들어 진 이후, 여정변경 및 OS/SR-element 등을 추가하거나 변경할 때 자동으로 생성되는 code로 그 종류에는 RF/SA/XS/AS/SP 등이 있다.

● PNR History의 Original 및 기타-Code 종류

Original 및 기타 Code	Code 종류	Code의 의미
PNR History Original Code	ON	Original Name
	OS	Original Segment
	OR	Original SSR
	OQ	Original Queue
PNR History 기타 Code	RF	Received From
	SA	Added SSR
	XS	Cancelled Segment
	AS	Added Segment
	SP	Split Party

① 최초 PNR History 조회 및 이해하기

명령어	>RT5555-5501	
	명령어 설명	① RT : PNR 조회 실행 명령어(Retrieve) ② 5555-5501 : 예약번호(Reservation Number)
응답화면	>RT5555-5501 RP/SELK13900/SELK13900　　　　AA/GS　1JUN21/0613Z　6Y2PWI 5555-5501 　1.LEE/TAEGYU MR　2.LEE/JIWON MS 　3　KE 653 B 11NOV 4 ICNBKK HK2　1905 2320　11NOV　E　KE/6Y2PWI 　4　KE 654 M 19NOV 5 BKKICN HK2　0100 0830　19NOV　E　KE/6Y2PWI 　5 AP M*010-5555-5555/P1 　6 AP M*010-5555-5577/P2 　7 TK OK01JUN/SELK13900 　8 SSR VGML KE HK1/S3/P1 　9 SSR VGML KE HK1/S4/P1 　10 OSI KE VIP X MAYOR OF INCHEON-CITY /P2 　11 OSI KE CIP X CEO OF SAMSUNG/P1	
응답결과 설명	* 11월 11일 KE653 ICN/BKK, 11월 19일 KE654 BKK/ICN 항공편으로 2명이 예약된 PNR 조회	

→ 다음 페이지에 계속

명령어	>RH	
	명령어 설명	① RT : PNR History 조회 실행 명령어(Retrieve PNR History)

응답화면	>RH
	
	RP/SELK13900/SELK13900 AA/GS 1JUN21/0613Z 6Y2PWI
	  000 ON/LEE/TAEGYU MR LEE/JIWON MS
	  000 OS/KE 653 B 11NOV 4 ICNBKK LK2 1905 2320/NN *1A/E*
	  000 OS/KE 654 M 19NOV 5 BKKICN LK2 0100 0830/NN *1A/E*
	  000 OP/AP M*010-5555-5555/LEE/TAEGYU MR
	  000 OP/AP M*010-5555-5577/LEE/JIWON MS
	  000 RO/RSVN/KE/5555-5501
	  000 OT/TKOK 01JUN/SELK13900
	  000 OR/SSR VGMLKEHK1/KE 653 B 11NOV ICNBKK/LEE/TAEGYU MR
	  000 OR/SSR VGMLKEHK1/KE 654 M 19NOV BKKICN/LEE/TAEGYU MR
	  000 OO/OSI KEVIP X MAYOR OF INCHEON-CITY /LEE/JIWON MS
	  000 OO/OSI KECIP X CEO OF SAMSUNG/LEE/TAEGYU MR
	  000 RF- CR-SELK13900 00039911 GS 1179AA/DS 01JUN0613Z
	TRN	

응답결과 설명	* 000: 최초 PNR 생성 시 작업 내용 (이름, 여정, OSI/SSR, Option Element, Received Element, Queue Reference만 Stop Number 000에 기록됨) ① ON : Original Name, ② OS : Original Segment, ③ OR : Original SSR ④ OQ : Original Queue, ⑤ OP : Original Phone-number, ⑥ OO : Original OSI ⑦ OT : Original Ticket Time Limited, ⑧ RF : Record Reference	

② 수정 PNR History 조회 및 이해하기

명령어	>RT5555-5501	
	명령어 설명	① RT : PNR 조회 실행 명령어(Retrieve) ② 5555-5501 : 예약번호(Reservation Number)

응답화면	>RT5555-5501
	
	RP/SELK13900/SELK13900 AA/GS 1JUN21/0613Z 6Y2PWI
	5555-5501
	  1.LEE/TAEGYU MR 2.LEE/JIWON MS
	  3 KE 653 B 11NOV 4 ICNBKK HK2 1905 2320 11NOV E KE/6Y2PWI
	  4 KE 654 M 19NOV 5 BKKICN HK2 0100 0830 19NOV E KE/6Y2PWI
	  5 AP M*010-5555-5555/P1
	  6 AP M*010-5555-5577/P2
	  7 TK OK01JUN/SELK13900
	  8 SSR VGML KE HK1/S3/P1
	  9 SSR VGML KE HK1/S4/P1
	  10 OSI KE VIP X MAYOR OF INCHEON-CITY /P2
	  11 OSI KE CIP X CEO OF SAMSUNG/P1	

응답결과 설명	* 11월 11일 KE653 ICN/BKK, 11월 19일 KE654 BKK/ICN 항공편으로 2명이 예약된 PNR 조회	
명령어	>RH	
	명령어 설명	① RT : PNR History 조회 실행 명령어(Retrive PNR History)

→ 다음 페이지에 계속

응답화면	>RH RP/SELK13900/SELK13900　　　　AA/GS　1JUN21/0616Z　6Y2PWI 　000 ON/LEE/TAEGYU MR LEE/JIWON MS 　000 OS/KE 653 B 11NOV 4 ICNBKK LK2 1905 2320/NN *1A/E* 　------------------------중간 내용 생략---------------------- 　000 OO/OSI KEVIP X MAYOR OF INCHEON-CITY /LEE/JIWON MS 　000 RF- CR-SELK13900 00039911 GS 1179AA/DS 01JUN0613Z 　001 AO/OPW-14JUN:1900/1C7/KE REQUIRES TICKET ON OR BEFORE 　　　15JUN:1900 ICN TIME ZONE/KE 653 B 11NOV ICNBKK/KE 654 M 　　　19NOV BKKICN 　001 AO/OPC-15JUN:1900/1C8/KE CANCELLATION DUE TO NO TICKET 　　　ICN TIME ZONE/KE 653 B 11NOV ICNBKK/KE 654 M 19NOV 　　　BKKICN/LEE/TAEGYU MR LEE/JIWON MS 　001 RF-1APUB/ATL CR-NCE1A0955 12345675　　/DS 01JUN0613Z 　002 RF-QUE ELT ADDITION CR-MUC1A0SYS PR 0000AA/DS 01JUN0613Z 　003 SP/LEE/JIWON MS -6Y35J6
응답결과 설명	* 000: 최초 PNR 생성 시 작업 내용 　001: PNR 완료된 후 첫 번째 수정 또는 삭제와 같이 변경 작업 내용 　002/003: PNR 완료된 후 두 번째 또는 세 번째 수정 또는 삭제와 같이 변경 작업 내용 　① RF : Received From 　② SA : Added SSR 　③ XS : Cancelled Segment 　④ AS : Added Segment 　⑤ SP : Split Party

CHAPTER **6**

단체 PNR 작성 및 수정 작업

CHAPTER 6

단체 PNR 작성 및 수정 작업

단체여객예약기록(단체 PNR : group passenger name record)은 개인여객예약기록 (개인 PNR: individual passenger name record)과 같이 단체 이름(group name), 여정 (itinerary), 여행사 전화번호(agency phone number), 각종 data(단체운임(group fare), TL, RF) 등으로 구성되고, 개인 PNR은 승객이름을 9명까지만 구성할 수 있으나 단체 PNR은 최대 99명까지 구성할 수 있다.

한편, 단체 PNR을 작성하기 위해서는 특정 요건을 갖추어야 하기 때문에 개인 PNR과 달리 특정 시점별로 관리절차를 준수해야 한다.

1 단체여객수요(Group Passenger)의 특성

단체여객수요(group passenger)는 개인여객수요(individual passenger)와 정반대로 다음 과 같은 단체여객수요(관광수요)의 정의와 특성을 갖는다.

1-1. 단체여객수요(관광수요)의 정의 및 특성

(1) 정의

비사업적 목적의 휴가 및 여가를 즐기려는 여행객으로 출발 D-180~60일 전후에서 수요가 가장 집중적으로 발생하며, 항공스케줄보다 항공운임에 매우 민감한 수요이다.

(2) 특성

① 여행 스케줄보다, 할인운임 정도에 따라 여행일자, 여행지가 결정된다.

② 낮은 운임으로 우회 여정 및 예정 일자를 변경할 수 있으며, 수익(yield)이 낮고 class up-sale이 용이치 않은 "low yield 수요"로 정의된다.

③ 수요발생이 출발 D-10일 전후로 하여 집중적으로 발생하는 상용수요와는 달리, 출발 D-180~60일 전후에 집중적으로 발생하므로 좌석지원에 대한 의사결정 시, high-yield spill이 발생할 수 있는 만큼 상용수요량에 대한 사전분석을 정확히 하여야 한다.

1-2. 전형적인 단체여객수요(관광수요) 곡선

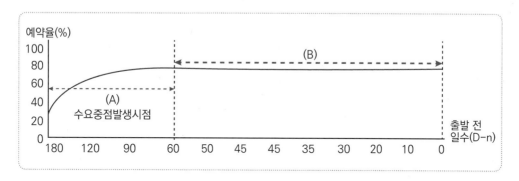

☞ 단체여객수요(관광수요)는 10명 이상이 출발과 도착여정을 같이 하는 관계로 출발·도착 항공편, 현지 숙소, 식당 및 지상 교통수단 등을 예약하기 위해서는 상당히 일찍 서두르지 않으면 이 중 하나라도 예약이 불가한 상황이 발생하여 여행을 할 수 없게 된다. 따라서 개인여객수요(상용수요)와는 달리 단체여객예약을 할 때는 이를 고려하여 예약을 서둘러야 한다.

2 단체여객예약기록(GRP-PNR) 작성 조건 및 절차상 특성

단체여객예약기록(단체 PNR)을 작성하기 위해서는 개인 PNR과 달리 아래와 같이 다섯 가지 조건을 충족해야만 단체 PNR로 구성할 수 있다.

① 10명 이상의 구성원 조건
- 단체여객예약은 여행을 같이 하는 구성원이 총 10명 이상이어야 한다.
- 최초에 단체여객예약으로 예약한 후, 일부 승객이 다른 여정으로 이탈하여 전체구성원이 10명 미만이 되면 나머지 구성원은 그룹 구성조건을 상실하게 되어 개인운임을 지불해야 한다.

② 항공편 및 동일 일자 이용 조건
- 단체여객예약은 출발과 도착이 동일 일자(same date), 동일 항공편(same flight), 동일구간(same segment)으로 구성되어야 한다.

③ 단체할인운임(GV-Fare)의 적용 조건
- 단체할인운임(GV-fare)은 개인운임의 20~50% 수준으로 10명 이상이 단체여객 조건을 충족하면, fare-basis로 GV코드를 사용할 수 있다.
  (예) GV10, GV20, GV25, GV30, GV30 ⋯⋯
- 단, 전체 여행객이 10명 이상으로 구성되었더라도 각 노선별 최대체류일수(maximum layover dates), 경유지 허용 횟수(maximum stopover numbers) 등 기타 여정규정을 충족하지 못한 경우에는 단체할인운임을 적용 받을 수 없다.

④ 자동 좌석확약(Auto Seat Confirmation) 불가
- 단체여객예약은 GRP-PNR을 작성한 후, 해당 항공사로 GRP-PNR queueing을 통해 전송하여 좌석 확약여부에 대한 통보를 받은 후에 이루어진다.(아래 설명 참조)
- ☞ 그룹여객예약 요청에 대한 좌석확약(seat confirmation) 여부는 해당 항공편 좌석관리자가 수입관리시스템(RMS: revenue management system)의 사전수요예측(forecasting demand) 기능을 이용하여 해당편 출발 최종 시점에 출현할 개인수요를 전량지원하고 남는 좌석 여부에 따라 결정된다.

⑤ 예약등급(Booking Class)은 "G" Class로 요청
- 대한항공(KE) 예약은 "G" class, 외국항공사(OAL)는 해당 항공사의 "그룹예약등급"으로 요청한다.

3 단체여객예약기록(GRP-PNR)의 구성요소 및 명령어

단체여객예약기록(그룹 PNR)을 작성하기 위해서는 개인 PNR을 작성하는 것과 같이 여행자의 이름에 해당하는 단체명(group name), 여정(itinerary), 여행사 전화번호(travel agency's phone number), 각종 data(단체운임(group fare), TL, RF) 등으로 구성되며, 관련 명령어는 아래와 같다.

● 단체여객예약기록(GRP-PNR) 구성요소 및 작성 명령어 종합

항목	요소 (Elements)	작성 명령어 (Input entry)	명령어 의미
필수 요소	Group Name	>NG20INHA TOUR	INHA TOUR: 단체명
	Itinerary	>AN24DECICNBKK/AKE*28DEC → >SS20G1*12	개인 PNR 작성 형태와 동일
	Agent's Phone-Number	>AP 02-751-2345 HANJIN TOUR	HANJIN-여행사 및 담당자 전화번호
	Group Fare	>SRGRPF KE-GV10	GRPF: 그룹 Fare 키워드, GV10: 그룹 할인 Code
	Ticket Arrangement	>TKTL10DEC	TKT Time Limited
수정 및 변경 방법	좌석 축소 작업 방법	① >XE2 ② >XE0.3 ③ >2G	① 2번 실 명단 삭제 + 여정의 좌석 수 축소 ② No-Name 단체명 3개 삭제 + 여정 좌석 수 축소 ③ 단체 Size 축소하지 않는 조건 2번 승객만 삭제
요청자	Received From	>RFPAX	Received Element를 승객으로 지정
작업 완료	End Of Transaction	>ET → >ET >ER → >ER	PNR 완성

4 단체여객예약기록(GRP-PNR) 작성 방법

4-1. 단체 이름(Group Name) 작성

단체여객예약기록(그룹 PNR) 작성에 있어 이름(name)은 개인여객예약기록(개인 PNR) 작성과 달리 단체여객예약기록 작성이 항공편 출발 D-180~60일 시점에 주로 이뤄지는 것을 고려하면, 예약시점에서 실제 여행자의 이름을 입력하기란 그리 쉽지 않다. 따라서 최초에 그룹 PNR을 작성할 때 이름 작성은 여행을 같이 하는 구성원(group)의 특성을 잘 나타내는 그룹명(group name)으로 작성하는 것이 보통이다.

● 구성원의 명단이 확정되지 않은, "단체명(Group Name)" 작성 방법

명령어	>NG20INHA TOUR
명령어 설명	① NG : 그룹명(Group Name) 작성 기본 명령어 ② 20 : 총 그룹 인원수 ③ INHA TOUR : 그룹명(Group Name)

● 구성원의 일부 명단이 확정된, "단체명과 일부 승객이름" 작성 방법

명령어	>NG18INHA TOUR;NM1KIM/MALJAMS;NM1PARK/SOONJAMS
명령어 설명	① NG : 그룹명(Group Name) 작성 기본 명령어 ② 18 : 총 그룹 인원수 ③ INHA TOUR : 그룹명(Group Name) ④ NM1KIM/MALJAMS : 단체 중 첫 번째 승객 ⑤ NM1PARK/SOONJAMS : 단체 중 두 번째 승객

● 전체 구성원의 이름이 확정된 경우, "전체 승객 이름(Name)" 작성 방법

명령어	>NM1KIM/MALJAMS;NM1KIM/SOONJAMS;NM1PARK/SUILMR;............
명령어 설명	① NM1KIM/MALJAMS : 단체 중 첫 번째 승객 ② NM1PARK/SOONJAMS : 단체 중 두 번째 승객 ③ NM1PARK/SUILMR : 단체 중 세 번째 승객..

● 단체명 중에서 "실제 이름으로 입력된 승객 확인" 명령어

명령어	① >RTN ② >RTW
명령어 설명	① 그룹 PNR에서 "실 명단으로 입력된 승객이름"만을 확인하는 명령어 ② 그룹 PNR에서 "실 명단으로 입력된 승객이름 + 전체 PNR"을 확인하는 명령어

4-2. 단체 여정(Group Itinerary) 작성

　단체여객예약기록(그룹 PNR)의 여정(itinerary) 작성은 개인 PNR의 여정 작성과 동일하게 승객이 항공편을 이용하여 출발도시에서 목적지까지 이동하는 구간으로서, 먼저 해당 날짜 및 구간에 예약가능편(availability)을 조회한 후 "＞SS" 명령어를 이용하여 작성하는 short entry 방식과 direct entry 방식에 의하여 작성한다.

　그러나 여기서는 short entry 방식에 의해 여정을 작성하는 방법을 예시로 하여 살펴본다.

① 1단계 : 출발여정의 출발일자, 출발지/목적지 및 돌아오는 여정의 날짜, 구간을 지정하여 해당 여정의 예약가능편(Availability)을 조회함
　＞AN27OCTICNBKK/AKE*28DEC
② 2단계 : 총 여행승객에 따라 조회된 예약가능편에 근거하여 해당 항공편의 Line-Number를 지정하여 여정을 작성함
　＞SS20G1*12

명령어설명	① SS : Segment Sell(Seat Sold)-여정 작성을 위한 기본 명령어
	② 20 : 요청 좌석 수
	③ G : 예약등급(Booking Class)
	④ 1 : 예약가능편 조회 화면에서 출발 항공편의 Line-Number 첫 번째 항공편
	⑤ * : 구분 부호
	⑥ 12 : 예약가능편 조회 화면에서 돌아오는 항공편의 Line-Number 두 번째 항공편

● 단체 여정(Group Itinerary) 작성 방법

명령어	>AN11OCTICNBKK/AKE*25NOV	
	명령어 설명	① AN : Availability Notice(예약가능편 조회 기본 명령어) ② 11OCT : 10월 11일(출발날짜) ③ ICN : 출발도시 ④ BKK : 도착도시 ⑤ /AKE : 특정 항공편(대한항공) 지정 ⑥ *25NOV: 11월 25일 왕복편 조회(돌아오는 구간이 출발여정의 역순이거나 항공편이 동일한 경우에는 BKK/ICN/AKE를 생략할 수 있음)

응답화면	>AN11OCTICNBKK/AKE*25NOV
	
	AN11OCTICNBKK/AKE*25NOV
	** AMADEUS AVAILABILITY - AN ** BKK BANGKOK.TH 132 MO 11OCT 0000
	①1 KE 651 J9 C9 D1 IL RL Z9 Y9 /ICN 2 BKK 1805 2145 E0/773 5:40
	         B9 M9 S9 H9 E9 K9 L9 U9 Q9 N9 T9 G9
	NO LATER FLTS -ICN BKK- ENTER A CONNECT POINT /X... FOR MORE
	CK ALT*ORIG GMP SSN
	
	** AMADEUS AVAILABILITY - AN ** ICN INCHEON INTERNA.KR 177 TH 25NOV 0000
	②11 KE 654 PL AL J9 C9 D8 I5 RL /BKK ICN 2 0100 0830 E0/77W 5:30
	         Z9 Y9 B9 M9 S9 H9 E9 K9 L9 U9 Q9 N9 T9 G9	

응답결과 설명	① 21OCT, ICN/BKK 구간 KE 예약가능편 조회 결과 화면 ② 25NOV, BKK/ICN 구간 KE 예약가능편 조회 결과 화면	
명령어	>SS20G1*11	
	명령어 설명	① SS : Segment Sell(Seat Sold)-여정 작성을 위한 기본 명령어 ② 20 : 요청 좌석 수 ③ G : 예약등급(Booking Class) ④ 1 : 예약가능편 조회 화면에서 출발 항공편의 Line-Number 첫 번째 항공편 ⑤ * : 구분 부호 ⑥ 11 : 예약가능편 조회 화면에서 돌아오는 항공편의 Line-Number 첫 번째 항공편

응답화면	>SS20G1*11
	
	RP/SELK13900/
	① 1 KE 651 G 11OCT 1 ICNBKK HN20 1805 2145 11OCT E 0 773 D
	    ENTRY LIMITED. RECHK PAX ELIGIBILITY AND IMM DOCS
	    SEE RTSVC
	② 2 KE 654 G 25NOV 4 BKKICN HN20 0100 0830 25NOV E 0 77W B
	    SEE RTSVC	

응답결과 설명	① 10월 11일 KE651편 G Glass 로 ICN/BKK 구간 20명이 예약됨 ② 11월 25일 KE654편 G Class 로 BKK/ICN 구간 20명이 예약됨	

4-3. 단체 전화번호(Phone-Number) 작성

　단체여객예약기록(그룹 PNR)의 전화번호(phone-number) 작성은 개인여객예약기록
(개인 PNR)과 달리 승객의 연락처를 입력하는 것이 아니라, 해당 그룹을 담당하는 여행
사 전화번호(travel agency's phone number)나 해당 단체를 직접 관리하는 담당자(직원)
의 휴대폰 번호를 입력한다.

● **여행사 전화번호(Travel Agency's Phone Number) 또는 담당자(직원) 휴대폰 번호
입력 사례**

<table>
<tr>
<td rowspan="2">명령어</td>
<td colspan="2">① >AP SEL 02-2323-2323 HANJIN TOUR
② >APM-010-2345-6789 LEE/MALSOON</td>
</tr>
<tr>
<td>명령어 설명</td>
<td>① AP : Advice Phone Number(전화번호 입력하기 위한 기본 명령어)
② SEL : 여행사 위치한 도시명(Seoul의 도시 Code)
③ M : Mobile Phone
④ 02-2323-2323 HANJIN TOUR : 한진관광 여행사 사무실 전화번호
⑤ 010-2345-6789 LEE/MALSOON : 여행사의 해당 단체 담당자 휴대폰 번호</td>
</tr>
<tr>
<td>응답화면</td>
<td colspan="2">>AP SEL 02-2323-2323 HANJIN TOUR ①
>APM-010-2345-6789 LEE/MALSOON ②

RP/SELK13900/
　1　KE 651 G 11OCT 1 ICNBKK HN20 1805 2145　11OCT　E 0 773 D
　2　KE 654 G 25NOV 4 BKKICN HN20 0100 0830　25NOV　E 0 77W B
　3 AP SEL 02-2323-2323 HANJIN TOUR ①
　4 APM 010-2345-6789 LEE/MALSOON ②</td>
</tr>
<tr>
<td>응답결과 설명</td>
<td colspan="2">① 한진관광 여행사 사무실 전화번호 입력
② 한진관광의 해당 단체 담당자 휴대폰 번호 입력</td>
</tr>
</table>

4-4. 단체 운임(Group Fare) 작성

개인여객예약(개인 PNR) 작성 과정에서는 승객의 여행조건에 따라 해당 예약등급(booking class)이 결정되고 이에 따라 판매가(MSP : market sale price)가 자동으로 결정된다.

그러나 단체예약(그룹 PNR)의 경우는 출발일자, 성·비수기, 오전 및 오후 항공편의 수요량 등에 따라 단체운임이 다양하게 운영되므로, 단체여객예약기록(그룹 PNR)을 작성하는 해당 여행사 직원은 단체여정으로 작성되는 항공편 담당 항공사 직원에게 단체운임(group fare) code를 이용하여 할인을 받고자 하는 단체운임은 요청한다.

● **단체 운임(Group Fare) 작성 입력 사례**

명령어	>SRGRPF KE-GV20	
	명령어 설명	① SR : SSR-Field(Special Service Requirement) 입력을 위한 기본 명령어 ② GRPF : 단체운임 Code(Group Fare Basis) ③ KE : 단체할인운임을 요청하는 항공사 코드 ④ GV20 : 단체할인운임 Code
응답화면	>SRGRPF KE-GV20 RP/SELK13900/ 1 KE 651 G 11OCT 1 ICNBKK HN20 1805 2145 11OCT E 0 773 D 2 KE 654 G 25NOV 4 BKKICN HN20 0100 0830 25NOV E 0 77W B 3 AP SEL 02-2323-2323 HANJIN TOUR 4 APM 010-2345-6789 LEE/MALSOON 5 SSR GRPF KE GV20 ①	
응답결과 설명	① 단체 Group Fare 적용됨	

4-5. 단체 PNR, 발권 예정시점(Ticket Agreement) 작성

개인여객예약(개인 PNR)과 동일하게 예약을 완료한 후, 발권예정 시점을 ">TK" 명령어를 활용하여 입력한다.

● 발권 예정시점 수동 지정 사례

<table>
<tr>
<td rowspan="2">명령어</td>
<td colspan="2">① >TKTL 20NOV/1800
② >TKXL 22NOV/1800</td>
</tr>
<tr>
<td>명령어 설명</td>
<td>① TK : 발권 예정시점(Ticket Agreement)을 입력하는 기본 명령어
　 TL : Time Limited(발권 시한-경과해도 예약 취소 없음)
　 20NOV/1800 : 발권 시점(11월 20일 18시까지 발권)
② TK : 발권 예정시점(Ticket Agreement)을 입력하는 기본 명령어
　 XL : Cancelation Limited(취소 시한-경과하면 예약 취소됨)
　 20NOV/1800 : 발권 시점(11월 20일 18시까지 발권)</td>
</tr>
<tr>
<td rowspan="2">응답화면</td>
<td>① 명령에
의한
응답화면</td>
<td>>TKTL 20NOV/1800 ①

RP/SELK13900/
1　KE 651 G 11OCT 1 ICNBKK HN20 1805 2145　11OCT　E　0 773 D
　　ENTRY LIMITED. RECHK PAX ELIGIBILITY AND IMM DOCS
　　SEE RTSVC
2　KE 654 G 25NOV 4 BKKICN HN20 0100 0830　25NOV　E　0 77W B
　　SEE RTSVC
3　AP SEL 02-2323-2323 HANJIN TOUR
4　APM 010-2345-6789 LEE/MALSOON
5　TK TL20NOV/1800/SELK13900
6　SSR GRPF KE GV20</td>
</tr>
<tr>
<td>② 명령에
의한
응답화면</td>
<td>>TKXL 22NOV/1800 ②

RP/SELK13900/
1　KE 651 G 11OCT 1 ICNBKK HN20 1805 2145　11OCT　E　0 773 D
　　ENTRY LIMITED. RECHK PAX ELIGIBILITY AND IMM DOCS
　　SEE RTSVC
2　KE 654 G 25NOV 4 BKKICN HN20 0100 0830　25NOV　E　0 77W B
　　SEE RTSVC
3　AP SEL 02-2323-2323 HANJIN TOUR
4　APM 010-2345-6789 LEE/MALSOON
5　TK XL22NOV/1800/SELK13900
6　SSR GRPF KE GV20</td>
</tr>
<tr>
<td>응답결과 설명</td>
<td colspan="2">① 20NOV/1800까지 여행사 자체 TKT 발권 권고 시한으로 발권 권고 시한이 지난 후에도 해당 예약기록의 여정이 취소되지 않고 Queue로 자동 전송(발권 이후 TKOK로 변경)
② 22NOV/1800까지 TKT 발권 권고 시한으로 발권 권고 시한이 지난 후에는 해당 예약기록의 여정이 취소되어 12번 Queue로 자동 전송(발권 이후 TKOK로 자동 변경됨)</td>
</tr>
</table>

4-6. 단체 PNR, 예약 요청자 입력 및 PNR 작성 완료 방법

개인여객예약(개인 PNR)과 동일하게 ">RFP" 또는 ">RFPAX" 명령어를 활용하여 예약 요청자를 입력하고, 그룹 PNR 완료는 ">ET" → ">ET" 또는 ">ER" → ">ER"을 반복하여 완료한다.

● 예약 요청자 입력 및 PNR 작성 완료 사례

		① >RFP (or >RFPAX) ② >ET → >ET (or >ER → >ER)
명령어	**명령어 설명**	① RF : 예약 요청자를 입력하는 기본 명령어(Received From) 　　PAX : 예약 요청자 이름 ② ET : End of Transaction PNR(PNR 작업이 완료 된 후 작업 화면에 완성된 PNR이 보이지 않음) 　　ER : End of Transaction and Retrieve PNR(PNR 작업이 완료된 후 작업 화면에 완성된 PNR이 보임)
응답화면	① 명령에 의한 응답화면	>RFPAX RP/SELK13900/ RF PAX 0. 20INHA TOUR NM: 0 　1 KE 651 G 11OCT 1 ICNBKK HN20 1805 2145 11OCT E 0 773 D 　　 ENTRY LIMITED. RECHK PAX ELIGIBILITY AND IMM DOCS 　　 SEE RTSVC 　2 KE 654 G 25NOV 4 BKKICN HN20 0100 0830 25NOV E 0 77W B 　　 SEE RTSVC 　3 AP SEL 02-2323-2323 HANJIN TOUR 　4 APM 010-2345-6789 LEE/MALSOON 　5 TK XL22NOV/1800/SELK13900 　6 SSR GRPF KE GV20
	② 명령에 의한 응답화면	>ER >ER RP/SELK13900/ 8961-5432 RF PAX 0. 20INHA TOUR NM: 0 　1 KE 651 G 11OCT 1 ICNBKK HN20 1805 2145 11OCT E 0 773 D 　　 ENTRY LIMITED. RECHK PAX ELIGIBILITY AND IMM DOCS 　　 SEE RTSVC 　2 KE 654 G 25NOV 4 BKKICN HN20 0100 0830 25NOV E 0 77W B 　　 SEE RTSVC 　3 AP SEL 02-2323-2323 HANJIN TOUR 　4 APM 010-2345-6789 LEE/MALSOON 　5 TK XL22NOV/1800/SELK13900 　6 SSR GRPF KE GV20
응답결과 설명		① RF PAX 예약 요청자 입력 화면 ② 단체 PNR 저장 후 재조회 명령어 : PNR 작업이 완료된 후 작업 화면에 완성된 PNR이 보임

5 단체여객예약기록(GRP-PNR) 확정 명단 입력 및 그룹 축소 방법

5-1. 단체명(Group Name)에 확정된 승객 이름(Passenger Name) 입력 방법

단체여객예약기록(그룹 PNR)을 최초에 만들 때는 미처 승객 명단이 확정되지 않아 개인 PNR과 같이 실제 여행을 하는 승객이름(passenger name)을 입력하지 못하고, 일단 그룹명(group name)으로 작성하는 것이 통례이다. 그러나 출발일(departure date)에 가까워지면 실제 탑승할 명단을 기존 그룹명에 요청 좌석 수만큼 입력해야만 발권(ticketing)을 할 수 있다. 따라서 지금부터 최초 그룹명에 실제 확정된 승객이름을 입력하는 방법을 살펴본다.

● 단체명(Group Name)에 확정된 승객 이름(Passenger Name) 입력 방법

명령어	>RT7402-9926	
	명령어 설명	① RT : PNR 조회 실행 명령어(retrieve) ② 7402-9926 : 예약번호(reservation number)
응답화면	>RT7402-9926 RP/SELK13900/SELK13900　　　　AA/GS　1JUN21/0652Z　6YM4KL 7402-9926 0. 20INHA TOUR NM: 0 　1　KE 651 G 11OCT 1 ICNBKK HN20 1805 2145　11OCT　E　KE/6YM4KL 　2　KE 654 G 25NOV 4 BKKICN HN20 0100 0830　25NOV　E　KE/6YM4KL 　3 AP SEL 02-2323-2323 HANJIN TOUR 　4 APM 010-2345-6789 LEE/MALSOON 　5 TK OK01JUN/SELK13900 　6 SSR GRPF KE GV20		
응답결과 설명	* 10월 11일 KE651편 G Class, 단체명 20INHA TOUR로 예약된 단체 PNR을 예약번호를 이용하여 　조회한 화면		

→ 다음 페이지에 계속

명령어	>NM1KIM/MALJAMS	
	명령어 설명	① NM : 이름 작성 기본 명령어 ② 1 : 승객 수 ③ KIM/MALJA : 성/이름 ④ MS : 여자 성인의 Title (단, 미혼 여성)

응답화면	>NM1KIM/MALJAMS --- RLR --- RP/SELK13900/SELK13900 AA/GS 1JUN21/0652Z 6YM4KL 7402-9926 0. 19INHA TOUR NM: 1 ① 2 KE 651 G 11OCT 1 ICNBKK HN20 1805 2145 11OCT E KE/6YM4KL 3 KE 654 G 25NOV 4 BKKICN HN20 0100 0830 25NOV E KE/6YM4KL 4 AP SEL 02-2323-2323 HANJIN TOUR 5 APM 010-2345-6789 LEE/MALSOON 6 TK OK01JUN/SELK13900 7 SSR GRPF KE GV20
응답결과 설명	① 19INHA TOUR NM: 1 : 19명 승객이름 미입력 상태, 1명은 실제 승객이름이 입력된 상태를 나타냄

명령어	① >RTN ② >RTW	
	명령어 설명	① 그룹 PNR에서 "실 명단으로 입력된 승객이름"만을 확인하는 명령어 ② 그룹 PNR에서 "실 명단으로 입력된 승객이름 + 전체 PNR"을 확인하는 명령어

응답화면	① 명령에 의한 응답화면	>RTN RP/SELK13900/SELK13900 AA/GS 1JUN21/0652Z 6YM4KL 7402-9926 0. 19INHA TOUR NM: 1 BKD:20 CNL: 0 SPL: 0 1.KIM/MALJAMS
	② 명령에 의한 응답화면	>RTW RP/SELK13900/SELK13900 AA/GS 1JUN21/0652Z 6YM4KL 7402-9926 0. 19INHA TOUR NM: 1 ① BKD:20 CNL: 0 SPL: 0 1.KIM/MALJAMS ② 2 KE 651 G 11OCT 1 ICNBKK HN20 1805 2145 11OCT E KE/6YM4KL 3 KE 654 G 25NOV 4 BKKICN HN20 0100 0830 25NOV E KE/6YM4KL 4 AP SEL 02-2323-2323 HANJIN TOUR 5 APM 010-2345-6789 LEE/MALSOON 6 TK OK01JUN/SELK13900 7 SSR GRPF KE GV20

응답결과 설명	① 그룹 PNR에서 "실 명단으로 입력된 승객이름"만 조회된 화면 ② 그룹 PNR에서 "실 명단으로 입력된 승객이름 + 전체 PNR"이 조회된 화면

5-2. 단체여객예약기록(GRP-PNR) 요청 좌석 축소 방법

최초 단체여객예약기록(그룹 PNR)을 작성할 때, 그룹명(group name)의 숫자를 여행 출발 시점에 여행 가능 승객 수만큼으로 결정하였다가 이보다 적은 숫자가 여행하는 것으로 최종 결정되면 그만큼의 좌석 수를 축소해야 하는데 이때 기존의 그룹명(group name)에서 일정 좌석을 축소하는 방법을 시행해보자.

● 단체명(Group Name)에서 좌석 축소 작업 방법

명령어	>RT7402-9926	
	명령어 설명	① RT : PNR 조회 실행 명령어(Retrieve) ② 7402-9926 : 예약번호(Reservation Number)
응답화면	>RT7402-9926 RP/SELK13900/SELK13900　　　　AA/GS　1JUN21/0652Z　6YM4KL 7402-9926 0. 17INHA TOUR NM: 3 　4 KE 651 G 11OCT 1 ICNBKK HN20 1805 2145 11OCT E KE/6YM4KL 　5 KE 654 G 25NOV 4 BKKICN HN20 0100 0830 25NOV E KE/6YM4KL 　6 AP SEL 02-2323-2323 HANJIN TOUR 　7 APM 010-2345-6789 LEE/MALSOON 　8 TK OK01JUN/SELK13900 　9 SSR GRPF KE GV20		
응답결과 설명	* 10월 11일 KE651편 G Class, 단체명 17INHA TOUR, 실제 이름 입력된 승객 3명으로 예약된 단체 PNR을 예약번호를 이용하여 조회한 화면		
명령어	① >RTN ② >RTW	
	명령어 설명	① 그룹 PNR에서 "실 명단으로 입력된 승객이름"만을 확인하는 명령어 ② 그룹 PNR에서 "실 명단으로 입력된 승객이름 + 전체 PNR"을 확인하는 명령어
응답화면	① 명령에 의한 응답화면	>RTN RP/SELK13900/SELK13900　　　　AA/GS　1JUN21/0652Z　6YM4KL 7402-9926 0. 17INHA TOUR NM: 3 BKD:20　　　　CNL: 0　　　　SPL: 0 　1.KIM/MALJAMS 2.KIM/SOONJAMS 3.PARK/SUILMR
	② 명령에 의한 응답화면	>RTW --- RLR --- RP/SELK13900/SELK13900　　　　AA/GS　1JUN21/0652Z　6YM4KL 7402-9926 0. 17INHA TOUR NM: 3 BKD:20　　　　CNL: 0　　　　SPL: 0 　1.KIM/MALJAMS 2.KIM/SOONJAMS 3.PARK/SUILMR 　4 KE 651 G 11OCT 1 ICNBKK HN20 1805 2145 11OCT E KE/6YM4KL 　5 KE 654 G 25NOV 4 BKKICN HN20 0100 0830 25NOV E KE/6YM4KL 　6 AP SEL 02-2323-2323 HANJIN TOUR 　7 APM 010-2345-6789 LEE/MALSOON 　8 TK OK01JUN/SELK13900 　9 SSR GRPF KE GV20
응답결과 설명	① 그룹 PNR에서 "실 명단으로 입력된 승객이름"만 조회된 화면 ② 그룹 PNR에서 "실 명단으로 입력된 승객이름 + 전체 PNR"이 조회된 화면		

→ 다음 페이지에 계속

명령어		
	① >XE2 ② >XE0.3 ③ >2G	
	명령어 설명	① 2번 실 명단 삭제 + 여정의 좌석 수 축소 ② No-name 단체명 3개 삭제 + 여정 좌석 수 축소 ③ 단체 Size 축소하지 않는 조건 2번 승객만 삭제

응답화면	① 명령에
	의한
	응답화면
		>XE2 ①
		
		RP/SELK13900/SELK13900 AA/GS 1JUN21/0703Z 6YM4KL
		7402-9926
		0. 17INHA TOUR NM: 2
		  3 KE 651 G 11OCT 1 ICNBKK HN19 1805 2145 11OCT E KE/6YM4KL
		  4 KE 654 G 25NOV 4 BKKICN HN19 0100 0830 25NOV E KE/6YM4KL
		  5 AP SEL 02-2323-2323 HANJIN TOUR
		  6 APM 010-2345-6789 LEE/MALSOON
		  7 TK OK01JUN/SELK13900
		  8 SSR GRPF KE GV20

	② 명령에
	의한
	응답화면
		>XE0.3 ②
		
		--- RLR ---
		RP/SELK13900/SELK13900 AA/GS 1JUN21/0703Z 6YM4KL
		7402-9926
		0. 14INHA TOUR NM: 3
		  4 KE 651 G 11OCT 1 ICNBKK HN17 1805 2145 11OCT E KE/6YM4KL
		  5 KE 654 G 25NOV 4 BKKICN HN17 0100 0830 25NOV E KE/6YM4KL
		  6 AP SEL 02-2323-2323 HANJIN TOUR
		  7 APM 010-2345-6789 LEE/MALSOON
		  8 TK OK01JUN/SELK13900
		  9 SSR GRPF KE GV20

	③ 명령에
	의한
	응답화면
		>2G ③
		
		RP/SELK13900/SELK13900 AA/GS 1JUN21/0703Z 6YM4KL
		7402-9926
		0. 18INHA TOUR NM: 2
		  3 KE 651 G 11OCT 1 ICNBKK HN20 1805 2145 11OCT E KE/6YM4KL
		  4 KE 654 G 25NOV 4 BKKICN HN20 0100 0830 25NOV E KE/6YM4KL
		  5 AP SEL 02-2323-2323 HANJIN TOUR
		  6 APM 010-2345-6789 LEE/MALSOON
		  7 TK OK01JUN/SELK13900
		  8 SSR GRPF KE GV20

응답결과 설명	① 2번 실제 명단 삭제 + 여정의 좌석 수 축소(20석에서 19석으로 축소) ② No-Name 단체 3개 삭제 + 여정 좌석 수 축소(단체명 17INHA TOUR에서 14INHA TOUR로 축소됨-NO-NAME 단체인원에서 3명 축소됨) ③ 단체 Size를 축소하지 않는 조건하에 2번 승객만을 삭제함(실제 승객이름으로 입력된 2번 승객을 취소하되, 전체 좌석 수는 기존 요청하였던 좌석 수만큼으로 유지함, 즉 총 단체인원은 변동없고 실제 입력한 2번 승객만을 삭제함)

6 📇 단체여객예약기록(GRP-PNR) 관리절차

6-1. 단체여객예약기록(GRP-PNR) 관리절차 필요성

단체여객예약기록(그룹 PNR)은 개인 PNR과 달리 최소 10명 이상으로 구성되기 때문에 출발 임박해서 취소(cancellation) 또는 공항에 나타나지 않는 경우(NOSH)에는 그만큼의 좌석이 공석으로 발생할 수 있기 때문에 항공사의 입장에서는 손실이 지대할 수밖에 없다. 따라서 이에 대한 대책으로 항공사들은 저마다의 단체승객에 대한 별도의 관리지침을 두고 각 시점마다 해당 그룹 PNR을 담당하는 여행사 및 담당자가 관련규정에 따라 특정한 작업을 수행하도록 하여 출발임박 시점에서의 취소 또는 NOSH로 인한 손실을 최소화 하려고 노력하고 있다.

6-2. 단체여객예약기록(GRP-PNR)에 대한 KE/OAL 관리절차

① 여정이 대한항공(KE)+외국항공사(OAL)으로 구성되어 있는 경우

그룹 PNR에 대한 관리절차가 3단계로 진행되는데, 첫 번째 단계는 출발 D-60일 이전에 취하는 관리절차로 해당 그룹이 여행을 확실히 한다는 내용의 remark-field(>RM)를 입력하는 작업이다. 두 번째 단계는 출발 D-30일전에 해당 승객의 이름을 언제까지 입력하겠다는 내용의 remark-field를 입력하는 단계이고, 마지막 3단계는 D-7일 이전으로 모든 승객의 이름은 물론 여행 목적지의 land사 연락처까지 입력해야 하는 단계이다.

상기와 같은 3단계 작업 중 어느 한 단계라도 관련 remark-field를 입력하지 않으면 관련 항공사는 예약자에게 별도의 연락 없이 일방적으로 해당 여정을 취소를 한다. 따라서 그룹 PNR을 담당하는 여행사 및 담당자는 각 시점을 놓치지 않도록 주의해야 하며, 적정한 시점에 해당 작업을 반드시 수행해야 한다.

● 대한항공(KE)＋외국항공사(OAL)으로 여정 구성 시, 그룹 PNR 관리절차

GRP 관리 절차	관리 시점	관리 사항	Remark-Field 입력
GRP Review	D-60일 전	여행 확실성 여부 CHK	>RM/T//GRP DEFINITE
GRP Recall	D-30일 전	이름 입력 시한 지정	>RM/T//NTBA BY 10MAR
GRP Travel Advice	D-07일 전	이름 or 현지 CTC/P 입력	>RM/T//CTCA BKK HOLIDAY INN

② 대한항공(KE)만으로 여정이 구성된 경우

대한항공(KE)만으로 여정이 구성된 경우는 대한항공(KE)＋외국항공사(OAL)의 그룹 PNR관리 절차와 비교하여 각각의 단계별 관리시점의 차이와 이름 변경(name change) 절차가 추가되는 것 이외 아래와 같이 동일한 절차에 의하여 진행된다.

● 대한항공(KE)만으로 여정이 구성된 경우, 그룹 PNR 관리절차

GRP 관리 절차	관리 시점	관리 사항	Remark-Field 입력
GRP Review	D-21일 전	여행 확실성 여부 CHK	>RM/T//GRP DEFINITE
GRP Recall	D-15일 전	이름 입력 시한 지정	>RM/T//NTBA BY 10MAR
GRP Travel Advice	D-07일 전	이름 or 현지 CTC/P 입력	>RM/T//CTCA BKK HOLIDAY INN
Name Change	D-03일 전	입력한 이름의 30% 이내	–

CHAPTER 7

특수여객수요 정의 및 예약/ 발권/운송 방법

CHAPTER 7

특수여객수요 정의 및 예약/발권/운송 방법

1 운송거절승객 및 운송제한승객, 특별승객의 정의

항공수요는 정상승객(normal passenger)인 경우, 여행목적에 따라 상용수요(individual passenger)와 관광수요(group passenger)로 구분하는 것 이외, 여행 특성별 또는 여행객의 신분 등에 따라 이민, 학생, 군인, 종교, 공무원, 문화수요 등으로 세분화한다.

반면 특수여객수요는 항공기의 안전 및 관련 국가 출입국 규정 등에 의하여 운송자체가 불가능한 운송거절승객(rejected passenger)과 육체적, 정신적, 신체적 부자유자로 구분되는 간이침대요청승객(stretcher passenger), 휠체어승객(wheelchair passenger)인 비정상승객(incapacitated passenger)이 있다. 한편, 비동반소아(UM : unaccompanied minor), 임산부(pregnant woman), 맹인(blind passenger), 신체허약자, 알콜/마약중독자, 죄수로 구분되는 기타 비정상승객(other incapacitated passenger)을 현장에서는 운송제한승객(RPA: restricted passenger advice)으로 분류한다. 여기에 더하여 애완동물(pet) 동반자, 주요인사(VIP/CIP), 선원(seaman) 및 대기 승무원(cockpit crew, cabin crew) 등은 특별승객(special passenger)으로 구분한다.

이와 같은 특수여객승객은 지금까지 살펴보았던 정상승객(normal passenger)과는 달리 예약·발권·운송과정에서 많은 차이가 있다. 따라서 이들을 정상승객과 같이 운송하기 위해서는 사전에 구비해야 하는 서류와 특별 수송 준비 과정 등을 면밀히 체크해봐야 한다.

● 정상승객(Normal Passenger)의 여행목적 및 특성별/신분에 따른 구분

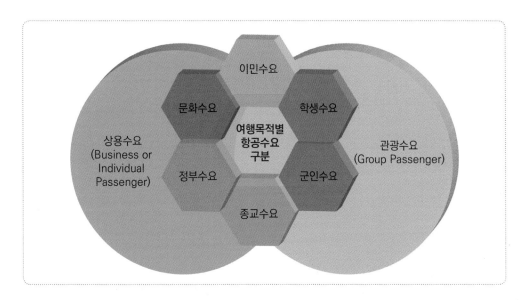

● 전체 항공수요 중 정상승객, 운송제한승객(RPA) 및 특별승객의 점유비

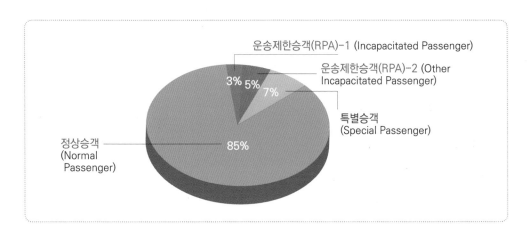

2 운송거절승객(Rejected Passenger)

정상승객은 물론 육체적 질환자, 정신적 질환자, 신체 부자유자로 구분되는 비정상승객(incapacitated passenger) 및 비동반소아(UM : unaccompanied minor), 임산부(pregnant woman), 맹인(blind passenger), 신체허약자, 알콜/마약중독자, 죄수 등으로 구분되는 기타 비정상승객(other incapacitated passenger)은 사전에 필요 서류 및 조치(예방접종 및 요구 서류 등을 구비)를 하고 적정한 운송설비를 갖추기만 하면 정상인과 동일한 형태로 운송이 가능하다.

그러나 ① 안전 운항상 불가피한 경우, ② 관련 국가의 출입국 규정을 위반한 경우, ③ 승객 상태가 특정 항공사 자체로 운송이 불가하여 특별한 도움이 필요한 경우 등과 같이 승객 운송자체가 별도의 조치나 특정설비를 갖추었다고 해도 정상인과 동일하게 운송을 할 수 없는 경우를 운송거절승객(rejected boarding)이라 한다.

이와 같은 운송거절승객은 다음과 같은 승객을 일컫는다.

① 승객의 행동, 연령 또는 정신적·육체적 상태가 특정 항공사(예, 대한항공(KE)) 자체로 제공할 수 없는 특별한 서비스가 요구되는 승객
② 다른 승객에게 불쾌감을 주거나 안락한 여행을 방해할 것으로 예상되는 승객
③ 승객 자신이나 다른 승객 또는 항공사 자산에 치명적인 위해를 초래할 가능성이 있다고 판단되는 승객 등

그림 1 기내난동승객(예시)

3 ✈️ 운송제한승객(RPA: Restricted Passenger Advice)

　운송제한승객(RPA: restricted passenger advice)은 크게 2가지로 구분하는데 그 첫번째가 비정상승객(incapacitated passenger)으로 육체적 질환자, 정신적 질환자, 신체 부자유자로 ① 상체가 불편하여 일반좌석에 앉아 여행을 할 수 없어 간이침대(stretcher)가 필요한 승객(stretcher passenger)과 ② 하체가 불편하여 휠체어를 요청하는 승객(wheelchair passenger)이 이에 해당되고, 둘째는 기타 비정상승객(other incapacitated passenger)으로 ① 어른(보호자) 동반 없이 혼자 여행을 하는 만 5세 이상~12세 미만의 소아(child) 승객인 비동반소아(UM : unaccompanied minor), ② 임신 32주(8개월) 이상이 된 임산부(pregnant woman), ③ 맹인안내견(seeing eye dog)을 동반한 맹인(blind passenger) 승객, ④ 신체 허약자, ⑤ 알코올/마약중독자, ⑥ 죄수 등이 이에 해당된다.

　운송제한승객(RPA)은 운송거절승객(rejected passenger)과 달리 운송하는 데 있어 다소 문제가 있을 수는 있으나 사전에 필요서류 및 일정 요건 등을 갖추게 되면 일반 정상승객(normal passenger)과 동일하게 운송이 가능하다.

● 비정상(Incapacitated)승객과 기타 비정상Other Incapacitated Passenger)승객

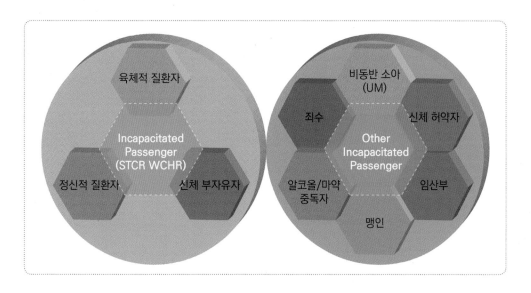

● 운송제한승객(RPA: Restricted Passenger Advice) 유형별 운송조건

유형	운송제한 승객	운송구비요건
비정상승객 (Incapacitated Passenger)	간이침대 요청 승객 (STCR)	✓ Medical Certificate(INCAD Part2) ✓ Declaration of Indemnity(서약서) ✓ 동행인(의사, 간호사 또는 보호자)
	휠체어승객 (WCHR)	✓ Declaration of Indemnity(서약서)
기타 비정상승객 (Other Incapacitated Passenger)	비동반소아 (UM)	✓ 운송신청서(UM) ✓ Declaration of Indemnity(서약서)
	임산부 (PRGNCY)	✓ 건강진단서(Pregnant Woman) ✓ Declaration of Indemnity(서약서)
	맹인 (BLND)	✓ Declaration of Indemnity(서약서)

3-1. 간이침대 요청 승객(Stretcher Passenger)

① 간이침대 요청 승객의 정의

운송제한승객(restricted passenger advice) 중, 상체가 불편하여 간이침대(stretcher)를 요청해야만 여행이 가능한 환자 승객으로 관련 승객을 운송하기 위해서는 국제선은 출발 D-3일(72시간, 국내선 48시간) 전에 예약이 접수되어야 하고, 외국항공사(OAL)가 포함되어 있는 경우에는 D-7일전까지 예약을 접수해야 운송이 가능하다.

② 간이침대 요청 승객 운송에 필요한 사항

간이침대 요청 승객은 예약접수 시, 72시간 이내에 환자의 건강상태와 연관된 전문의가 작성한 항공사 지정 medical certificate(INCAD Part 2) 3부를 제출해야 하고, 관련 환자가 여행하는 데 이상이 없음을 인정하는 서약서(declaration of indemnity) 1부와 당일 여행 시 환자를 근거리에서 돌볼 수 있는 동행인이 필요한데 동행인으로는 환자의 상태에 따라 의사, 간호사 또는 보호자가 동반되어야 한다.

● 간이침대 요청 승객(Stretcher Passenger) 운송에 필요한 제출 서류 및 요건

    ✓ Medical Certificate(INCAD Part 2) – 담당의사가 작성, 3부
    ✓ Declaration of Indemnity or 서약서 1부
    ✓ 동행인(의사/간호사 또는 보호자)

③ 간이침대 요청 승객 및 동반자의 운임, 무료수하물 규정

간이침대 요청 승객이 여행을 할 때 필요한 간이침대(stretcher)는 이를 설치하는 데 6개의 좌석(seats)이 필요하다. 그리하여 국제선과 국내선을 이용하여 환자 및 보호자가 여행을 하는 데 작용되는 운임 및 무료수하물(FBA : free baggage allowance) 규정은 ① 국제선의 경우 환자는 해당구간의 성인 정상편도운임(Y normal fare) 6배가 적용되고, 무료수하물은 해당 구간에 적용되는 FBA에 6배를 적용받는다, 이에 반해 동반자는 해당 구간의 일반시장판매가(MSP : market sale price)를 적용받는다. ② 국내선은 국제선과는 달리 제주노선인 경우는 정상편도운임의 3배, 이 외 노선은 국제선과 같이 해당구간의 정상편도운임(Y normal fare)의 6배가 적용되고, 무료수하물 또한 해당 노선 규정의 6배를 적용 받는다. 그러나 동반자의 경우는 국제선과 달리 1명까지는 무료운임이 적용된다는 것이 다른 점이다.

● 간이침대 요청 승객(Stretcher Passenger) 및 동반자의 운임, 무료수하물 규정

노선	운임(Fare/Price)	무료수하물(FBA)	동반자
국제선	성인 정상편도운임(Y normal fare) 6배	Y CLS 무료수하물 허용량의 6배	해당 노선의 일반 판매가(MSP)
국내선	성인 정상편도운임(Y normal fare) 6배 (제주노선: 정상편도운임 3배)	Y CLS 무료수하물 허용량의 6배	1명 무료

④ 간이침대 요청 승객 운송 절차(대한항공 사례)

간이침대 요청 승객이 발생하여 ① 판매점소(selling office)에 운송을 의뢰하면 환자의 상태를 적시하기 위하여 항공사에서 마련한 ② ICAD-FORM을 의뢰인에게 교부한 후, ③ 이를 작성하여 제출하면 ④ 판매점소는 관련부서에 해당 환자를 운송하는 데 문제가 있는지 여부를 묻는 전문(message)을 발송한다. 이때 관련부서 중에서 가장 중요한 부서는 항공의료원(SELNZ)인데 본 부서는 해당 환자를 운송하는 데 문제 여부(medical approval)를 ⑤ 운송과 직접 관련이 있는 판매점소, 출발지 공항, 도착지 공항 등에 발송하고, ⑥ 예약을 관장하는 부서(SELRS)는 항공의료원으로부터 해당 환자를 운송하는 데 문제가 없다는 회신(medical approval)을 받은 후 판매점소에 환자를 해당일자·항공편으로 운송해도 좋다는 회신을 해주면, ⑦ 판매점소는 출·도착지 공항에 환자를 운송 허가공문을 발송하는 동시에 ⑧ 간이침대 요청 승객의 운송 의뢰를 요청한 보호자에게 INCAD-FORM 2부와 함께 여행을 할 수 있는 항공권을 발급해준다. 그러면 해당 승객은 당일 ⑨ 출발지 공항에 도착하여 INCAD-FORM 1부를 출발지 공항에 제출하고, ⑩ 목적지 공항에 도착해서도 INCAD-FORM 1부를 해당지 공항에 제출하면 운송이 종료된다.

● 간이침대 요청 승객 운송 절차에 따른 각 부문의 역할(대한항공 예시)

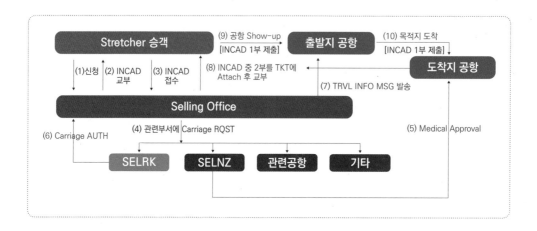

3-2. 휠체어승객(Wheelchair Passenger)

휠체어승객(wheelchair passenger)은 운송제한승객(RPA) 중에서 비정상승객(incapacitat-ed passenger)의 두 번째 승객으로서, 상체에 문제가 있어 간이침대(stretcher)를 요청한 승객(stretcher passenger)이 첫 번째 비정상승객이었다면, 휠체어승객은 하체가 불편하여 휠체어를 기내(cabin), 램프(ramp) 또는 항공기 탑승 계단(steps)까지 지원해줄 것을 요청하는 승객을 일컫는다.

● 휠체어승객 (Wheelchair Passenger) 요청 서비스 종류

> ✓ WCHC : Wheelchair(C for cabin seat) ; 객실 안까지 Wheelchair SVC 필요한 경우
> ✓ WCHR : Wheelchair(R for ramp) ; 활주로 안에서만 Wheelchair가 필요한 경우
> ✓ WCHS : Wheelchair(S for steps) ; 계단 이용 시 Wheelchair가 필요한 경우

● 휠체어승객(Wheelchair Passenger) Wheelchair 요청 서비스(예시)

명령어	>RT7777-7712	
	명령어 설명	① RT : PNR 조회 실행 명령어(Retrieve), ② 7777-7712 : 예약번호
응답화면	>RT7777-7712 RP/SELK13900/SELK13900 AA/GS 1JUN21/0711Z 6UB4WJ 7777-7712 1.LEE/MINJEONG MS 2 KE 623 Y 10NOV 3 ICNMNL HK1 1835 2145 10NOV E KE/6UB4WJ 3 OZ 702 Y 15NOV 1 MNLICN HK1 1215 1655 15NOV E OZ/6UB4WJ 4 AP M*010-7777-7777 5 AP M*010-8888-8888 6 TK OK01JUN/SELK13900 7 OSI KE VIP X MAYOR OF INCHEON-CITY	
응답결과 설명	* 예약번호 7777-7712로 이미 만들어진 PNR 조회 화면	
명령어	>SR WCHR /S3/P1	
	명령어 설명	① SR : SSR-Field(Special Service Requirement) 입력을 위한 기본 명령어 ② WCHR : 휠체어 Keyword, ③ S3 : 3번 Segment에 관련 서비스 제공 요청 ④ P1 : 1번 승객에 제공 요청
응답화면	>SR WCHR /S3/P1 RP/SELK13900/SELK13900 AA/GS 1JUN21/0711Z 6UB4WJ 7777-7712 1.LEE/MINJEONG MS 2 KE 623 Y 10NOV 3 ICNMNL HK1 1835 2145 10NOV E KE/6UB4WJ 3 OZ 702 Y 15NOV 1 MNLICN HK1 1215 1655 15NOV E OZ/6UB4WJ 4 AP M*010-7777-7777 5 AP M*010-8888-8888 6 TK OK01JUN/SELK13900 7 SSR WCHR OZ HK1/S3 ① 8 OSI KE VIP X MAYOR OF INCHEON-CITY	
응답결과 설명	* 1번 승객이 3번 여정(Segment)를 여행할 때 활주로 안(또는 항공기 출입문 앞)까지 Wheelchair 서비스를 요청한 사례	

3-3. 비동반소아(UM : Unaccompanied Minor)

① 비동반소아(UM)의 정의

비동반소아(UM)는 국내외 여행을 하는데 어른(보호자)과 동반하지 않고, 소아(child) 혼자 여행을 하는 만 5세 이상~12세 미만의 승객을 일컫는다. 본 승객은 출발 D−24시 간 전까지 예약을 하고 관련 서류를 제출해야만 운송이 가능하다.

② 비동반소아(UM) 운송에 필요한 사항

비동반소아(UM)로 운송하기 위해서는 출·도착지 보호자의 인적사항이 포함되어 있 는 비동반소아 운송신청서 2부(OAL 포함 시 3부)와 declaration of indemnity 또는 서 약서 1부를 판매점소(selling office)에 제출해야 한다.

✓ 비동반소아 운송신청서 2부 (OAL 포함 시 3부)
✓ Declaration of Indemnity or 서약서 1부

③ 비동반소아(UM) 운임 규정

비동반소아(UM)를 운송하기 위해서는 국제선의 경우, ① 만 5세 이상~만 12세 미만 까지는 해당노선의 성인(adult)판매가가 적용되며, ② 만 12세 이상~만 16세는 성인에 해당되지만 비동반소아 형태로 보호자가 운송 항공사에 요청하는 경우로 비동반소아와 달리 조건부 비동반소아(optional UM)로 처리한다. 이는 해당노선의 성인(adult)판매가에 별도의 UM service charge를 적용한다. 한편, ③ 국내선은 만 5세 이상~만 12세까지 를 비동반소아로 하여 해당 노선의 동반 소아운임(child fare)을 적용하는 것이 국제선과 다른 점이다.

● 국제 및 국내선 이용 비동반소아(UM) 운임 규정

노선	연령	운임(Fare/Price)
국제선	만 5세 이상~만 12세 미만	해당노선의 성인(Adult)판매가 적용
	만 12세 이상~만 16세까지	해당노선의 (성인 판매가+ 별도 UM Service Charge) ☞ UM Service Charge ① KE 국제선 구간당 : USD 100 ② ICN - GMP 연결 시 : USD 30 추가 징수
국내선	만 5세 이상~만 12세까지	해당노선의 동반 소아운임(Child Fare) 적용

④ 비동반소아(UM) 취급 시 주의 및 필요 조치사항

✓ 만5세 미만의 소아는 절대 UM으로 운송 불가
✓ 출발 D-24시간 전까지 사전 예약 준수
✓ UMNR 운송 시 필요조치 사항
 • 지상 보호자 확인(출/도착공항 보호자 출영)
 • 모든 구간의 여정이 예약확약(Confirm)되어야 함
✓ 일부 국가의 경우, UM운송 시 부모 동의서 필요

⑤ 판매점소(Selling Office)에서 작성 비동반소아(UM) PNR(예시)

명령어	>RT8777-3333	
	명령어 설명	① RT : PNR 조회 실행 명령어(Retrieve) ② 8777-8987 : 예약번호(Reservation Number)
응답화면	>RT8777-3333 RP/SELK13900/SELK13900　　　　AA/GS　1JUN21/0735Z　6Z8H4I 8777-8987 　1.LEE/JIWON MSTR 　2　KE 653 H 12NOV 5 ICNBKK HK1　1905 2320　12NOV　E　KE/6Z8H4I 　3　KE 654 B 19NOV 5 BKKICN HK1　0100 0830　19NOV　E　KE/6Z8H4I 　4 AP M*010-7777-8987 　5 TK OK01JUN/SELK13900	
응답결과 설명	* 예약번호 8777-8987로 이미 만들어진 LEE/JIWON MSTR 소아의 PNR 조회 화면	

→ 다음 페이지에 계속

명령어	①>SR UMNR-UM10/KOR/M/S2/P1 ②>SR OTHS-ADOA TO SEL G-DIAN X 02-349-4945 LEE/YOUNGMI-MOTHER/S2/P1 ③>SR OTHS-ADOA TO BKK G-DIAN X 310-402-7896 KIM/CHULSOO/S2/P1 ④>SR DOCS-P-KR-M111122222-KR-15NOV11-M-20DEC29-LEE-JIWON/P1 ⑤>SR CHML- PIZZA /S2/P1 ⑥>RM//DULY CTCD G-DIAN KIM/CHULSOO WL M/A AT BKK APO

	명령어 설명	① "UMNR" Keyword 이용 비동반 소아 인적사항 입력 명령어 ②~③ 출발지와 도착지의 보호자 연락처 입력 사항 ④ 연령은 만 나이로 계산하여 가능한 DOB로 입력 ⑤ 소아의 경우, 어린이를 위한 기내식서비스를 확인 후 신청 ⑥ 도착지 예약부서는 현지 보호자와 CTC 후 해당 PNR에 CTC 사항 입력

응답화면	①>SR UMNR-UM10/KOR/M/S2/P1
	②>SR OTHS-ADOA TO SEL G-DIAN X 02-349-4945 LEE/YOUNGMI-MOTHER/S2/P1
	③>SR OTHS-ADOA TO BKK G-DIAN X 310-402-7896 KIM/CHULSOO/S2/P1
	④>SR DOCS-P-KR-M111122222-KR-15NOV11-M-20DEC29-LEE-JIWON/P1
	⑤>SR CHML- PIZZA /S2/P1
	⑥>RM//DULY CTCD G-DIAN KIM/CHULSOO WL M/A AT BKK APO
	
	PNR UPDATED BY PARALLEL PROCESS-PLEASE VERIFY PNR CONTENT
	--- RLR ---
	RP/SELK13900/SELK13900 AA/SU 1JUN21/0735Z 6Z8H4I
	8777-3333
	 1.LEE/JIWON MS
	 2 KE 653 H 12NOV 5 ICNBKK HK1 1905 2320 12NOV E KE/6Z8H4I
	 3 KE 654 B 19NOV 5 BKKICN HK1 0100 0830 19NOV E KE/6Z8H4I
	 4 AP M*010-7777-8987
	 5 TK OK01JUN/SELK13900
	 6 SSR UMNR-UM09/KOR/M/S2/P1
	 7 SSR OTHS-ADOA TO SEL G-DIAN X 02-349-4945 LEE/YOUNGMI-MOTHER/S2/P1
	 8 SSR OTHS-ADOA TO LAX G-DIAN X 310-402-7896 KIM/CHULSOO/S2/P1
	 9 SSR DOCS-P-KR-M111122222-KR-15NOV19-M-20DEC29-LEE-JIWON/P1
	10 SSR CHML- PIZZA /S2/P1
	11 RM TKTL INFO TO PAX1/SELK13900 AASU 31MAY/1817Z
	12 OPW SELK13900-14JUN:1900/1C7/KE REQUIRES TICKET ON OR BEFORE
	    15JUN:1900 ICN TIME ZONE/TKT/S2-3
	13 OPC SELK13900-15JUN:1900/1C8/KE CANCELLATION DUE TO NO
	    TICKET ICN TIME ZONE/TKT/S2-3

응답결과 설명	① "UMNR" Keyword를 이용하여 비동반 소아 인적사항 입력된 결과 ②~③ 출발지와 도착지의 보호자 연락처 입력된 결과 ④ 연령은 만 나이로 계산하여 가능한 DOB로 입력된 결과 ⑤ 소아의 경우, 어린이를 위한 기내식서비스를 확인 후 신청한 결과 ⑥ 도착지 예약부서는 현지 보호자와 CTC 후 해당 PNR에 CTC 사항 입력된 결과

3-4. 임산부(Pregnant Woman)

임산부(pregnant woman)는 임신 32주(8개월) 미만인 경우, 산부인과 의사가 특별하게 항공여행을 문제시하지 않는 한, 정상 승객(normal passenger)으로 간주되나, 임신 32주 (8개월) 이상이 되면 예외 없이 운송제한승객(RPA: restricted passenger advice)의 대상이 되어 정상적으로 항공여행을 하기 위해서는 반드시 출발 D-3일(72시간) 이내에 산부인과 의사가 발급하는 건강진단서를 판매점소(selling office)에 제출해야만 한다.

● 임산부(Pregnant Woman) 운송에 필요한 제출 서류

✓ 건강진단서 3부(원본 1부 + 사본 2부)
- 항공편 출반 기준 72시간 이내에 산부인과 의사가 발급한 건강 진단서
- 항공편명, 출산예정일, 초산 및 경간여부, 임신일수 등 여행 적합성 여부 기록증명서
✓ Declaration of Indemnity or 서약서 2부 (공항에서 작성)

● 임산부(Pregnant Woman) PNR 작성 예시

명령어	>RT8777-8987	
	명령어 설명	① RT : PNR 조회 실행 명령어(Retrieve), ② 8777-8987 : 예약번호
응답화면	RP/SELK13900/SELK13900　　　　AA/GS　1JUN21/0735Z　6Z8H4I 8777-8987 　1.LEE/JIWON MS 2　KE 653 H 12NOV 5 ICNBKK HK1　1905 2320　12NOV　E　KE/6Z8H4I 3　KE 654 B 19NOV 5 BKKICN HK1　0100 0830　19NOV　E　KE/6Z8H4I 4 AP M*010-7777-8987 5 TK OK01JUN/SELK13900	
응답결과 설명	* 예약번호 8777-8987로 이미 만들어진 LEE/JIWON MS 승객의 PNR 조회 화면	
명령어	①>SR MEDA-PREGNANCY 33WEEKS/28YRS/1ST BABY/P1 ②>SR OTHS-EXPTD OF DLVRY 02FEB22	
	명령어 설명	① 임산부의 임신일자/나이/출산경력 사항 입력, ② 임산부의 출산예정일 입력
응답화면	①>SR MEDA-PREGNANCY 33WEEKS/28YRS/1ST BABY/P1 ②>SR OTHS-EXPTD OF DLVRY 02FEB22 --- RLR --- RP/SELK13900/SELK13900　　　　AA/SU　1JUN21/0735Z　6Z8H4I 8777-8987 　1.LEE/JIWON MS 2　KE 653 H 12NOV 5 ICNBKK HK1　1905 2320　12NOV　E　KE/6Z8H4I 3　KE 654 B 19NOV 5 BKKICN HK1　0100 0830　19NOV　E　KE/6Z8H4I 4 AP M*010-7777-8987 5 TK OK01JUN/SELK13900 6 SSR MEDA KE HN1 PREGNANCY 33WEEKS/28YRS/1ST BABY/S2 ① 7 SSR MEDA KE HN1 PREGNANCY 33WEEKS/28YRS/1ST BABY/S3 8 SSR OTHS YY EXPTD OF DLVRY 02FEB22 ② 9 OPW SELK13900-14JUN:1900/1C7/KE REQUIRES TICKET ON OR BEFORE 　　　15JUN:1900 ICN TIME ZONE/TKT/S2-3 10 OPC SELK13900-15JUN:1900/1C8/KE CANCELLATION DUE TO NO 　　　TICKET ICN TIME ZONE/TKT/S2-3	
응답결과 설명	① 임산부의 임신일자/나이/출산경력 사항 입력 결과, ② 임산부의 출산예정일 입력 결과	

3-5. 맹인(Blind Passenger)승객

맹인(blind passenger) 승객은 눈이 보이지 않아 ① 맹인안내견(SED : seeing eye dog)을 동반하거나, ② 보호자나 맹인안내견 없이 단독으로 여행하는 경우, 운송제한승객(RPA: restricted passenger advice)으로 간주되어 일정한 요건을 갖추어야만 여행이 가능하다. 그러나 만일 맹인 승객이 보호자와 동반하는 경우에는 운송제한승객(RPA)이 아닌 정상 승객(normal passenger)으로 간주된다.

● **맹인(Blind Passenger) 승객이 여행하는 형태**

✓ **동반맹인(Accompanied Blind Passenger)**
  • SED(Seeing Eye Dog)를 동반한 Blind Passenger

★ SED는 다음 조건하에 "무료 기내(Cabin) 운송" 가능
  • SED는 비행 중 승객의 발 앞에 두어야 함
  • SED는 반드시 입마개를 해야 함
  • SED는 도착지 및 경유지 국가가 요구하는 모든 사항을 사전에 허가 받아야 함
  • 기내에서는 물을 제외한 기타 음식을 제공하지 않음
  • 기타 SED 운송 관련 사항은 PETC 운송절차에 따름

✓ **비동반맹인(Unaccompanied Blind Passenger)**
  • SED(Seeing Eye Dog)를 동반하지 않고 단독으로 여행하는 Blind Passenger

★ 비동반맹인의 운송조건
  • Caring for Passenger needs
    ☞ 혼자 걸을 수 있거나 식사가 가능해야 하며 스스로 자신을 돌볼 수 있어야 함
  • Escort while on the ground
    ☞ 출 · 도착지에 Escort가 있어야 하며, 도착지 보호자에게 관련 승객에 대한 M/A 확약을 받아야 함
  • Declaration of indemnity
    ☞ 해당 항공사의 서약서 2부를 작성하여 출 · 도착지 공항에 제출해야 함

① SED 동반맹인(Accompanied Blind Passenger) PNR 작성 예시

명령어	>RT7777-7719	
	명령어 설명	① RT : PNR 조회 실행 명령어(Retrieve) ② 7777-7719 : 예약번호(Reservation Number)
응답화면	>RT7777-7719 --- RLR --- RP/SELK13900/SELK13900 AA/GS 1JUN21/0820Z 6ZUGKK 7777-7719 1.LEE/TAEGYU MR 2.LEE/JIWON MS 3 KE 623 M 10NOV 3 ICNMNL HK2 1835 2145 10NOV E KE/6ZUGKK 4 KE 624 H 20NOV 6 MNLICN HK2 2320 0420 21NOV E KE/6ZUGKK 5 AP M*010-7777-7777 6 AP M*010-8965-8745/P2 7 TK OK01JUN/SELK13900		
응답결과 설명	* 예약번호 7777-7719로 이미 만들어진 2명의 승객의 PNR 조회 화면	
명령어	①>SR PETC-SED/S3/P1 ②>SR OTHS-PAX HLD ALL NEC DOC	
	명령어 설명	① PETC : 애완동물을 의미하는 Keyword ② SED : 맹인안내견(SED : Seeing Eye Dog)을 의미하는 Code ③ OTHS : 기타사항으로 Others를 의미함 ④ PAX HLD ALL NEC DOC : 자유형식(Free Texts)으로 이미 필요서류를 제출 완료했음을 공지하는 것임
응답화면	① >SR PETC-SED/S3/P1 ② >SR OTHS-PAX HLD ALL NEC DOC --- RLR --- RP/SELK13900/SELK13900 AA/SU 1JUN21/0820Z 6ZUGKK 7777-7719 1.LEE/TAEGYU MR 2.LEE/JIWON MS 3 KE 623 M 10NOV 3 ICNMNL HK2 1835 2145 10NOV E KE/6ZUGKK 4 KE 624 H 20NOV 6 MNLICN HK2 2320 0420 21NOV E KE/6ZUGKK 5 AP M*010-7777-7777 6 AP M*010-8965-8745/P2 7 TK OK01JUN/SELK13900 8 SSR PETC KE NO1 SED.NO SSR CONFIRMATION RULE FOUND/S3/P1 ① 9 SSR OTHS YY PAX HLD ALL NEC DOC ②		
응답결과 설명	① 1번 승객이 3번 여정(Segment)에 SED를 동반한다는 내용 입력 결과 ② SED를 동반하는 데 필요한 모든 서류를 제출했다는 내용 입력 결과	

② SED 비동반맹인(Unaccompanied Blind Passenger) PNR 작성 예시

명령어	>RT7777-7719
	명령어 설명 ① RT : PNR 조회 실행 명령어(Retrieve) ② 7777-7719 : 예약번호(Reservation Number)
응답화면	>RT7777-7719 --- RLR --- RP/SELK13900/SELK13900 AA/GS 1JUN21/0820Z 6ZUGKK 7777-7719 1.LEE/TAEGYU MR 2.LEE/JIWON MS 3 KE 623 M 10NOV 3 ICNMNL HK2 1835 2145 10NOV E KF/6ZUGKK 4 KE 624 H 20NOV 6 MNLICN HK2 2320 0420 21NOV E KE/6ZUGKK 5 AP M*010-7777-7777 6 AP M*010-8965-8745/P2 7 TK OK01JUN/SELK13900
응답결과 설명	* 예약번호 7777-7719로 이미 만들어진 2명의 승객의 PNR 조회 화면
명령어	>SR OTHS-PAX HLD ALL NEC DOC
	명령어 설명 ① PNR을 이용하여 운송허가 요청 - 승객 PNR을 작성한 후
응답화면	>SR OTHS-PAX HLD ALL NEC DOC --- RLR --- RP/SELK13900/SELK13900 AA/SU 1JUN21/0820Z 6ZUGKK 7777-7719 1.LEE/TAEGYU MR 2.LEE/JIWON MS 3 KE 623 M 10NOV 3 ICNMNL HK2 1835 2145 10NOV E KE/6ZUGKK 4 KE 624 H 20NOV 6 MNLICN HK2 2320 0420 21NOV E KE/6ZUGKK 5 AP M*010-7777-7777 6 AP M*010-8965-8745/P2 7 TK OK01JUN/SELK13900 8 SSR OTHS YY PAX HLD ALL NEC DOC ① 9 OPW SELK13900-14JUN:1900/1C7/KE REQUIRES TICKET ON OR BEFORE 15JUN:1900 ICN TIME ZONE/TKT/S3-4 10 OPC SELK13900-15JUN:1900/1C8/KE CANCELLATION DUE TO NO
응답결과 설명	① SED를 비동반하는 맹인승객 운송에 필요한 모든 서류를 제출했다는 내용 입력 결과

4 특별승객(Special Passenger) : 애완동물(Pet) 동반 승객

　특별승객(special passenger)은 운송제한승객(RPA: restricted passenger advice)과 같이 특별한 요건과 절차가 필요한 승객은 아니지만, 그렇다고 해서 운송조건에 있어 정상승객(normal passenger)과는 다소 차이가 있는 승객을 일컫는다. 즉, ① 새(bird), 고양이(cat), 개(dog) 등과 같이 애완동물(pet)을 동반한 승객이라든지, ② 선원 및 대기 승무원(cockpit crew, cabin crew), ③ 100만 마일 이상 탑승한 밀리언마일러(MMC : million miler club), VIP 및 CIP 등 주요인사와 ④ 객실 반입 수화물을 위한 별도좌석 예약승객(extra baggage), 무사증통과(TWOV: transit without VISA) 승객 등이 이에 해당한다. 이 중 최근 가장 많이 발생하고 있는 애완동물 동반 승객을 중심으로 특별승객에 대한 운송절차를 살펴본다.

● **특별승객(Special Passenger)의 유형**

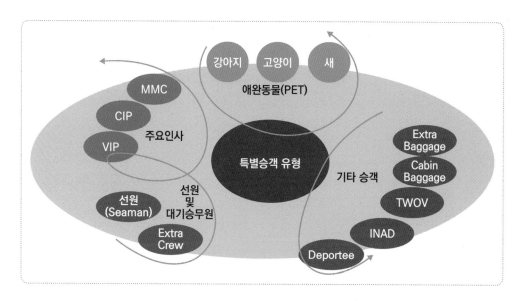

(1) 애완동물(Pet) 동반 승객의 예약 가능 범위 및 제한사항

애완동물(Pet)의 정의 및 범위	제한사항
✓ 일반적인 범위 • 개, 고양이, 새(열매나 벌레 먹는 새) • SKYTEAM 항공사들의 범위(예)	• 개의 경우, 아메리칸 핏불 테리어(American Pit Bull Terrier), 로트와일러(Rottweiler), 도베르만(Dobermann) 등 투견은 PETC/AVIH로 운송불가 • 개, 고양이, 새(열매나 벌레 먹는 새) 이외 동물은 CARGO로 운송해야 함 • 안정제를 투여한 PET 운송 불가 • 생후 8주 미만 PET 운송 불가 • 성인승객 1명당 1마리 운송원칙 – 단, 1인당 1PETC+1AVIH 가능 • 1 Cage당 1마리 운송원칙 – 단, 새의 경우 2마리, 개, 고양이의 경우, 8주 이상~6개월 이하의 경우 동종 2마리를 같은 용기로 1인이 운송 가능

항공사	Pet 정의	제한사항
KE	• 개, 고양이, 새 이외 불가	기종별 허용 마릿수 상이함. 별도 제한사항 있음
AM	• Cabin PET 금지(맹인/청각장애인 동반 인도견만이 가능)	
AF	• Warm Blooded, Domesticated Animal	• 특별한 규정은 없으나, 기종별 제한사항이 있을 수 있음
DL		• F/C/Y Class당 각각 1마리씩 허용

(2) 애완동물(Pet) 동반 운송을 위한 필요사항

애완동물(pet)과 동반 여행을 위해서는 ① 출발지 공항과 도착지 공항에 제출할 서약서(declaration of indemnity) 2부와 ② 수의과 의사가 발급하는 건강진단서(valid health certificate) 및 개(dog)의 경우는 광견병 접종증(rabies vaccination certificate)을 제출하여야 하며, ③ 일부 국가의 경우 애완동물 입국허가(import permit)에 필요한 추가 서류를 요구할 수 있으니 각 국가별 제한 규정 사항을 TIMATIC을 이용하여 반드시 확인하여야 한다.

● 애완동물(Pet) 동반 운송을 위한 필요 제출 서류 및 요건

✓ **서약서(Declaration of Indemnity) 2부**
  • 1st Copy : 출발지 공항 보관용
  • 2nd Copy : PET 용기에 부착하여 운송 후 도착공항 보관
✓ **광견병 접종증(Rabies Vaccination Certificate)** – 개의 경우만 해당
✓ **건강진단서(Valid Health Certificate)**
✓ **기타서류**
  • 일부 국가의 경우, Import Permit 등 추가서류를 요구할 수 있음
  • 따라서 각 국가별 제한 규정 사항을 TIMATIC을 이용하여 반드시 확인 필요

(3) 애완동물(Pet)의 운송 형태

애완동물은 각 항공사 마다 기내 반입 요건이 다르다. 따라서 일정 마릿수까지는 ① 객실(cabin) 수송이 가능한 반면, 이를 초과하여 객실(cabin) 반입이 불가한 경우에는 어쩔 수 없이 ② 화물칸(checked baggage)으로 운송해야 한다. 이에 기내 운송조건과 화물칸 운송조건을 아래와 같이 정리해 본다.

● 애완동물(Pet)의 객실 운송 및 화물칸 운송 조건

✓ **객실 운송 조건 : PETC(Pet in Cabin)**
  • 운송하고자 하는 비행편에 기예약된 PET이 없는 경우
  • Pet in Cabin 운송규정에 적합한 경우
✓ **화물칸 운송 조건 : AVIH(Animal in Hold : Checked Baggage)**
  • PETC 운송규정에는 적합하나 운송하고자 하는 비행편에 이미 PET이 예약된 경우
  • Pet in Cabin 운송규정에 적합하지 않은 경우

(4) 애완동물(Pet) 동반 운임 규정

애완동물은 무료수하물 허용량(FBA: free baggage allowance)과 관계없이 무조건 초과수하물(excess baggage charge)을 적용한다. 일반적으로 국제선인 경우, 여행지역에 따라 초과수하물 적용 기준이 각기 다른데, ① piece system을 적용하는 미주노선은 2unit charge를 부과하고, ② 그 외 weight system을 적용하는 노선은 "(pet 무게+cage 무게)×해당구간 EY/CLS 편도운임의 1.5%"를 부과한다. 한편 국내선의 경우에는 노선에 관계없이 "(pet 무게+cage 무게)×해당구간 왕복운임의 1%"를 적용한다.

● 애완동물(Pet)의 객실 운송 및 화물칸 운송 조건

노선	지역	적용 운임 계산 방법
국제선	미주노선(P/C System)	2Unit Charge
	기타 노선(W/T System)	(PET 무게+CAGE 무게)×해당구간 EY/CLS 편도정상운임의 1.5%
국내선	국내 전 노선	(PET 무게+CAGE 무게)×해당구간 왕복운임의 1%

(5) 애완동물(Pet) 운송 규정

애완동물과 동반하여 여행하는 여행자는 애완동물을 운송하는 데 있어 객실(cabin) 수송과 화물칸(checked baggage) 수송에 따라 ① 운송허가, ② 운송용기, ③ 크기(size) 제한, ④ 무게 제한, ⑤ 마릿수 제한 등의 규정이 상이하기 때문에 사전에 잘 숙지하여야 한다.

● 애완동물(Pet)의 객실(PETC)과 화물칸(AVIH) 운송 규정

규정	객실수송(PETC)	화물칸 수송(AVIH)
운송허가	• 운송 허가(Carriage Auth) 필요	
운송용기	• 방수/통풍 처리된 금속, 목재, 플라스틱 용기(승객 직접 준비)	
SIZE 제한	• Cage 3면 합 115Cm(45Inch) 이내	• 246Cm(97Inch) 이내
무게 제한	• Cage 포함 5Kg 이내	• 32Kg 이내, 초과 시 화물(Cargo)
마릿수 제한	• 승객 1인당 1마리 제한(1 PETC + 1 AVIH 허용) • 1 Cage당 1마리 운송(단, 새의 경우 2마리, 개/고양이의 경우 8주 이상~6개월 미만의 경우, 동종 2마리를 같은 용기에 넣어 1인이 운송 가능) • 기종별 허용 마릿수 규정 준수	

(6) 애완동물(Pet) 예약 방법

● PETC(Pet in Cabin)의 예약

√ 기본 규정 및 사전 확인 사항

- 기종별 허용 마릿수(Wide Body: F/C CLS 1마리 Y/CLS 1마리, Narrow Body : 1마리
- PET는 운송 중에는 Container에 담겨져 주인의 발밑에 있어야 함
- Seeing Eye Dog 및 Hearing Dog의 예약은 PETC에 우선함
- 반드시 > LP/KE017/14FEB-PETC(이미 예약된 PETC Check) 확인 후, 탑승허가 요청

① 국제선 PETC(Pet in Cabin)의 예약

명령어	>RT7777-7719	
	명령어 설명	① RT : PNR 조회 실행 명령어(Retrieve) ② 7777-7719 : 예약번호(Reservation Number)
응답화면	>RT7777-7719 --- RLR --- RP/SELK13900/SELK13900　　　　AA/GS　1JUN21/0820Z　6ZUGKK 7777-7719 1.LEE/TAEGYU MR　2.LEE/JIWON MS 3　KE 623 M 10NOV 3 ICNMNL HK2　1835 2145　10NOV　E　KE/6ZUGKK 4　KE 624 H 20NOV 6 MNLICN HK2　2320 0420　21NOV　E　KE/6ZUGKK 5 AP M*010-7777-7777 6 AP M*010-8965-8745/P2 7 TK OK01JUN/SELK13900	
응답결과 설명	* 예약번호 7777-7719로 이미 만들어진 2명의 승객의 PNR 조회 화면	
명령어	①>SR PETC-1DOG(or 1ST BURNARD) CARRIAGE AUTH/S3/P1 ②>SR PETC-ST BURNARD CAGE 30×30×35CM/95CM×TTL W/T 4KG /S3/P1 ③>SR OTHS-PAX HOLD HEALTH CERT. N RABIES VCNTN(or 4F PAX HOLD NEC DOCMNT FOR PET TRVLNG)	
	명령어 설명	① Pet in Cabin 운송허가 내용 입력(1번 승객이 3번 여정 시 동반) ② Pet in Cabin으로 운송하는 품종, Cage Size 및 총무게 내역 입력 명령어 ③ PAX HOLD HEALTH CERT. N RABIES VCNTN : 자유형식(Free Texts)으로 Pet in Cabin의 사전 구비서류를 이미 접수 완료했음 공지하는 내용)

→ 다음 페이지에 계속

응답화면	①>SR PETC-1DOG (or 1ST BURNARD) CARRIAGE AUTH/S3/P1 ②>SR PETC-ST BURNARD CAGE 30X30X35CM/95CM X TTL W/T 4KG /S3/P1 ③>SR OTHS-PAX HOLD HEALTH CERT. N RABIES VCNTN (or 4F PAX HOLD NEC DOCMNT FOR PET TRVLNG) RP/SELK13900/SELK13900　　　　AA/SU　1JUN21/0820Z　6ZUGKK 7777-7719 　1.LEE/TAEGYU MR　2.LEE/JIWON MS 　3 KE 623 M 10NOV 3 ICNMNL HK2　1835 2145　10NOV　E　KE/6ZUGKK 　4 KE 624 H 20NOV 6 MNLICN HK2　2320 0420　21NOV　E　KE/6ZUGKK 　5 AP M*010-7777-7777 　6 AP M010-8965-8745/P2 　7 TK OK01JUN/SELK13900 　8 SSR PETC KE HN1 1DOG CARRIAGE AUTH/S3/P1 ① 　9 SSR PETC KE NO1 ST BURNARD CAGE 30X30X35CM/95CM X TTL W/T 4KG.NO SSR 　　CONFIRMATION RULE FOUND/S3/P1 ② 　10 SSR PAX HOLD HEALTH CERT. N RABIES VCNTN (or 4F PAX HOLD NEC DOCMNT 　　FOR PET TRVLNG) ③
응답결과 설명	① 객실로 1마리의 강아지를 반입 허가한다는 내용 입력 결과 ② PET의 품종, Cage Size 및 총무게 내역 입력 결과 ③ 기타사항으로 PETC의 사전 구비서류를 이미 접수 완료했음 공지하는 내용을 입력한 결과

② 국내선 PETC(Pet in Cabin)의 예약

명령어	>RT8999-9888 | 명령어 설명	① RT : PNR 조회 실행 명령어(Retrieve) ② 8999-9888 : 예약번호(Reservation Number)	
응답화면	>RT8999-9888 RP/SELK13900/SELK13900　　　　AA/GS　1JUN21/1539Z　58CW6Q 8999-9888 　1.LEE/TAEGYU MR　2.LEE/DAEHAN MR 　3 KE1201 Y 10NOV 3 GMPCJU HK2　0650 0800　10NOV　E　KE/58CW6Q 　4 AP M*010-8999-9888 　5 TK OK02JUN/SELK13900
응답결과 설명	* 예약번호 8999-9888로 이미 만들어진 2명의 승객의 PNR 조회 화면
명령어	>SR PETC-HK1 1POODLE/3KG×CAGE 30×30×30Cm/90CM /S3/P1 | 명령어 설명	① PETC : Pet in Cabin 운송 애완동물을 의미하는 Keyword ② PET의 품종, Cage Size 내역 입력 명령어	

→ 다음 페이지에 계속

응답화면	>SR PETC-HK1 1POODLE/3KG X CAGE 30X30X30Cm/90CM /S3/P1 RP/SELK13900/SELK13900 AA/SU 1JUN21/1539Z 58CW6Q 8999-9888 1.LEE/TAEGYU MR 2.LEE/DAEHAN MR 3 KE1201 Y 10NOV 3 GMPCJU HK2 0650 0800 10NOV E KE/58CW6Q 4 AP M*010-8999-9888 5 TK OK02JUN/SELK13900 6 SSR PETC KE NO1 HK1 1POODLE/3KG X CAGE 30X30X30CM/90CM.NO SSR CONFIRMATION RULE FOUND/S3/P1
응답결과 설명	* 국내선 KE1201편 GMP/CJU 여정 구간에 3KG 푸들 1마리를 객실로 반입 운송하겠으며, 케이지의 크기는 30×30×30CM/90CM임을 입력한 결과

● AVIH(Animal in Hold)의 예약

✓ 기본 규정 및 사전 확인 사항

- 기종별 허용 마리 확인 필수 : 기종별 운송 상황에 따라 허용 마릿수 상이할 수 있음
- 국제선의 경우, F100, B737-800은 환기/온도 조절 등의 문제로 AVIH 운송 불가
- 반드시 > LP/KE017/14FEB-PETC(이미 예약된 PETC Check) 확인 후, 탑승허가 요청

① 국제선 AVIH(Animal in Hold)의 예약

명령어	>RT7777-7719	
	명령어 설명	① RT : PNR 조회 실행 명령어(Retrieve) ② 7777-7719 : 예약번호(Reservation Number)
응답화면	>RT7777-7719 --- RLR --- RP/SELK13900/SELK13900 AA/GS 1JUN21/0820Z 6ZUGKK 7777-7719 1.LEE/TAEGYU MR 2.LEE/JIWON MS 3 KE 623 M 10NOV 3 ICNMNL HK2 1835 2145 10NOV E KE/6ZUGKK 4 KE 624 H 20NOV 6 MNLICN HK2 2320 0420 21NOV E KE/6ZUGKK 5 AP M*010-7777-7777 6 AP M*010-8965-8745/P2 7 TK OK01JUN/SELK13900	
응답결과 설명	* 예약번호 7777-7719로 이미 만들어진 2명의 승객의 PNR 조회 화면	

→ 다음 페이지에 계속

명령어	①>SR AVIH 1DOG(or 1ST BURNARD) CARRIAGE AUTH//S3/P1 ②>SR AVIH- ST BURNARD CAGE 60×60×65CM/185CM×TTL W/T 9KG/S3/P1 ③>SR PAX HOLD HEALTH CERT. N RABIES VCNTN(or 4F PAX HOLD NEC DOCMNT FOR PET TRVLNG)
	명령어 설명 ① Animal in Hold 운송허가 내용 입력(1번 승객이 3번 여정 시 동반) ② Animal in Hold로 운송하는 품종, Cage Size 및 총무게 내역 입력 명령어 ③ PAX HOLD HEALTH CERT. N RABIES VCNTN : 자유형식(Free Texts)으로 Animal in Hold의 사전 구비서류를 이미 접수 완료했음 공지하는 내용)
응답화면	①>SR AVIH 1DOG(or 1 ST BURNARD) CARRIAGE AUTH//S3/P1 ②>SR AVIH- ST BURNARD CAGE 60X60X65CM/185CM X TTL W/T 9KG/S3/P1 ③>SR OTHS-PAX HOLD HEALTH CERT. N RABIES VCNTN(or 4F PAX HOLD NEC DOCMNT FOR PET TRVLNG) RP/SELK13900/SELK13900 AA/SU 1JUN21/0820Z 6ZUGKK 7777-7719 1.LEE/TAEGYU MR 2.LEE/JIWON MS 3 KE 623 M 10NOV 3 ICNMNL HK2 1835 2145 10NOV E KE/6ZUGKK 4 KE 624 H 20NOV 6 MNLICN HK2 2320 0420 21NOV E KE/6ZUGKK 5 AP M*010-7777-7777 6 AP M*010-8965-8745/P2 7 TK OK01JUN/SELK13900 8 SSR AVIH HN1 1DOG CARRIAGE AUTH/S3/P1 ① 9 SSR AVIH KE NO1 ST BURNARD CAGE 30X30X35CM/95CM X TTL W/T 4KG.NO SSR CONFIRMATION RULE FOUND/S3/P1 ② 10SSR PAX HOLD HEALTH CERT. N RABIES VCNTN (or 4F PAX HOLD NEC DOCMNT FOR PET TRVLNG) ③
응답결과 설명	① 화물칸으로 1마리의 강아지 반입 허가한다는 내용 입력 결과 ② PET의 품종, Cage Size 및 총무게 내역 입력 결과 ③ 기타사항으로 Animal in Hold 운송 Pet에 대한 사전 구비서류를 이미 접수 완료했음 공지하는 내용을 입력한 결과

② 국내선 AVIH(Animal in Hold)의 예약

명령어	>RT8999-9888	
	명령어 설명	① RT : PNR 조회 실행 명령어(Retrieve) ② 8999-9888 : 예약번호(Reservation Number)

응답화면	>RT8999-9888 RP/SELK13900/SELK13900　　　　AA/GS　1JUN21/1539Z　58CW6Q 8999-9888 　1.LEE/TAEGYU MR　2.LEE/DAEHAN MR 　3　KE1201 Y 10NOV 3 GMPCJU HK2　0650 0800　10NOV　E　KE/58CW6Q 　4 AP M*010-8999-9888 　5 TK OK02JUN/SELK13900
응답결과 설명	* 예약번호 8999-9888로 이미 만들어진 2명의 승객의 PNR 조회 화면

명령어	>SR AVIH-HK1 1ST BURNARD /7KG×CAGE 60×60×60Cm /180CM/S3/P1	
	명령어 설명	① PETC : Animal in Hold 운송 애완동물을 의미하는 Keyword ② PET의 품종, Cage Size 내역 입력 명령어

응답화면	>SR PETC-HK1 1POODLE/3KG X CAGE 30X30X30Cm/90CM /S3/P1 RP/SELK13900/SELK13900　　　　AA/SU　1JUN21/1539Z　58CW6Q 8999-9888 　1.LEE/TAEGYU MR　2.LEE/DAEHAN MR 　3　KE1201 Y 10NOV 3 GMPCJU HK2　0650 0800　10NOV　E　KE/58CW6Q 　4 AP M*010-8999-9888 　5 TK OK02JUN/SELK13900 　6 SSR AVIH KE NO1 HK1 1POODLE/3KG X CAGE 30X30X30CM/90CM.NO 　　SSR CONFIRMATION RULE FOUND/S3/P1
응답결과 설명	* 국내선 KE1201편 GMP/CJU 여정 구간에 3KG 푸들 1마리를 화물칸으로 운송하겠으며, 케이지의 크기는 30×30×30CM/90CM임을 입력한 결과

CHAPTER 8

Queue 및 AIS 운영 방법

CHAPTER 8

Queue 및 AIS 운영 방법

 Queue의 개념 및 활용 방법

1-1. Queue의 개념

queue는 항공여객예약기록(PNR)을 특정목적 및 기능에 따라 자동 또는 수작업으로 보내지고 꺼내보고 하는 서류함과 같은 것으로 특히 예약과 발권 또는 운송업무 처리를 위해 활용되는 송수신 통신장치라고 할 수 있다. 따라서 queue는 특성별로 queue의 번호(number)가 부여되는데 ① 1개의 Office당 80개의 기능 queue number가 부여되고 있고, ② 1개의 queue number당 최대 255개의 category를 구성할 수 있다.

1-2. Queue의 기능

① **직원 상호 간의 Communication 기능**
  ✓ 승객의 업무처리를 위하여 해당 승객의 PNR 또는 Message를 이용하여 직원 상호 간의 업무 협의의 의사전달 기능으로 활용
② **PNR 및 Message 저장 기능**
  ✓ 차후 추가 업무처리가 필요한 PNR 및 Message를 일정 기간 보관한 뒤, 필요 시점에 다시 꺼내어 필요 업무를 처리하기 위한 PNR 및 Message의 보관 기능

1-3. Queue의 운영 방식 및 특성

① Queue의 운영 방식

✓ manual queueing : 별도 명령어를 이용하여 수동으로 queueing을 하는 방식

✓ auto queueing : 사전에 설정된 queue로 자동 queueing되는 방식

② Queue의 특성

✓ queue의 번호(number)는 특성별로 구분됨

✓ queue는 0~97번까지 일련번호로 구성되는 것이 아닌, 중간에 비어있을 수도 있음

✓ 총 queue의 수는 80개이나 여행사는 60개만 사용 가능함

✓ 1개의 queue의 번호(number)는 최대 255개의 category를 구성할 수 있음

③ Queue의 구조(Bank)

✓ 세부용도별로 queue number가 부여되어 있으며, 접수 순서대로 해당 queue에 저장되어 쌓이게 됨

✓ 시스템에서 미리 정해진 queue number 이외에 자체적으로 정의된 기능에 따라 사용할 수도 있음

● 사전 설정된 Queue의 세부용도 및 유형

Queue 번호	세부용도	유형
0	General	Special
1	Confirmation	Dual
2	Waitlist Clearance	Dual
7	Schedule Change	Dual
8	Ticketing Time Limit	Dual
12	Expired Time Limit	Special
23	Request for Reply	Special
25, 26	Multi-list PNRs	Special
87	Group PNRs	Dual

Memo

2 Queue의 작업 순서 및 관련 명령어

　queue 작업은 우선 ① queue count를 시행한 후, 관련 작업을 수행하기 위하여 ② 해당 queue에 접속한다. ③ 해당 queue에 접속하여 필요 작업을 한 후, ④ 접속한 queue에서 퇴장하는 순으로 작업을 진행된다. 이에 관련한 작업에 필요한 명령어는 다음과 같다.

● Queue 작업 과정

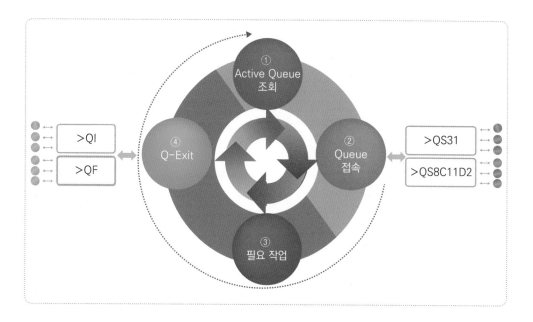

● Queue 작업에 필요한 명령어 종합

Queue 작업 내용	작업 형태	관련 명령어	명령어 기능 설명
Queue 작업 순서	① Active Queue 조회	>QT	✓ Queue->Category->Date Range(RD) 조회
	② Queue 접속	>QS8C1D4	✓ 8: Q번호, C1: Category1번, D4: Date Range
	③ Queue에서 필요 작업	>QN	✓ Queue에서 PNR 제거 후, 다음 PNR 조회
		>QD	✓ Queue 작업 보류하고 다음 PNR 자동 조회
		>QES	✓ Queue에서 PNR작업한 결과 계속 보관 후 다음 PNR 조회
	④ 작업종료(Q-Exit)	>QI	✓ Queue 작업 종료
		>QF	✓ Queue에서 PNR 수정 후, Queue 작업 종료
Q-Bank 조회 (PNR-Q Counting)	①-1 Office-Q 전체 조회	>QTQ	✓ 해당 Office Queue 전체 조회
	①-2 Active Queue 조회	>QT	✓ 해당 Office Queue 작업할 Q-Number만 조회
	①-3 Queue 및 Category 조회	>QT8CE	✓ Q-8번의 Category 전체조회 (CE)
PNR-Q 접속 (PNR-Q Retrieve)	②-1 Q작업을 위한 접속	>QS31	✓ Q-31번, Category-0번, DR-1번으로 자동 접속
		>QS8C11D2	✓ Q-8번, Category-11번, DR-2번으로 접속
PNR 송부 (PNR Q-Sending)	③-1 PNR를 타 Office로 송부	>QE8C1D1	✓ 해당 PNR을 8번-Q, Category1번, DR-1로 송부
		>QE/타 Office ID/8C1D1	✓ Q-8번의 Category 전체조회 (CE)

3 ✈ TIMATIC의 개념 및 조회 방법

3-1. TIMATIC의 개요

 TIMATIC(travel information manual)은 전 세계 200여 개국의 여권(passport), 비자(visa), 검역(quarantine) 등 해당국가 출입국에 필요한 각종 여행정보를 수록한 책자(TIM)로서 이를 전산화하여 고객이 필요할 때 신속하게 관련 정보를 제공하기 위하여 구성한 여행정보시스템을 일컫는다.

3-2. TIMATIC 조회 방법

 ① **PNR이 있는 경우 조회 방법**
  ✓ PNR을 먼저 조회한 후, 여행하고자 하는 국가의 출입국에 필요한 VISA, HEALTH 등 각종 여행 정보를 조회하기 위한 방법
 ② **Specific Text Data Base(전문가 Mode)**
  ✓ 승객의 국적에 따라 방문국의 도시 Code를 이용하여 조회하는 방법
 ③ **TIDFT 명령어 이용한 조회 방법**
  ✓ 단순히 목적지만을 지정한 후, 해당 조회 Section 및 Subsection에 VISA나 Health 정보를 조회 하기 위한 방법으로 ">TIDFT" 명령어를 이용함

(1) PNR을 이용한 TIMATIC 조회 방법

 이미 만들어져 있는 승객의 PNR을 조회한 후 해당 PNR의 여정을 지정하여 필요 정보를 조회하는 방식이다.

명령어	>RT4003-8939	
	명령어 설명	① RT : PNR 조회 실행 명령어(Retrieve) ② 4003-8939 : 예약번호(Reservation Number)

응답화면	>RT4003-8939
	
	--- RLR DCS SFP ---
	RP/HDQ1S/HDQ1SFOXVYS/CC6G/2966622 11JUL21/1911Z 4QHJ7F 4003-8939
	 1.DE LEON/HENELY ARANAS
	 2 DL1733 H 11JUL 7 LASLAX HK1 0626 0740 *I*
	 3 KE 018 H 11JUL 7 LAXICN HK1 B1230 1720 12JUL E KE/4QHJ7F
	 4 KE 623 H 12JUL 1 ICNMNL HK1 A1845 2205 12JUL E KE/4QHJ7F
	 5 TK OK06JUL/SEL KE06PA
	 6 #SSR RQST KE HK1 LAXICN/34DN,P1/S3 SEE RTSTR
	 7 #SSR RQST KE HK1 ICNMNL/33BN,P1/S4 SEE RTSTR
	 8 SSR OTHS 1S CHECK SPECIAL MEAL AND ADVANCE SEATING
	 9 SSR OTHS 1S ECONOMY CLS ASP AVBL WITHIN 361DAYS FOR TKTD
	   PAX
	10 SSR OTHS 1S INPUT PAX CONTACT INFO WZ SSR OR OSI CTCM/CTCE
	    FORMAT
	11 SSR WCHR KE HK1/S3
	12 SSR WCHR KE HK1/S4
	13 SSR DOCS KE HK1 ////22JUN58/F//DE LEON/HENELY/ARANAS
	14 SSR OTHS 1S ADV PAX ASP N A/C MAY CHANGE/CNXLD W/O NOTICE
	15 SSR DOCS KE HK1 P/PHL/P9209192A/PHL/22JUN58/F/17OCT28/DELEON/HEN
	   ELY/S3
	16 SSR DOCS KE HK1 P/PHL/P9209192A/PHL/22JUN58/F/17OCT28/DE
	    LEON/HENELY/S4

응답결과 설명	* 예약번호 4003-8939로 이미 만들어진 1명의 승객의 PNR 조회 화면	

→ 다음 페이지에 계속

명령어		①>TIRV/NAPH/S4 ②>TIRH/NAPH/S4 ③>TIRA/NAPH/S4
	명령어 설명	① PNR 조회 후 TIMATIC 정보(VISA 정보)를 조회(/국적/PNR상의 여정 4번) ② PNR 조회 후 TIMATIC 정보(Health 정보)를 조회(/국적/PNR상의 여정 4번) ③ PNR 조회 후 TIMATIC 정보(VISA+Health 정보)를 조회
응답결과	① 명령에 의한 응답화면	>TIRV/NAPH/S4 TIMATIC-3 / 12JUL21 / 0458 UTC NATIONAL PHILIPPINES (PH)　　/DESTINATION PHILIPPINES (PH) VISA DESTINATION PHILIPPINES (PH) ...... NORMAL PASSPORTS ONLY ...... PASSPORT REQUIRED. - NATIONALS OF THE PHILIPPINES WHO RESIDE IN THE PHILIPPINES 　ARE ALLOWED TO ENTER WITH AN EXPIRED PASSPORT. PASSPORT EXEMPTIONS: - NATIONALS OF PHILIPPINES WITH AN EMERGENCY PASSPORT. ADMISSION AND TRANSIT RESTRICTIONS: - UNTIL 15 JULY 2021, PASSENGERS ARRIVING FROM BANGLADESH, 　INDIA, NEPAL, OMAN, PAKISTAN, SRI LANKA OR UNITED ARAB 　EMIRATES ARE NOT ALLOWED TO ENTER. - THIS DOES NOT APPLY TO NATIONALS OF THE PHILIPPINES 　TRAVELING UNDER THE GOVERNMENT'S REPATRIATION PROGRAM. MINORS: - NATIONALS OF THE PHILIPPINES YOUNGER THAN 18 YEARS RESIDING 　IN THE PHILIPPINES AND DEPARTING FROM THE PHILIPPINES NOT 　ACCOMPANIED BY A PARENT/LEGAL GUARDIAN MUST HAVE A TRAVEL 　CLEARANCE ISSUED BY THE DEPARTMENT OF SOCIAL WELFARE AND 　DEVELOPMENT (DSWD) OR BY THE INTERCOUNTRY ADOPTION BOARD 　(ICAB). - NATIONALS OF THE PHILIPPINES YOUNGER THAN 18 YEARS RESIDING 　IN THE PHILIPPINES AND DEPARTING FROM THE PHILIPPINES WITH 1 　PARENT/LEGAL GUARDIAN MUST HAVE A PARENTAL TRAVEL PERMIT 　(PTP) ISSUED BY THE DEPARTMENT OF SOCIAL WELFARE AND 　DEVELOPMENT (DSWD). WARNING: - UNTIL 15 JULY 2021, PASSENGERS WHO IN THE PAST 14 DAYS HAVE 　BEEN IN BANGLADESH, INDIA, NEPAL, OMAN, PAKISTAN, SRI LANKA 　OR UNITED ARAB EMIRATES ARE NOT ALLOWED TO ENTER. - THIS DOES NOT APPLY TO NATIONALS OF THE PHILIPPINES 　TRAVELING ON REPATRIATION FLIGHTS. - NATIONALS OF THE PHILIPPINES ARRIVING FROM BANGLADESH, 　INDIA, NEPAL, OMAN, PAKISTAN, SRI LANKA OR UNITED ARAB 　EMIRATES ON A NON-GOVERNMENT'S REPATRIATION FLIGHT MUST HAVE

→ 다음 페이지에 계속

		A NEGATIVE COVID-19 RT-PCR TEST RESULT ISSUED AT MOST 48 HOURS BEFORE DEPARTURE; AND – A PRIOR APPROVAL OBTAINED BY THEIR AGENCY FROM BUREAU OF QUARANTINE (BOQ). – PASSENGERS ARE SUBJECT TO QUARANTINE FOR UP TO 14 DAYS. – PASSENGERS MUST HAVE A RESERVATION CONFIRMATION OF A HOTEL APPROVED BY TOURISM AND HEALTH AGENCIES FOR AT LEAST 10 DAYS. THE HOTEL MUST BE LISTED AT HTTPS://WWW.PHILIPPINEAIRLINES.COM/EN/PH/HOME/COVID-19/ARRIVINGINTHEPH/MANILAQUARANTINEHOTELS – THIS DOES NOT APPLY TO NATIONALS OF THE PHILIPPINES WHO ARE OVERSEAS FILIPINO WORKERS (OFW). – PASSENGERS MUST COMPLETE A "CASE INVESTIGATION FORM" AND PRESENT IT UPON ARRIVAL. THE FORM CAN BE OBTAINED AT HTTPS://C19.REDCROSS.ORG.PH/ARRIVING-PASSENGERS – PASSENGERS TRAVELING TO DAVAO (DVO) MUST HAVE A NEGATIVE COVID-19 RT-PCR TEST RESULT ISSUED AT MOST 72 HOURS BEFORE DEPARTURE. SIMPLIFY YOUR REQUEST USE TIFA, TIFV AND TIFH FULL TEXT AVAILABLE USE TIDFT CHECK >TINEWS/N1 – VIRTUAL APEC BUSINESS TRAVEL CARD (ABTC)
	② 명령에 의한 응답화면	>TIRH/NAPH/S4
		TIMATIC-3 / 12JUL21 / 0425 UTC EMBARKATION KOREA (REP.) (KR)　/DESTINATION PHILIPPINES (PH) HEALTH DESTINATION PHILIPPINES (PH) VACCINATION AGAINST YELLOW FEVER REQUIRED IF ARRIVING WITHIN 6 DAYS AFTER LEAVING OR TRANSITING COUNTRIES WITH RISK OF YELLOW FEVER TRANSMISSION >TIRGL/YFIN.
		EXEMPT FROM YELLOW FEVER VACCINATION: – CHILDREN UNDER 1 YEAR OF AGE WHO ARE, HOWEVER, SUBJECT TO ISOLATION OR SURVEILLANCE WHEN INDICATED. – PASSENGERS TRANSITING COUNTRIES WITH RISK OF YELLOW FEVER TRANSMISSION IF NOT LEAVING THE TRANSIT AREAS. RECOMMENDED: – MALARIA PROPHYLAXIS: MALARIA RISK EXISTS THROUGHOUT THE YEAR IN AREAS BELOW 600 METERS, EXCEPT IN THE PROVINCES OF AKLAN, ALBAY, BENGUET, BILIRAN, BOHOL, CAMIGUIN, CAPIZ, CATANDUANES, CAVITE, CEBU, GUIMARAS, ILOILO, NORTHERN LEYTE, SOUTHERN LEYTE, MARINDUQUE, MASBATE, EASTERN SAMAR, NORTHERN SAMAR, WESTERN SAMAR, SIQUIJOR, SORSOGON, SURIGAO DEL NORTE AND METROPOLITAN MANILA. NO RISK IS CONSIDERED TO EXIST IN URBAN AREAS OR IN THE PLAINS. HUMAN P. KNOWLESI INFECTION REPORTED IN THE PROVINCE OF PALAWAN. RECOMMENDED PREVENTION IN RISK AREAS: C.
		SIMPLIFY YOUR REQUEST USE TIFA, TIFV AND TIFH FULL TEXT AVAILABLE USE TIDFT CHECK >TINEWS/N1 – VIRTUAL APEC BUSINESS TRAVEL CARD (ABTC)

→ 다음 페이지에 계속

③ 명령에
의한
응답화면

>TIRA/NAPH/S4

TIMATIC-3 / 12JUL21 / 0455 UTC
NATIONAL PHILIPPINES (PH)   /EMBARKATION KOREA (REP.) (KR)
DESTINATION PHILIPPINES (PH)
VISA DESTINATION PHILIPPINES (PH)

...... NORMAL PASSPORTS ONLY ......
PASSPORT REQUIRED.
- NATIONALS OF THE PHILIPPINES WHO RESIDE IN THE PHILIPPINES
  ARE ALLOWED TO ENTER WITH AN EXPIRED PASSPORT.
PASSPORT EXEMPTIONS:
- NATIONALS OF PHILIPPINES WITH AN EMERGENCY PASSPORT.
VISA NOT REQUIRED.
WARNING:
- UNTIL 15 JULY 2021, PASSENGERS WHO IN THE PAST 14 DAYS HAVE
  BEEN IN BANGLADESH, INDIA, NEPAL, OMAN, PAKISTAN, SRI LANKA
  OR UNITED ARAB EMIRATES ARE NOT ALLOWED TO ENTER.
 - THIS DOES NOT APPLY TO NATIONALS OF THE PHILIPPINES
   TRAVELING ON REPATRIATION FLIGHTS.
 - PASSENGERS ARE SUBJECT TO QUARANTINE FOR UP TO 14 DAYS.
 - PASSENGERS MUST HAVE A RESERVATION CONFIRMATION OF A HOTEL
   APPROVED BY TOURISM AND HEALTH AGENCIES FOR AT LEAST 10
   DAYS. THE HOTEL MUST BE LISTED AT
   HTTPS://WWW.PHILIPPINEAIRLINES.COM/EN/PH/HOME/COVID-19/ARRIV
   INGINTHEPH/MANILAQUARANTINEHOTELS
 - THIS DOES NOT APPLY TO NATIONALS OF THE PHILIPPINES WHO ARE
   OVERSEAS FILIPINO WORKERS (OFW).
 - PASSENGERS MUST COMPLETE A "CASE INVESTIGATION FORM" AND
   PRESENT IT UPON ARRIVAL. THE FORM CAN BE OBTAINED AT
   HTTPS://C19.REDCROSS.ORG.PH/ARRIVING-PASSENGERS
 - PASSENGERS TRAVELING TO DAVAO (DVO) MUST HAVE A NEGATIVE
   COVID-19 RT-PCR TEST RESULT ISSUED AT MOST 72 HOURS BEFORE
   DEPARTURE.
///

HEALTH DESTINATION PHILIPPINES (PH)
VACCINATION AGAINST YELLOW FEVER REQUIRED IF ARRIVING WITHIN 6
DAYS AFTER LEAVING OR TRANSITING COUNTRIES WITH RISK OF YELLOW
FEVER TRANSMISSION >TIRGL/YFIN.

EXEMPT FROM YELLOW FEVER VACCINATION:
- CHILDREN UNDER 1 YEAR OF AGE WHO ARE, HOWEVER, SUBJECT TO
  ISOLATION OR SURVEILLANCE WHEN INDICATED.
- PASSENGERS TRANSITING COUNTRIES WITH RISK OF YELLOW FEVER
  TRANSMISSION IF NOT LEAVING THE TRANSIT AREAS.

→ 다음 페이지에 계속

| | RECOMMENDED:
– MALARIA PROPHYLAXIS: MALARIA RISK EXISTS THROUGHOUT THE YEAR
IN AREAS BELOW 600 METERS, EXCEPT IN THE PROVINCES OF AKLAN,
ALBAY, BENGUET, BILIRAN, BOHOL, CAMIGUIN, CAPIZ,
CATANDUANES, CAVITE, CEBU, GUIMARAS, ILOILO, NORTHERN LEYTE,
SOUTHERN LEYTE, MARINDUQUE, MASBATE, EASTERN SAMAR, NORTHERN
SAMAR, WESTERN SAMAR, SIQUIJOR, SORSOGON, SURIGAO DEL NORTE
AND METROPOLITAN MANILA. NO RISK IS CONSIDERED TO EXIST IN
URBAN AREAS OR IN THE PLAINS. HUMAN P. KNOWLESI INFECTION
REPORTED IN THE PROVINCE OF PALAWAN. RECOMMENDED PREVENTION
IN RISK AREAS: C.

SIMPLIFY YOUR REQUEST USE TIFA, TIFV AND TIFH
FULL TEXT AVAILABLE USE TIDFT
CHECK >TINEWS/N1 – VIRTUAL APEC BUSINESS TRAVEL CARD (ABTC) |
| 응답결과
설명 | ① PNR상의 4번 여정을 여행하는 데 있어 필요한 VISA 정보를 TIMATIC에서 조회한 결과
② PNR상의 4번 여정을 여행하는 데 있어 필요한 Health 정보를 TIMATIC에서 조회한 결과
③ PNR상의 4번 여정을 여행하는 데 있어 필요한 VISA+Health 정보를 TIMATIC에서 조회한 결과 |

(2) Full Text Data Base(전문가 Mode) 방식 조회 명령어 (예시)

PNR이 없는 경우의 TIMATIC 조회 방법, 즉 full text data base 방식 조회는 전문가 (expert mode)가 TIMATIC 정보를 조회하는 형태로 각국의 출입국에 필요한 각종 여행 정보 등을 조회하는 기능이다.

>TIRA/NA 국적 /EM 출발지/TR 경유지/DE 목적지/VT 출발 D-6 방문도시

명령어	의미
>TIRV/NAPH/EMLAX/TRICN/DEMNL	✓ PNR이 없는 필리핀 국적자가 L.A출발, 서울 경유, 최종 마닐라 도착 시, VISA 정보 조회 명령어
>TIRH/NAPH/EMLAX/TRICN/DEMNL	✓ PNR이 없는 필리핀 국적자가 L.A출발, 서울 경유, 최종 마닐라 도착 시, Health 정보 조회 명령어
>TIRA/NAPH/EMLAX/TRICN/DEMNL	✓ PNR이 없는 필리핀 국적자가 L.A출발, 서울 경유, 최종 마닐라 도착 시, VISA+Health 정보 조회 명령어

명령어		①>TIRV/NAPH/EMLAX/TRICN/DEMNL ②>TIRH/NAPH/EMLAX/TRICN/DEMNL ③>TIRA/NAPH/EMLAX/TRICN/DEMNL
	명령어 설명	① PNR이 없는 필리핀 국적, L.A출발, 서울 경유, 최종 마닐라 도착 승객의 TIMATIC 정보 조회 기본 명령어(VISA 정보 조회) ② PNR이 없는 필리핀 국적, L.A출발, 서울 경유, 최종 마닐라 도착 승객의 TIMATIC 정보 조회 기본 명령어(Health 정보 조회) ③ PNR이 없는 필리핀 국적, L.A출발, 서울 경유, 최종 마닐라 도착 승객의 TIMATIC 정보 조회 기본 명령어(VISA+Health 정보 동시 조회)

응답결과	① 명령에
	의한
	응답화면
		>TIRV/NAPH/EMLAX/TRICN/DEMNL
		
		TIMATIC-3 / 12JUL21 / 0406 UTC
		NATIONAL PHILIPPINES (PH) /EMBARKATION USA (US)
		TRANSIT KOREA (REP.) (KR) /DESTINATION PHILIPPINES (PH)
		ALSO CHECK DESTINATION INFORMATION BELOW
		VISA TRANSIT KOREA (REP.) (KR)
		...... NORMAL PASSPORTS ONLY ......
		ADMISSION AND TRANSIT RESTRICTIONS:
		- PASSENGERS ARE NOT ALLOWED TO TRANSIT THROUGH KOREA (REP.)
		  FOR MORE THAN 24 HOURS.
		
		VISA REQUIRED, EXCEPT FOR NATIONALS OF PHILIPPINES WITH A VISA
		ISSUED BY IRELAND (REP.), MALTA, SLOVENIA, USA OR UNITED
		KINGDOM AND A CONFIRMED ONWARD TICKET FOR A FLIGHT TO A THIRD
		COUNTRY WITHIN 30 DAYS. THEY MUST BE RETURNING FROM THE
		COUNTRY THAT ISSUED THE VISA.
		VISA REQUIRED, EXCEPT FOR NATIONALS OF PHILIPPINES WITH A VISA
		ISSUED BY IRELAND (REP.), MALTA, SLOVENIA, USA OR UNITED
		KINGDOM AND A CONFIRMED ONWARD TICKET FOR A FLIGHT TO THE
		COUNTRY THAT ISSUED THE VISA WITHIN 30 DAYS. THE FOLLOWING
		ITINERARIES ARE POSSIBLE: >TIDFT/KR/VI/VS/ID90886
		TWOV (TRANSIT WITHOUT VISA):
		VISA REQUIRED, EXCEPT FOR PASSENGERS TRANSITING THROUGH SEOUL
		(ICN) WITH A CONFIRMED ONWARD TICKET FOR A FLIGHT TO A THIRD
		COUNTRY WITHIN 24 HOURS. THEY MUST STAY IN THE INTERNATIONAL
		TRANSIT AREA OF THE AIRPORT AND HAVE DOCUMENTS REQUIRED FOR
		THE NEXT DESTINATION.
		VISA REQUIRED, EXCEPT FOR PASSENGERS TRANSITING THROUGH SEOUL
		(ICN) WITH A CONFIRMED ONWARD TICKET FOR A FLIGHT TO A THIRD
		COUNTRY WITHIN 72 HOURS.
		 THEY MUST:
		- JOIN A TRANSIT TOUR ORGANIZED BY SEOUL (ICN), AND
		- HAVE DOCUMENTS REQUIRED FOR THE NEXT DESTINATION.
		VISA REQUIRED, EXCEPT FOR PASSENGERS WITH A CONFIRMED ONWARD
		TICKET FOR A FLIGHT TO A THIRD COUNTRY ON THE SAME CALENDAR
		DAY. THEY MUST STAY IN THE INTERNATIONAL TRANSIT AREA OF THE
		AIRPORT AND HAVE DOCUMENTS REQUIRED FOR THE NEXT DESTINATION.
		- THIS TWOV FACILITY DOES NOT APPLY AT SEOUL (ICN).
		WARNING:
		- FLIGHTS MUST ARRIVE AT INCHEON INTERNATIONAL AIRPORT (ICN)
		  BETWEEN 5:00 AND 20:00.

→ 다음 페이지에 계속

VISA DESTINATION PHILIPPINES (PH)
...... NORMAL PASSPORTS ONLY ......
PASSPORT REQUIRED.
– NATIONALS OF THE PHILIPPINES WHO RESIDE IN THE PHILIPPINES
  ARE ALLOWED TO ENTER WITH AN EXPIRED PASSPORT.
PASSPORT EXEMPTIONS:
– NATIONALS OF PHILIPPINES WITH AN EMERGENCY PASSPORT.
VISA NOT REQUIRED.
WARNING:
– UNTIL 15 JULY 2021, PASSENGERS WHO IN THE PAST 14 DAYS HAVE
  BEEN IN BANGLADESH, INDIA, NEPAL, OMAN, PAKISTAN, SRI LANKA
  OR UNITED ARAB EMIRATES ARE NOT ALLOWED TO ENTER.
  – THIS DOES NOT APPLY TO NATIONALS OF THE PHILIPPINES
    TRAVELING ON REPATRIATION FLIGHTS.
– PASSENGERS ARE SUBJECT TO QUARANTINE FOR UP TO 14 DAYS.
– PASSENGERS MUST HAVE A RESERVATION CONFIRMATION OF A HOTEL
  APPROVED BY TOURISM AND HEALTH AGENCIES FOR AT LEAST 10
  DAYS. THE HOTEL MUST BE LISTED AT
  HTTPS://WWW.PHILIPPINEAIRLINES.COM/EN/PH/HOME/COVID-19/ARRIV
  INGINTHEPH/MANILAQUARANTINEHOTELS
  – THIS DOES NOT APPLY TO NATIONALS OF THE PHILIPPINES WHO ARE
    OVERSEAS FILIPINO WORKERS (OFW).
– PASSENGERS MUST COMPLETE A "CASE INVESTIGATION FORM" AND
  PRESENT IT UPON ARRIVAL. THE FORM CAN BE OBTAINED AT
  HTTPS://C19.REDCROSS.ORG.PH/ARRIVING-PASSENGERS
– PASSENGERS TRAVELING TO DAVAO (DVO) MUST HAVE A NEGATIVE
  COVID-19 RT-PCR TEST RESULT ISSUED AT MOST 72 HOURS BEFORE
  DEPARTURE.

SIMPLIFY YOUR REQUEST USE TIFA, TIFV AND TIFH
FULL TEXT AVAILABLE USE TIDFT
CHECK >TINEWS/N1 – VIRTUAL APEC BUSINESS TRAVEL CARD (ABTC)

→ 다음 페이지에 계속

	② 명령에 의한 응답화면	>TIRH/NAPH/EMLAX/TRICN/DEMNL TIMATIC-3 / 12JUL21 / 0410 UTC NATIONAL PHILIPPINES (PH) /EMBARKATION USA (US) TRANSIT KOREA (REP.) (KR) /DESTINATION PHILIPPINES (PH) ALSO CHECK DESTINATION INFORMATION BELOW HEALTH TRANSIT KOREA (REP.) (KR) VACCINATIONS NOT REQUIRED. HEALTH DESTINATION PHILIPPINES (PH) VACCINATION AGAINST YELLOW FEVER REQUIRED IF ARRIVING WITHIN 6 DAYS AFTER LEAVING OR TRANSITING COUNTRIES WITH RISK OF YELLOW FEVER TRANSMISSION >TIRGL/YFIN. EXEMPT FROM YELLOW FEVER VACCINATION: - CHILDREN UNDER 1 YEAR OF AGE WHO ARE, HOWEVER, SUBJECT TO ISOLATION OR SURVEILLANCE WHEN INDICATED. - PASSENGERS TRANSITING COUNTRIES WITH RISK OF YELLOW FEVER TRANSMISSION IF NOT LEAVING THE TRANSIT AREAS. RECOMMENDED: - MALARIA PROPHYLAXIS: MALARIA RISK EXISTS THROUGHOUT THE YEAR IN AREAS BELOW 600 METERS, EXCEPT IN THE PROVINCES OF AKLAN, ALBAY, BENGUET, BILIRAN, BOHOL, CAMIGUIN, CAPIZ, CATANDUANES, CAVITE, CEBU, GUIMARAS, ILOILO, NORTHERN LEYTE, SOUTHERN LEYTE, MARINDUQUE, MASBATE, EASTERN SAMAR, NORTHERN SAMAR, WESTERN SAMAR, SIQUIJOR, SORSOGON, SURIGAO DEL NORTE AND METROPOLITAN MANILA. NO RISK IS CONSIDERED TO EXIST IN URBAN AREAS OR IN THE PLAINS. HUMAN P. KNOWLESI INFECTION REPORTED IN THE PROVINCE OF PALAWAN. RECOMMENDED PREVENTION IN RISK AREAS: C. SIMPLIFY YOUR REQUEST USE TIFA, TIFV AND TIFH FULL TEXT AVAILABLE USE TIDFT CHECK >TINEWS/N1 - VIRTUAL APEC BUSINESS TRAVEL CARD (ABTC)

→ 다음 페이지에 계속

	③ 명령에 의한 응답화면	>TIRA/NAPH/EMLAX/TRICN/DEMNL TIMATIC-3 / 12JUL21 / 0226 UTC NATIONAL PHILIPPINES (PH) /EMBARKATION USA (US) TRANSIT KOREA (REP.) (KR) /DESTINATION PHILIPPINES (PH) ALSO CHECK DESTINATION INFORMATION BELOW VISA TRANSIT KOREA (REP.) (KR) ...... NORMAL PASSPORTS ONLY ...... ADMISSION AND TRANSIT RESTRICTIONS: - PASSENGERS ARE NOT ALLOWED TO TRANSIT THROUGH KOREA (REP.) FOR MORE THAN 24 HOURS. VISA REQUIRED, EXCEPT FOR NATIONALS OF PHILIPPINES WITH A VISA ISSUED BY IRELAND (REP.), MALTA, SLOVENIA, USA OR UNITED KINGDOM AND A CONFIRMED ONWARD TICKET FOR A FLIGHT TO A THIRD COUNTRY WITHIN 30 DAYS. THEY MUST BE RETURNING FROM THE COUNTRY THAT ISSUED THE VISA. VISA REQUIRED, EXCEPT FOR NATIONALS OF PHILIPPINES WITH A VISA ISSUED BY IRELAND (REP.), MALTA, SLOVENIA, USA OR UNITED KINGDOM AND A CONFIRMED ONWARD TICKET FOR A FLIGHT TO THE COUNTRY THAT ISSUED THE VISA WITHIN 30 DAYS. THE FOLLOWING ITINERARIES ARE POSSIBLE: >TIDFT/KR/VI/VS/ID90886 TWOV (TRANSIT WITHOUT VISA): VISA REQUIRED, EXCEPT FOR PASSENGERS TRANSITING THROUGH SEOUL (ICN) WITH A CONFIRMED ONWARD TICKET FOR A FLIGHT TO A THIRD COUNTRY WITHIN 24 HOURS. THEY MUST STAY IN THE INTERNATIONAL TRANSIT AREA OF THE AIRPORT AND HAVE DOCUMENTS REQUIRED FOR THE NEXT DESTINATION. VISA REQUIRED, EXCEPT FOR PASSENGERS TRANSITING THROUGH SEOUL (ICN) WITH A CONFIRMED ONWARD TICKET FOR A FLIGHT TO A THIRD COUNTRY WITHIN 72 HOURS. THEY MUST: - JOIN A TRANSIT TOUR ORGANIZED BY SEOUL (ICN), AND - HAVE DOCUMENTS REQUIRED FOR THE NEXT DESTINATION. VISA REQUIRED, EXCEPT FOR PASSENGERS WITH A CONFIRMED ONWARD TICKET FOR A FLIGHT TO A THIRD COUNTRY ON THE SAME CALENDAR DAY. THEY MUST STAY IN THE INTERNATIONAL TRANSIT AREA OF THE AIRPORT AND HAVE DOCUMENTS REQUIRED FOR THE NEXT DESTINATION. - THIS TWOV FACILITY DOES NOT APPLY AT SEOUL (ICN). WARNING: - FLIGHTS MUST ARRIVE AT INCHEON INTERNATIONAL AIRPORT (ICN) BETWEEN 5:00 AND 20:00. //

→ 다음 페이지에 계속

HEALTH DESTINATION KOREA (REP.) (KR)

VACCINATIONS NOT REQUIRED.

VISA DESTINATION PHILIPPINES (PH)

...... NORMAL PASSPORTS ONLY ......
PASSPORT REQUIRED.
- NATIONALS OF THE PHILIPPINES WHO RESIDE IN THE PHILIPPINES
  ARE ALLOWED TO ENTER WITH AN EXPIRED PASSPORT.
PASSPORT EXEMPTIONS:
- NATIONALS OF PHILIPPINES WITH AN EMERGENCY PASSPORT.

VISA NOT REQUIRED.

WARNING:
- UNTIL 15 JULY 2021, PASSENGERS WHO IN THE PAST 14 DAYS HAVE
  BEEN IN BANGLADESH, INDIA, NEPAL, OMAN, PAKISTAN, SRI LANKA
  OR UNITED ARAB EMIRATES ARE NOT ALLOWED TO ENTER.
- THIS DOES NOT APPLY TO NATIONALS OF THE PHILIPPINES
  TRAVELING ON REPATRIATION FLIGHTS.
- PASSENGERS ARE SUBJECT TO QUARANTINE FOR UP TO 14 DAYS.
- PASSENGERS MUST HAVE A RESERVATION CONFIRMATION OF A HOTEL
  APPROVED BY TOURISM AND HEALTH AGENCIES FOR AT LEAST 10
  DAYS. THE HOTEL MUST BE LISTED AT
  HTTPS://WWW.PHILIPPINEAIRLINES.COM/EN/PH/HOME/COVID-19/ARRIV
  INGINTHEPH/MANILAQUARANTINEHOTELS
- THIS DOES NOT APPLY TO NATIONALS OF THE PHILIPPINES WHO ARE
  OVERSEAS FILIPINO WORKERS (OFW).
- PASSENGERS MUST COMPLETE A "CASE INVESTIGATION FORM" AND
  PRESENT IT UPON ARRIVAL. THE FORM CAN BE OBTAINED AT
  HTTPS://C19.REDCROSS.ORG.PH/ARRIVING-ASSENGERS
- PASSENGERS TRAVELING TO DAVAO (DVO) MUST HAVE A NEGATIVE
  COVID-19 RT-CR TEST RESULT ISSUED AT MOST 72 HOURS BEFORE
  DEPARTURE.

//
HEALTH DESTINATION PHILIPPINES (PH)
VACCINATION AGAINST YELLOW FEVER REQUIRED IF ARRIVING WITHIN
6DAYS AFTER LEAVING OR TRANSITING COUNTRIES WITH RISK OF YELLOW
FEVER TRANSMISSION >TIRGL/YFIN.
EXEMPT FROM YELLOW FEVER VACCINATION:
- CHILDREN UNDER 1 YEAR OF AGE WHO ARE, HOWEVER, SUBJECT TO
  ISOLATION OR SURVEILLANCE WHEN INDICATED.
- PASSENGERS TRANSITING COUNTRIES WITH RISK OF YELLOW FEVER
  TRANSMISSION IF NOT LEAVING THE TRANSIT AREAS.

→ 다음 페이지에 계속

RECOMMENDED:
– MALARIA PROPHYLAXIS: MALARIA RISK EXISTS THROUGHOUT THE YEAR
 IN AREAS BELOW 600 METERS, EXCEPT IN THE PROVINCES OF
AKLAN,   ALBAY, BENGUET, BILIRAN, BOHOL, CAMIGUIN, CAPIZ,
CATANDUANES, CAVITE, CEBU, GUIMARAS, ILOILO, NORTHERN LEYTE,
SOUTHERN LEYTE, MARINDUQUE, MASBATE, EASTERN SAMAR, NORTHERN
SAMAR, WESTERN SAMAR, SIQUIJOR, SORSOGON, SURIGAO DEL
NORTE   AND METROPOLITAN MANILA. NO RISK IS CONSIDERED TO EXIST
IN   URBAN AREAS OR IN THE PLAINS. HUMAN P. KNOWLESI INFECTION
REPORTED IN THE PROVINCE OF PALAWAN. RECOMMENDED PREVENTION

 IN RISK AREAS: C.
SIMPLIFY YOUR REQUEST USE TIFA, TIFV AND TIFH
FULL TEXT AVAILABLE USE TIDFT
CHECK >TINEWS/N1 – VIRTUAL APEC BUSINESS TRAVEL CARD (ABTC)

응답결과 설명	① PNR이 없이 TIMATIC 정보(VISA 정보 조회)를 조회한 결과 화면 ② PNR이 없이 TIMATIC 정보(Health 정보 조회)를 조회한 결과 화면 ③ PNR이 없이 TIMATIC 정보(VISA+Health 정보 동시 조회)를 조회한 결과 화면

(3) TIDFT 명령어를 이용한 (VISA/HEALTH) 조회 (예시)

단순히 목적지만을 지정한 후, 해당 section 및 subsection에 visa나 health 정보를 조회하기 위하여 ">TIDFT" 명령어를 이용한 조회 방법이다.

명령어	①>TIDFT/MNL/VI/VS ②>TIDFT/MNL/HE	
	명령어 설명	① TIMATIC 정보 조회 기본 명령어(VISA 정보 조회)/목적지/Section Code(Visa) / Subsection Code(Visa) ② TIMATIC 정보 조회 기본 명령어(HEALTH)/목적지/Section Code(HEALTH)
응답결과	① 명령에 의한 응답화면	>TIDFT/MNL/VI/VS TIMATIC-3 / 12JUL21 / 0238 UTC VISA FULL TEXT FOR: PHILIPPINES (PH) VISA EXEMPTIONS: - NATIONALS OF THE PHILIPPINES. - PASSENGERS WITH AN IDENTIFICATION CERTIFICATE (IC) OR A CERTIFICATE OF RE-ACQUISITION/RETENTION OF PHILIPPINE CITIZENSHIP (CRPC) ISSUED BY THE PHILIPPINES. USE TIFA, TIFV AND TIFH FOR SPECIFIC INFORMATION CHECK >TINEWS/N1 - VIRTUAL APEC BUSINESS TRAVEL CARD (ABTC)
	② 명령에 의한 응답화면	>TIDFT/MNL/HE TIMATIC-3 / 12JUL21 / 0241 UTC HEALTHFULL TEXT FOR: PHILIPPINES (PH) VACCINATION AGAINST YELLOW FEVER REQUIRED IF ARRIVING WITHIN 6DAYS AFTER LEAVING OR TRANSITING COUNTRIES WITH RISK OF YELLOW FEVER TRANSMISSION >TIRGL/YFIN. EXEMPT FROM YELLOW FEVER VACCINATION: - CHILDREN UNDER 1 YEAR OF AGE WHO ARE, HOWEVER, SUBJECT TO ISOLATION OR SURVEILLANCE WHEN INDICATED. - PASSENGERS TRANSITING THE PHILIPPINES IF NOT LEAVING THE TRANSIT AREA. - PASSENGERS TRANSITING COUNTRIES WITH RISK OF YELLOW FEVER TRANSMISSION IF NOT LEAVING THE TRANSIT AREAS. RECOMMENDED: - MALARIA PROPHYLAXIS: MALARIA RISK EXISTS THROUGHOUT THE YEAR IN AREAS BELOW 600 METERS, EXCEPT IN THE PROVINCES OF AKLAN, ALBAY, BENGUET, BILIRAN, BOHOL, CAMIGUIN, CAPIZ, CATANDUANES, CAVITE, CEBU, GUIMARAS, ILOILO, NORTHERN LEYTE, SOUTHERN LEYTE, MARINDUQUE, MASBATE, EASTERN SAMAR, NORTHERN ----------------------------이하 내용 생략----------------------------
응답결과 설명	① TIMATIC 정보 조회 기본 명령어(VISA 정보 조회)-/목적지/Section Code(Visa) /Subsection Code(Vsia)를 지정하여 MNL를 가는 승객의 VISA정보를 조회한 결과 화면 ② TIMATIC 정보 조회 기본 명령어(HEALTH)-/목적지/Section Code(HEALTH)를 지정하여 MNL를 가는 승객의 VISA정보를 조회한 결과 화면	

4 ✈ AIS(Amadeus Information System)

4-1. AIS의 개요

AIS(amadeus information system)는 예약 · 발권 · 운송 업무 시 필요한 서비스 범위 및 업무 절차 또는 정보 등이 필요할 때 조회 명령어(entry)와 업무 프로세스 등을 제공하는 종합정보시스템의 일종이다.

4-2. AIS 조회 방법

우선 업무에 관한 필요 정보를 AIS상에서 조회하기 위해서는 ① 메인화면을 조회한 후 어떠한 정보들이 있는지를 먼저 확인한 후, ② 관련정보를 조회하기 위한 명령어를 참조하여 ③ 해당 정보를 조회하는 순으로 진행한다.

4-3. AIS 조회 정보(Information) 및 Help 기능

구분	Information(정보) 기능 : GG		Help 기능 (항공실무(작업) 방법 조회 기능)	
기본 명령어	>GG xxxx		>HE xxxx	
관리 주체	Amadeus 및 항공사 각자 관리		Amadeus 자체 관리	
유용한 명령어	>GG AIS	Amadeus Information Index	>HE NM	명령어로 Help Page 조회
	>GG PCA KE	KE와 Amadeus 간의 합의한 기능	>HE NAME	수행 업무 이름으로 Help Page 조회 가능(Name 관련 업무참조)
	>GG AIR TG	TG에서 업데이트한 정보 조회	>HE STEP	특정 작업을 단계별로 어떻게 해야 하는지 방법을 조회
	>GG CODE x	x로 시작하는 Code 조회	>HE/	명령어를 잘못 입력하여 Error 메시지가 나타난 경우, 해당 Help Page Guide

(1) Information(정보) 조회 기능(>GG)

① Information(정보) 메인 화면 조회

명령어	>GG AIR KE
	명령어 설명 ① GG : Information(정보) 조회를 위한 기본 명령어 ② AIR KE : 대한항공(KE)에서 업데이트한 정보 조회

| **응답화면** | ```
>GG AIR KE
     QUICKPATHS      EN  28SEP17 0903Z
     **** WELCOME TO KOREAN AIR PAGES ****

     TOPIC                   ENTER:
     -----                   -----
     1. BONUS SEASON/MILEAGE  GG AIR KE BONUS
     2. OAL BOOKING CLASS     GG AIR KE CLS
                             GG AIR KE CLSXX      (XX:AIRLINE)
     3. FFP PARTNER INFO      GG AIR KE FFP
                             GG AIR KE FFPXX      (XX:AIRLINE)
     4. INTERLINE E-TKT       GG AIR KE IET
                             GG AIR KE IETXX      (XX:AIRLINE)
     5. STAFF TRAVEL          GG AIR KE ID
        AGREEMENT            GG AIR KE IDXX      (XX:AIRLINE)
     6. INTERLINE TRAFFIC     GG AIR KE ITA
        AGREEMENT            GG AIR KE ITAXX     (XX:AIRLINE)
     7. CODESHARE INFO        GG AIR KE JOXX     (XX:AIRLINE)
     8. NAME CHANGE POLICY    GG AIR KE NAME CHANGE
     9. SOW                   GG AIR KE SOW
                             GG AIR KE SOWHLXXXX
     10. WAIVER               GG AIR KE WAIVER
     11. ADVANCED SEAT REQUEST  GG AIR KE ASR
     12. SSR LIST(FOR TRVL AGT)  GG AIR KE SSR
     13. OSI LIST(FOR TRVL AGT)  GG AIR KE OSI
     14. SK  LIST(FOR TRVL AGT)  GG AIR KE SK
     15. BAGGAGE CONNECTION   GG AIR KEA BCN
                             GG AIR KEA BCNXXZ      (XXZ:AIRPORT)
     16. EB CHARGE            GG AIR KEA EB CHRG
        EB PET               GG AIR KEA EB PET
        EB SPORTS            GG AIR KEA EB SPORTS
     17. LOS                  GG AIR KEA LOS
        (LAST OFFERED SEAT)  GG AIR KEA LOS HLXXXX
     18. ICNKK                GG AIR KEA ICNKK
                             GG AIR KEA ICNKK XXZ   (XXZ:AIRPORT)
     19. ICNKK STAFF INFO     GG AIR KEA STAFF
     20. LAXKK                GG AIR KEA LAXKK     (XX:AIRLINE)
     21. KEYWORD SSR(FOR KE STF) GG AIR KE KEYWORD SSR
     22. KEYWORD OSI(FOR KE STF) GG AIR KE KEYWORD OSI
     23. KEYWORD SK (FOR KE STF) GG AIR KE KEYWORD SK
     24. AGT COMMISSION       GG AIR KE AGT COMMISSION
          QUICKPATHS       EN  28SEP17 0903Z
     (* NOTE : 'GG AIR KEA' IS FOR AIRPORT RELATED INFO)
          **** END OF QUICKPATH ***
``` |
| **응답결과 설명** | * 대한항공(KE)에서 업데이트한 각종 실무에 필요한 정보 조회 결과 화면 |
```

② 수하물 연결 서비스 가능공항 및 최소 연결시간(MCT) 조회 (사례)

예를 들어 승객이 미국의 LAX에서 국제선으로 입국하여 ICN(인천국제공항)–PUS(부산), KE–KE 국내선 구간을 연결할 때, 수하물 연결서비스 가능 여부 및 최소 소요시간(MCT)을 확인하는 경우를 살펴보자.

명령어	>GG AIR KEA BCN	
	명령어 설명	① GG : Information(정보) 조회를 위한 기본 명령어 ② AIR KE BCN : KE에서 업데이트한 정보 조회(수하물 연결서비스 운영 공항 조회)

응답화면	>GG AIR KEA BCN
	    BAGGAGE CONNECTION EN 19NOV14 0600Z
	                              UPDATED BY SELSTP
	** TO SELECT A PAGE ENTER GG AIR KEA BCN XXX (XXX:APO CODE, KEYWORD)
	   FOR EXAMPLE, TO SEE BAGGAGE CONNECTION FOR ICN
	   ENTER > GG AIR KEA BCN ICN
	
	  1 ICN 2 PUS
	  3 CJU 4 NRT
	  5 KIX 6 FUK
	  7 NGO 8 KIJ
	  9 NGS 10 SPK
	------------------------이하 내용 생략------------------------	

응답결과 설명	* 대한항공(KE)에서 업데이트한 수하물 연결서비스 운영 공항 조회 화면	
명령어	>GG AIR KEA BCN ICN	
	명령어 설명	① GG : Information(정보) 조회를 위한 기본 명령어 ② AIR KE BCN : KE에서 업데이트한 정보 조회(수하물 연결서비스 운영 공항 조회) ③ 인천국제공항(ICN)에서의 수하물 연결서비스 운영 소요 시간 조회

응답화면	>GG AIR KEA BCN ICN
	      BCN ICN EN 16MAY19 0454Z
	**
	    BAGGAGE THROUGH CHECK-IN INFORMATION - ICN
	         LAST UPDATE 31MAR2017
	**
	
	  1. INTL - INTL CONNECTION ------APPLICABLE
	
	  MIN CONN TIME -- REFER TO KALIS OR CM
	  MAX CONN TIME -- 24HOURS CONNECTION TIME
	
	  **** THRU CHK-IN RESTRICTION ****
	  ALL LCC MUST BE SHORT CHECKED IN TO ICN (EXCEPT FOR LJ)
	  D7/5J/ZE/7C/MM/TZ/ZA/9C/XJ/GS/TW/VJ/Z2/U0/RS
	
	  2. INTL - DOM CONNECTION -- NOT APPLICABLE
	        (EXCEPT ICN/PUS, ICN/TAE)
	
	  BAG NOT THROUGH CHECK-IN DUE TO ICN CUSTOMS
	  MIN CONN TIME-- REFER TO KALIS OR CM	

응답결과 설명	* 대한항공(KE)에서 업데이트한 인천국제공항(ICN)에서의 수하물 연결서비스 운영 소요 시간 조회 결과 화면	

③ 초과수하물(Exess Baggage) 요금 조회 (사례)

예를 들어 미주행이나 기타 해외지역을 여행하는 3등석(economy class) 승객이 무료수하물(FBA: free baggage arrowrance) 이외 초과된 수하물에 대한–초과 수하물 금액을 조회하고자 하는 경우를 살펴본다.

명령어	>GG AIR KEA EB CHRG	
	명령어 설명	① GG : Information(정보) 조회를 위한 기본 명령어 ② AIR KE EB CHRG : 대한항공(KE)에서 업데이트한 정보 조회(초과 수하물 금액 조회 명령어 지정 조회)

응답화면	>GG AIR KEA EB CHRG
	
	   EXCESS BAGGAGE CHARG EN 25MAR16 0934Z
	
	EFFECTIVE DATE : TICKETS ISSUED ON/AFTER 31MAY2012
	
	1. EXTRA PIECE
	--- 	
	 ITINERARY : FEE(PER PC)
	--- 	
	BETWEEN TC1-2 OR TC1-3 : KRW200,000/USD200/CAD200
	    : IDR2,860,000
	    :(C.F) TO/FRM BRAZIL-KRW175,000/USD175/
	    : CAD175/IDR2,500,000
	--- 	
	BETWEEN TC3-TC2 OR : 2ND BAG :KRW130,000/USD130/CAD130
	TC3-S.W.PACIFIC : IDR1,860,000
	   : 3RD BAG -:KRW200,000/USD200/CAD200
	   : IDR2,860,000
	--- 	
	 WITHIN TC3 : 2ND BAG :KRW100,000/USD100/CAD100
	(EXCPT BETWEEN KR AND : IDR1,430,000
	JP/CN/HKG/MACAO/TAIWAN : 3RD BAG -:KRW150,000/USD150/CAD150
	/MONGOLIA, BETWEEN TC3 : IDR2,140,000		

응답결과 설명	* 대한항공(KE)에서 업데이트한 초과 수하물 금액 조회 화면	

(2) Help 기능(항공실무(작업) 방법 조회 기능)(>HE)

① Help 메인 화면 조회

명령어	>HE	
	명령어 설명	① HE : Help 기능(항공실무(작업) 방법 조회 기능) 조회를 위한 기본 명령어
응답결과	>HE INTRODUCTION TO HELP EN 8JUL15 1259Z THESE ARE THE WAYS YOU CAN FIND THE HELP YOU NEED: TYPE OF HELP ENTRY EXAMPLE ------------ ----- ------- SPECIFIC SUBJECT HE(SUBJECT NAME) HE HOTELS SPECIFIC TRANSACTION HE(TRANSACTION CODE) HE HA HELP ON YOUR LAST ENTRY HE/ WHAT'S NEW IN HELP HE UPDATES HELP ON HELP HE HELP COMPLETING TASKS IN HELP HE STEPS LIST OF KEYWORDS OR HE (SUBJECT NAME) HE TICKETING SUBJECTS AVAILABLE IN HELP -------------------------- ACCOUNTING AIR AIS AVAILABILITY CARS CENTRAL TICKETING CONVERT DIRECT ACCESS EMAIL FARES FAX FEE (SERVICE FEE MANAGER) GENERAL GROUPS HOTELS INSURANCE INVENTORY INVOICE ITINERARY ITR (ITINERARY RECEIPT) LISTS MCO NEGO SPACE OFFICE PROFILE PNR PNR RECALL PRINTING PROFILES PTA (PREPAID TICKET ADVICE) QUEUES RAIL RECEIPT (ITR) SECURITY SFM STEPS TICKETING TICKETLESS (BOOKINGS) TICKETLESS ACCESS TRAINING TRAVEL PREFERENCE UPDATES TO GO TO THE HELP FOR ANY OF THESE SUBJECTS, ENTER HE AND THE SUBJECT NAME. FOR EXAMPLE: HE AIS NOTE: DO NOT INCLUDE THE TEXT THAT APPEARS IN BRACKETS; IT IS FOR INFORMATION PURPOSES ONLY. *** END OF DISPLAY ***	
응답결과 설명	* Help 기능 (항공실무(작업) 방법 조회 기능) 조회를 위한 기본 명령어 조회 화면	

② TIMATIC(Travel Information Manual) 명령어 조회 (사례)

TIMATIC(travel information manual)은 전 세계 200여 개국의 여권(passport), 비자(visa), 검역(quarantine) 등 해당국가 출입국에 필요한 각종 여행정보를 수록한 책자(TIM)로서 이를 전산화하여 고객이 필요할 때 신속하고 정확하게 관련 정보를 제공하기 위하여 구성한 여행정보 시스템을 일컫는다.

● PNR이 있는 경우 TIMATIC 조회 명령어 확인 (사례)

명령어	>HE TIMATIC	
	명령어 설명	① HE : Help 기능(항공실무(작업) 방법 조회 기능) 조회를 위한 기본 명령어 ② TIMATIC : 세부 조회 사항-TIMATIC(Travel Information Manual)
응답화면	>HE TIMATIC 　　　　　　　TIMATIC　　　　EN　25SEP19 0930Z *** 　　　　　PLEASE NOTE: TRAVEL AGENCIES WILL NO LONGER HAVE ACCESS TO TIMATIC (CRYPTIC) 　　　　　FROM 01APR 2017. *** TASK　　　　　　　　FORMAT　　　　　　　　REFERENCE ----　　　　　　　　------　　　　　　　　------ VISA INFO FROM PNR　　TIRV/NAUS/S4-6　　　　MS127 HEALTH INFO FROM PNR　TIRH/S4-6　　　　　　MS127 HEALTH AND VISA　　　TIRA/NAUS/S4-6　　　　MS106 GUIDED MODE:　　　　　　　　　　　　　　MS169 -VISA　　　　　　　　TIFV -OR- TI/VISA -HEALTH　　　　　　　TIFH -OR- TI/HEALTH -VISA AND HEALTH　　　TIFA -OR- TI/BOTH　　　>MD		
응답결과 설명	* Help 기능(항공실무(작업) 방법 조회 기능) 메인 조회 화면	
명령어	>MS127	
	명령어 설명	① MS127 : TIMATIC 메인 정보에서 SUB정보(MS127)를 조회하기 위한 명령어
응답화면	>MS127 　　　　　　　TIMATIC　　　　EN　25SEP19 0930Z REFERENCING TIMATIC FROM A PNR ------------------------------ YOU CAN REQUEST INFORMATION ABOUT A PASSENGER'S TRAVEL REQUIREMENTS USING THE EXISTING INFORMATION IN ITINERARY SEGMENTS. USE ONE OF THE FOLLOWING TRANSACTION CODES: 　TIRV　TIMATIC VISA INFORMATION 　TIRH　TIMATIC HEALTH INFORMATION 　TIRA　TIMATIC HEALTH AND VISA INFORMATION YOU ALSO SPECIFY THE PASSENGER'S NATIONALITY (MANDATORY ONLY IF YOU REQUIRE VISA INFORMATION) AND THE SEGMENT REFERENCE (MANDATORY).　　MIN CONN TIME-- REFER TO KALIS OR CM		
응답결과 설명	* TIMATIC 메인 정보에서 SUB정보(MS127)를 조회한 결과 화면	

● PNR이 없는 경우 TIMATIC 조회 명령어 확인 (사례)

명령어	>HE TIMATIC	
	명령어 설명	① HE : Help 기능(항공실무(작업) 방법 조회 기능) 조회를 위한 기본 명령어 ② TIMATIC : 세부 조회 사항-TIMATIC(Travel Information Manual)

응답화면	>HE TIMATIC
	
	 TIMATIC EN 25SEP19 0930Z
	 **
	                PLEASE NOTE:
	 TRAVEL AGENCIES WILL NO LONGER HAVE ACCESS TO TIMATIC (CRYPTIC)
	          FROM 01APR 2017.
	 **
	
	 TASK FORMAT REFERENCE
	 ---- ------ ------
	 VISA INFO FROM PNR TIRV/NAUS/S4-6 MS127
	 HEALTH INFO FROM PNR TIRH/S4-6 MS127
	 HEALTH AND VISA TIRA/NAUS/S4-6 MS106
	 GUIDED MODE: MS169
	 -VISA TIFV -OR- TI/VISA
	 -HEALTH TIFH -OR- TI/HEALTH
	 -VISA AND HEALTH TIFA -OR- TI/BOTH
	
	 EXPERT MODE TIRA/NADE/ARGB/EMLON/DESYD/TRHKG/ MS232
	                        TRTPE/VTKE
	 COUNTRY SECTION TIDFT/LIS/CS MS337
	 COUNTRY SUBSECTION TIDFT/LIS/CS/NO MS358	

응답결과 설명	* Help 기능(항공실무(작업) 방법 조회 기능) 메인 조회 화면	
명령어	>MS232	
	명령어 설명	① MS127 : TIMATIC 메인 정보에서 SUB정보(MS232)를 조회하기 위한 명령어
응답화면	>MS232 TIMATIC EN 25SEP19 0930Z EXPERT MODE ----------- IF YOU CAN REMEMBER THE STRUCTURE OF TIMATIC ENTRIES, YOU CAN USE THE TIRV, TIRH, AND TIRA ENTRIES. IN ALL CATEGORIES, YOU CAN USE EITHER THE 2-LETTER COUNTRY CODE OR THE 3-LETTER CITY OR AIRPORT CODE. FOR EXAMPLE, FOR VISA AND HEALTH INFORMATION FOR THE FOLLOWING PASSENGER: NATIONALITY GERMAN, CURRENTLY LIVING IN GREAT BRITAIN, EMBARKATION POINT LONDON, TRANSITING IN HONG KONG AND TAIPEI EN ROUTE TO SYDNEY, RECENTLY VISITED KENYA, ENTER: TIRA/NADE/ARGB/EMLON/DESYD/TRHKG/TRTPE/VTKE	
응답결과 설명	* TIMATIC 메인 정보에서 SUB정보(MS232)를 조회한 결과 화면	

CHAPTER 9

예약 및 운임조회·발권 명령어 종합

CHAPTER **9**

예약 및 운임조회·발권 명령어 종합

1 🎟 항공여객예약 명령어 종합

순번	기능	명령어	Remark

1	작업장 확인	>JD
		〈예시 화면〉
		
		9CB346CC SELK1394Z PSEUDO CITY : SEL
		
		AREA TM MOD SG/DT.LG TIME QCAT ACT.Q STATUS
		NAME
		A-IN TRN AA/GS.EN 24 SIGNED
		B NOT SIGNED
		C NOT SIGNED
		D NOT SIGNED
		E NOT SIGNED
		F NOT SIGNED
		TRN
		>
			작업장 및 Sign확인(총 6개의 작업장)
			Office ID구조
			   SEL: Location 코드,
			   K1: 업체코드 (TOPAS를 의미함)
			   3 : 업체구분 (1:항공사, 2,3:여행사)
			   UA3: 대리점 식별 코드

2	정보 및 Help 기능	구분	정보조회(CIS 기능)		명령어(Entry) 조회(Help 기능)	
		명령어 (Entry)	>GG xxxx		>HE xxxx	
		유용한 Entry	>GGAIS >GGAIR TG	1A Information Index 항공사 TG에서 업 데이트한 정보	>HENM >HENAME >HESTEP >HE/	"명령어(Entry)"를 지정하여 Help기능 조회 "수행업무 단어"로 지정 Help기능 조회 "관련업무" 수행 시 단계별 작업 방법 조회 Entry를 잘못 입력하여 Error 응답이 나온 경우, 해당 Help Page Guide 이동

√ 참조 : "Ait + →": 이전에 입력한 모든 Entry를 화면으로 재조회 후, 원하는 항목을 선택하여 다시 입력할 수 있는 기능
"Ait + ↑": 이전에 입력한 Entry를 건별 조회하여, Entry화면에 직접 입력되게 하는 기능(이전 Entry 확인 기능)

3	Decode /Encode	Code명	명령어		설명
			Decode	Encode	
		도시/공항	>DAC(코드)	>DAN(단어)	
		국가	>DC	DO	
		항공사	>DNA	DO	
		기종	>DNE	DO	
		주(State)	>DNS	DO	
		*MCT	>DMICN >DMI (PNR이 있는 경우)		

4	Availa- bility 및 Time- table 조회	구분	명령어	설명
		Availability 조회	>AN25NOV SELHKG	SELHKG 구간 좌석확인
			>AN25NOV SELHKG/AKE	KE 항공편만 조회
			>AN25NOV SELHKG*30NOV	30NOV Return편 동시 조회
			>AN25NOV SELHKG/AKE*30NOV	KE 항공편, 30NOV Return편 동시 조회
			>AN25NOV SELHKG/AKE*30NOV HKGSEL/ACX	SELHKG 구간 KE 항공편, 30NOV Return CX항공편 동시 조회
			>AN25NOV SELHKG → >DO4	AVBLTY 1번의 경유지 및 Terminal 정보 확인
			>ACR30NOV	특정일자 Return편 조회
		Timetable 조회	>TN25NOV SELHKG/AKE	해당 구간 KE 항공편만의 Timetable 조회

〈예시 화면〉

```
>AN25NOVSELHKG
AN25NOVSELHKG
** AMADEUS AVAILABILITY – AN ** HKG HONG KONG.HK        62 TU 25NOV 0000
 1  KE 603  P8 A8 J9 C9 D9 I9 Z9 /ICN  HKG 1 0830   1120  E0/772    3:50
           Y9 B9 M9 H9 E9 K9 Q9 T9 GR
 2  CX 415  J9 C9 D9 I9 W9 R9 E9 /ICN  HKG 1 0850   1145  E0/333    3:55
           Y9 B9 H9 K9 M9 L9 V9 S9 N9 Q9 O9
 3  OZ 721  C9 D9 Z9 U9 Y9 B9 M9 /ICN  HKG 1 0900   1150  E0/333    3:50
           H9 E9 Q9 K9 S9 V9 L9 W9 TR GR
 4  LJ 011  W9 Y9 D9 E9 H9 K9 L9 /ICN  HKG 2 0935   1220  E0/738    3:45
           N9 S9 Q9 B9 V9 GL TL X9 M9 U9
 5  OZ 723  C9 D9 Z9 U5 Y9 B9 M9 /ICN  HKG 1 1000   1250  E0/321    3:50
           H9 E9 Q9 K9 S9 V9 L9 W9 TR GR
 6  CX 417  J9 C9 D9 I9 Y9 B9 H9 /ICN  HKG 1 1020   1315  E0/333    3:55
           K9 M9 L9 V9 S9 N9 Q9 O9
 7  TG 629  C9 D9 J9 Z9 IL RL Y9 /ICN  HKG 1 1050   1350  E0/777    4:00
           B9 M9 H9 Q9 GR T9 K9 S9 X9 V9 W9 N4
 8  KE 613  P9 A9 J9 C9 D9 I9 Z9 /ICN  HKG 1 1100   1405  E0/744    4:05
           Y9 B9 M9 H9 E9 K9 Q9 T9 GR
>
```

	작성 항목	명령어	취소	설명
5 개인 PNR 작성 (Indi- vidual PNR)	여정 작성 (Seat Sold)	>SS4Y2	>XE3 or >XI	4: 좌석 수, Y: BKG CLS
		>SS4YK1		연결편 BKG CLS 상이한 경우
		>SS4Y2*8		복편여정 동시 작성한 경우
		>SS4Y2*K8		복편여정 BKG CLS 상이 경우
		>SSKE701M10JAN ICNNRT 2 >SSKE701M10JAN ICNNRT PE2 (>SS4Y2/PE)		Long Sell Entry (예약 Full-Entry) Waiting Long Sell Entry (대기자 예약-Short Entry)
		>SOKE Y NRTICN >SOKE Y 10JAN NRTICN		Open Segment 입력 (좌석 수 지정 불요)
		>SIARNK		Arrival Unknown (중간 비항공 구간) 입력 – 해당구간에 자동 입력되므 로 Segment 지정 불요
		>RS4,3		여정 및 Element 순서 변경
	이름	>NM1KIM/SARAMS	>XE1	1:이름 수
		>NM1KIM/SARAMS1LEE/MISOMS >NM2KIM/SARAMS/MISOMS		성(Last Name)이 상이한 2인 입력 성(Last Name)이 동일한 2인 입력
		>NM1CHO/SOAMISS(CHD/20SEP10)		
		>NM1KIM/SARAMS(INFLEE/AKIMSTR/05OCT13) >NM1KIM/SARAMS(INF/AKIMSTR/05OCT13)		소아(Child) 입력

	>1/ >1/(INFLEE/AKIMSTR/05OCT13)			동반유아 삭제(1번 승객 동반유아) 동반유아 삽입 및 생년월일 수정
	>2/(CHD/20SEP10)			2번 소아 승객 생년월일 수정
	>2/1HONG/KILDONGMR			2번 성인 승객 Name Change
전화 번호	>AP			Office Profile에 저장된 전화번호 자동 입력
	>APSEL 02-234-2345 INHA TOUR			여행사 전화번호 입력 기본 명령어
	>APM-010-2345-2345/P1			1번 승객 휴대폰 번호(고객용 예약번호 생성)
	>APE-LEEHY1231@NAVER.COM/P1		>XE5	1번 승객 e-mail 번호
	>APH-02-234-2345/P1			1번 승객 집 전화번호
	>APB-02-234-2345/P1			1번 승객 사무실 전화번호
	>4/P1 >4/P			해당 전화번호 입력 후 1번 승객으로 번호 지정 해당 전화번호에 지정된 승객 번호 삭제

✓ 주의 : ">APM-번호"로 휴대폰을 입력 시에만 해당 항공사로 PNR이 전송되어 Schedule Change 시 승객에게 SMS MSG가 송부되며, PNR번호 역시 ">APM-번호"를 기준으로 자동 생성된다(">APM-번호" 입력없이, ">APH-번호"만 입력 경우 해당 항공사에 관련 PNR 미전송).

Ticket arrange- ment	>TKOK			Q 미전송(TTL이 도래되어도 PNR 취소되지 않음)- 즉시 발권예정 또는 발권이 완료된 경우 입력 형태임
	>TKTL >TKTL28JAN/1800		>XE7	Q-8번으로 전송(TTL이 도래되어도 PNR 취소되지 않음), 발권 시 TKOK로 자동 변경됨
	>TKXL28JAN/1800			Q-12번으로 전송(TTL 도래 시 자동 예약 취소)

✓ 주의 : "OPW(Option Warning)"는 "OPC"도래 D-24시간으로 설정되어 해당 여행사 PNR-Q로 승객의 PNR이 자동 전송되며, 이후 "OPC(Option Cancellation) Elements"가 도래될 때까지 발권을 하지 않으면 해당 PNR은 취소됨
✓ 주의 : 일부 항공사의 경우 "SSR ADTK"로 기존과 동일하게 TL이 유입됨

PNR 완성 및 저장	>ET >ER			End of Transaction
	>IG			Ignore(작업 취소 및 무시)
	>IR			Ignore and Retrieve
	>RT			작업 중인 PNR 확인(Retrieve)
	>RTPP			직전에 작업 완료한 PNR 재조회

구분		종류	명령어	취소	설명
6	Data 작성 (Optional Elements)	OSI	>OSaa xxx(Free Format) >OSKE KOREAN MOVE STAR/P1	>XE5	OSI(Other Service Information)은 항공사에게 공지하는 Information으로 승객의 인적사항 등이 이에 해당됨(항공사의 응답 불요)
		Spe-cial Meal	>SRVGML/S3/P1	>XE5	SSR항목 중 Meal 요청은 예약변경과 동시, 재요청 되어 자동으로 반영되나, OAL 경우 그렇지 않은 경우가 있으니 확인 필요
		APIS	>SR DOCS-P-KR-M111122222-KR-15NOV92-M-20MAR25-KIM-MIJA/P1	>XE5	P: 여권 Type-Code, KR: 여권 발행국, 여권번호, KR: 국적, 15NOV92: DOB, M: 성별
			>SR DOCS-P-KR-M111122222-KR-18DEC13-FI(MI)-20MAR25-KIM-AKI/P1		Infant 여권번호 입력
			>SR DOCA KE HK1-D-USA-301123 AVENUE-NYC-NY- 10022/P1/S1		미국 내 첫 번째 도착도시 주소 정보 입력 (미국행 여행 승객에만 입력)
			>SR DOCO KE HK1-KOR-V-17317323-KOR-18JUN04-USA-I/P1/S1		Visa 정보 입력 (KOR:출생지, V : VISA Code, 17317323:VISA 번호, KOR:VISA발급지, 18JUN04:VISA 발급일, USA: 여행국가, I: Infant 표기(성인은 생략), P1:승객번호 지정, S1:여행도착지 여정번호

구분		명령어	설명
SM (Seat As sign)	항공사별 Seat Map 기능 확인	>GGPCAKE	항공사별 Seat Map 서비스 운영 여부 확인 (PCA: Participating Carrier Access, KE: 해당 항공사)
		>GGAIRAF SEAT	항공사별 Seat Map,Seat Assign 요청 Entry확인
	PNR에서 Seat Map 조회	>SM3	3번 여정 항공편 Seat Map 조회
		>SM3/V	3번 여정 항공편 Seat Map 세로(Verti-cal)로 조회
		>SM/1	Availability 1번의 항공편 Seat Map 조회
	PNR에서 Seat Assign 시행	>ST/A(W)	통로(창가)좌석 임의 Seat 지정
		>ST/29G/P1	1번 승객 "29G"로 Seat 지정
		>ST/S3/29GH	2명의 승객을 3번 항공편으로 연결 좌석 지정
		>ST/A(W)/S3-4/P1	1번 승객, 3~4번 여정에 통로(창가)좌석 임의 Seat 지정

구분		명령어	취소	설명
FQTV (Frequent Flyer Information)	이름, 회원번호 및 ALL 입력	>FFAKE-BK1234563	>XE5	PNR 작성을 위한 마일리지 회원정보 ALL 입력 (이름, FQTV(회원번호) 및 제반 회원정보 입력)
	이름을 제외한 제반 정보 입력	>FFNKE-BK1234563		이름을 작성한 이후 회원의 이름을 제외한 모든 정보 입력 (FQTV 및 제반 회원 정보 입력)
	마일리지 카드 내용 조회	>FFDKE-BK1234563		고객의 마일리지 카드 내용 조회 기능
	카드번호 입력	>SRFQTVKE-BK1234563/P1		고객의 마일리지 카드번호 PNR에 직접 입력
	KE의 마일리지 카드 번호 조회	>ENTERKE->>SK*RLB/YYYYMMMDD/KIM/MALJA		
		>EXIT		반드시 ">ENTERKE"로 KE 고객정보에 입장한 경우 본 Action을 해야 계속해서 다른 작업이 가능함
RM (Remarked Element)		>RMxxx(Free Format)/S3/P1 >RM/T//xxx(Free Format)		어느 곳에서나 볼 수 있음(Time Stamp 미표기) 어느 곳에서나 볼 수 있음(Time Stamp 표기)
		>RXxxx(Free Format)/S3/P1		EOS가 설정된 곳에서만 볼 수 있는 Remark
		>RCxxx(Free Format)/S3/P1 >RCSEL1A0900/ISSUE INVOICE >RCSEL1A0900-W/ISSUE INVOICE		PNR이 생성된 곳에서만 볼 수 있는 Remark > 읽기만 할 수 있는 권한 부여 > 읽고 수정(W)할 수 있는 권한 부여
RF (Received Element)		>RFPAX (or >RFP)		PNR 수정, 삭제 및 추가 후 작업 완료 시 입력
ES/EOS (PNR공유기능-Extended Ownership Security)		>ESSEL1A0900-R		Read Only
		>ESSEL1A0900-T		Ticketing 요청
		>ESSEL1A0900-B		Both Read and Write(상기 2가지 경우보다 Free)
		>ESSEL1A0900-N		EOS를 맺은 여행사에서 PNR이 보이지 않도록 막는 기능
OP (Queue Option Indicators)		>OP/Free Text		금일 단말기 소재 여행사의 PNR-Q 0번으로 Q-ing
		>OP01DEC/Free Text		12월 1일, 단말기 소재 여행사의 PNR-Q 0번으로 Q-ing
		>OP01DEC/18C2/Free Text		12월 1일, 지정된 "Q18C2"로 Q-ing

		명령어	해당 승객 조회	설명
7	PNR 조회 및 Search (PNR Retrieve)	>RT4385-2345		"승객의 예약번호"를 이용한 조회
		>RTKE621/10DEC-KIM/MALJA		"비행편+출발일+승객이름"을 이용한 조회
		>RTKE621-KIM/MALJA	>RT4	"비행편(당일 출발편)+승객이름"을 이용한 조회
		>RT/10DEC-KIM/MALJA		"출발일+승객이름"을 이용한 조회
		>RT/KIM/MALJA		"승객이름"을 이용한 조회
		>RT0	List 재조회 (0은 숫자 0)	

		구분	명령어	설명
8	여정 Status 변경 (Modifying Itinerary)	Flight Number Change	>SBKE621*4	4번 여정 "KE621"로 항공편명 변경
		Booking Class change	>SBK4 >SBK	4번 여정 "K Class"로 Booking Class 변경 여정 미지정 경우, 전여정의 "Class"가 변경됨
		Date Change	>SB11SEP4	4번 여정 "11SEP"로 날짜 변경
		Class & Date Change	>SBK11SEP4	4번 여정 "K Class" 및 "11SEP"로 변경
		여정순서 변경	>RS4,3	3, 4번 여정을 4, 3번 순으로 변경
		좌석 수 변경	>4/3	4번 여정을 3좌석으로 변경(저장 이전 가능)

		구분		명령어	설명
9	PNR 분리 (Split PNR)	개인 PNR 분리		>SP2	2번 승객 분리(Divided)
				>SP2,4-5	2번 및 4~5번 승객 분리(Divided)
		그룹 PNR 분리		>SP0.2,4-5	그룹 PNR에서 Unassigned Name (0번 Element) 중 2명과, 실명 승객 4~5번 승객 분리(Divided)
				>RTAXR	Parent PNR에서 분리된 PNR Address 검색 기능(AXR: Associated Cross Reference)
		작업 순서 (적용 사례)	1. PNR 분리	>RT0234-2345 >SP2 >EF >RFP (or >RFPAX) >ET	PNR 번호(234-2345) 승객 조회 2번 승객 분리(Associate PNR 생성) Associate PNR 저장(Parent PNR Display) 요청자 이름 명기(Received Element) 작업 완료(Parent PNR 저장)

			2. 여정변경	>RT7099-2813 >SB11OCT3 >ET		분리(Split)된 PNR 번호(7099-2813) 조회 3번 여정 "11SEP"로 날짜 변경 작업 완료
			3. 분리 PNR 조회	>RT0234-2345 >RTAXR >RT2		PNR 번호(234-2345) 승객 조회 Parent PNR에서 분리된 PNR Address 검색 ">RTAXR" 검색된 두 번째 승객의 PNR 조회

		사전 작업	기능	명령어	세부명령어	설명
10	PNR 복사 (Copying PNR)	PNR 조회 후 (>RT 0234- 2345)	여정만 Copy	>RRI		Record Replica Itinerary: 여정만 복사
			여정 및 모든 정보 Copy (단, 승객명 제외)	>RRN		Record Replica No name: 이름을 제외한 모든 정보 복사
				세부 명령어	>RRN/6	>RRN/6 RRN+좌석 수 기존 여정의 좌석 수를 "6석"으로 변경 복사
					>RRN/ CK	>RRN/CK RRN+Booking Class "K"로 변경하 여 복사
					>RRN/S7	>RRN/S7 RRN+Segment "7번" 만 복사
					>RRN/ P2,3	>RRN/P2,3 RRN+PAX 번호 2,3번의 승객명도 함 께 복사
					>RRN/ S7D 13DEC	>RRN/S7D13DEC RRN+Segment "7번"의 날짜를 13DEC로 변경 복사
					>RRN/ S7CK	>RRN/S7CK RRN+Segment "7번"의 Booking Class를 "K"로 변경하여 복사
			승객명 및 모든 정보 Copy	>RRP		Record Replica Passenger: 여정을 제외한 모든 정보 복사

		조건	명령어	설명
11	그룹 PNR 작성 (Group PNR)	1) 단체명 작성	>NG20INHA TOUR	INHA TOUR: 단체명
		2) 여정 작성	>AN24DECICNSYD/AKE → >SS20G1/SG	G: Group Booking Class, SG: Sell Group
			>SSKE122G30DECSYDICNSG20	Direct 그룹 여정작성 명령어
		3) Group Fare	>SRGRPF KE-GV10	GRPF: 그룹 Fare 키워드, GV10: 그 룹 최소 구성 인원
		4) 전화번호 입력	>AP02-751-2345 HANJIN TOUR >APM-010-2345-2335 KIM/MALJA	HANJIN-여행사 전화번호 HANJIN-여행사 담당자 휴대폰 전화 번호

		5) TKT Time Limited	>TKTL10DEC	TKT Time Limited(TL)을 12월 10일로 지정
		6) Received Element	>RFPAX	Received Element를 승객으로 지정
		7) PNR 완성 및 저장	>ER	End of Transaction and Retrieve
			>ER	다시 한번 PNR완성 및 지정 명령어 입력
	실 명단 입력 (Group PNR)	1) PNR 조회	>RT2345-2244	해당 그룹 PNR 확인
		2) 실 명단 입력	>NM1KIM/MALJAMS	그룹 중 실제 이름 입력
		3) 실 명단 확인	>RTN	그룹 PNR에서 실 명단 입력 승객이름만 확인
	그룹 Size 축소	1) PNR 조회	>RT2345-2244	실 명단을 입력한 해당 그룹 PNR 확인
		2) 실 명단 확인	>RTN	그룹 PNR에서 실 명단 입력 승객이름만 확인
			>RTW	그룹 PNR에서 실 명단 + 전체 PNR 확인
		3) 이름 삭제	>XE2	(그룹 Size 축소) 2번 실 명단 삭제 + 여정의 좌석 수 축소
			>XE0.3	(그룹 Size 축소) No-name 단체명 3개 삭제 + 여정 좌석 수 축소
			>2G	(그룹 Size 유지) 그룹 Size 축소하지 않는 조건 2번 승객만 삭제

✓ 주의 : "그룹 PNR 분리"는 개인 PNR 분리와 동일한 방법으로 시행
>SP0.3 → >EF → >ET [단, 여정 Status 변경 Entry(>SB11DEC3 과 같은) 사용 불가]

12	QUEUE 작업	Queue 업무 순서	1) Active Queue 조회	>QT	Queue->Category->Date Range(RD) 조회
			2) Queue 8번 접속	>QS8C1D4	8: Q번호, C1: Category1번, D1: Date Range
			3) Queue에서 PNR 작업	>QN	Queue에서 PNR 제거 후, 다음 PNR 조회
				>QD	Queue 작업 보류하고 다음 PNR 자동 조회
				>QES	Queue에서 PNR작업한 결과 계속 보관 후 다음 PNR 조회
			4) 작업종료(Q-Exit)	>QI	Queue 작업 종료
				>QF	Queue에서 PNR 수정 후, Queue 작업 종료
		Q-Bank 조회 (PNR-Q Counting)	1) Office-Q 전체 조회	>QTQ	해당 Office Queue 전체 조회
			2) Active Queue 조회	>QT	해당 Office Queue 작업할 Q-Number만 조회
			3) Queue 및 Category 조회	>QC8CE	Q-8번의 Category 전체조회(CE)

			Queue History를 제외한 History	>RH	000: 최초 PNR 생성 시 작업 내용
		PNR 송부 (PNR Q-Sending)	PNR 지정/타 Office로 송부	>QE8C1D1	해당 PNR을 8번-Q, Category1번, DR-1로 송부
				>QE/타 Office ID/8C1D1	Q-8번의 Category 전체조회(CE)
		PNR-Q 접속 (PNR-Q Retrieve)	Q작업을 위한 접속	>QS31	Q-31번, Category-0번, DR-1번으로 자동 접속
				>QS8C11D2	Q-8번, Category-11번, DR-2번으로 접속

13	PNR-History 조회	조회 기능 및 관련 Entry	Queue History를 제외한 History	>RH	000: 최초 PNR 생성 시 작업 내용 (이름, 여정, OSI/SSR, Option Element, Received Element, Queue Reference만 Stop Number 000에 기록 됨) 001: PNR 완료 시 작업 내용 000/002: 변경 내용이 수정이나 삭제인 경우
			Queue History만을 조회	>RHQ	
			>RH + >RHQ 전체를 조회	>RH/ALL	
			Name Element만을 조회	>RHN	
			Itinerary Segment만을 조회	>RHI	
			Phone Element만을 조회	>RHJ	
		PNR History 코드	ON		Original Name
			OS		Original Segment
			OR		Original SSR
			OQ		Original Queue
			RF		Received From
			SA		Added SSR
			XS		Cancelled Segment
			AS		Added Segment
			SP		Split Party

14	여정표 발송 (Itinerary Sending)	>IBP-EML-LEEHY@NAVER.COM	지정된 승객이름만 해당 e-mail로 여정 정보 송부
		>IBPJ-EML-LEEHY@NAVER.COM (J: Jont)	해당 e-mail로 모든 승객이름 포함 여정 정보 송부
		>IBP-EMLA	PNR에 입력된 e-mail로 여정 정보 송부
		>IBP-FAXA	PNR에 입력된 FAX번호로 여정 정보 송부
		>IBP	단말기와 연결된 Host-Print로 여정표 인쇄
		>IBD	여정표를 Entry화면에서 Display하는 기능

15	ITR 발송	>ITR-EML-LEEHY@NAVER.COM	지정된 승객이름의 e-mail로 ITR 정보 송부
		>ITR-EMLA	PNR에 입력된 e-mail로 ITR 정보 송부
		>ITR-FAXA	PNR에 입력된 FAX번호로 ITR 정보 송부
		>ITR	단말기와 견결된 Host-Print로 ITR 인쇄

16	Smart Flow	메인페이지 → 부가기능 → Productivity Suite → Smart Flow : 개인 Smart Flow → 생성 → 이름/설명/ Entry 입력 → 저장		

		기능		**명령어**	**설명**

17	운임 자동 계산 및 Expert (신기능: >FXB >FXD)	Itinerary Price Expert (C-Field 작성 기능)	PNR 조회 후	>FXP(/P2,4), (/S3-4), (/INF)	PNR 내 여정을 기준으로 한 Pricing 조회
				>FXP/R,U	PNR 내 여정을 기준으로 한 Nego Fare 조회
				✓ 참조 : "PNR 조회 후"==> >FXP ==> >FXT2 ==> ER (FXT: PNR Pricing 기본 Entry with TST) "PNR 조회 후"==> >FXX ==> >FXT2 (FXX: PNR Pricing 기본 Entry without TST) ✓ 참조 : "TST": PNR에 요금 및 발권 관련 정보를 저장발권 시 필수 요소(Transitional Stored Ticket) ==> 기존의(C-Field 입력 기능임)	
		Best Pricer Expert (최적 운임 조회) >FXB		>FXB	PNR 내 여정을 기준으로 한 가장 저렴한 Booking Class의 최적의 Price 조회
		Master Price Expert (C-Field 작성 기능)		>FXD	PNR 내 항공사분만 아니라 OAL까지 포함하여 가장 저렴한 Pricing 조회
				>FXD//FN	PNR 내 항공사분만 아니라 OAL까지 포함하여 가장 저렴한 Pricing 중 직항편만을 조회
				>FXD//R,U	PNR 내 항공사분만 아니라 OAL까지 포함하여 가장 저렴한 Nego Fare 조회
			PNR 없을 시	>FXD ICN/D24DEC/AKEB-KK/D30DEC/ATGICN ==>> FXZ1 >FXD ICN/D24DECBKK/D30DECICN/RCH ==>> FXZ1 >FXD ICN/D24DEC/AKE-BKK--HKG/D30DECICN ==>>FXZ1	12월 24일-30일, ICN-BKK 왕복구간의 최적 운임 조회 모든 항공사의 소아 할인운임(RCH) 조회 동일일자 ICN-BKK//HKG-ICN 구간의 최적 운임 조회

		기능	**명령어**	**설명**
18	공시 운임 조회 (Fare Display)	공시운임 조회 (Purblished Fare Display)	>FQDSELBKK/D24DEC	기본 명령어
			>FQDSELBKK/D24DEC/AKE,OZ,TG	복수항공사 지정(최대 3개까지)
			>FQDSELBKK/D24DEC/AKE/IL,X	낮은 운임부터 높은 운임 순으로 조회
			>FQDSELBKK/D24DEC/AKE/IR/R,NUC	NUC로 왕복(RT)운임 조회
			>FQDSELBKK/D24DEC/AKE/R,-GRP	그룹운임 조회
			>FQDSELBKK/D24DEC/AKE/R,-CH-IN-SD	승객 Type별 지정 운임 조회(최대 3개까지)
			>FQDSELBKK/D24DEC/AKE/R,AT	Tax포함 운임 조회
		Fare Rule Display	>FQDSELBKK/D24DEC/AKE ==> >FQN1	운임별 선택된 운임의 적용조건 및 규정 조회

2 🎫 E-Ticket 발권 명령어 종합

순번	기능	명령어 및 구분			Remark
		구분		**명령어**	**설명**
1	E-Ticket 정보 조회	한국(특정)시장에서 E-Ticket 발권 가능 항공사 조회		>TGETD-KR(US,JP,CH etc)	TG: Table-agreement 기본 Entry, ETD: E-Ticket Display, KR: 확인 Market
		KE와 특정 항공사 간의 Ticket Agreement Table 현황 조회		>TGAD-KE/TG(OZ,JL,CA etc)	AD: Airline Table Display, KE/TG: KE와 TG 간의 Ticket Agreement Table 현황 조회 (KE: Validating Carrier, TG: 대상 항공사)
		한국(특정)시장에서 BSP가입 항공사 조회		>TGBD-KR(US,JP,CH etc)	BD: BSP Display, KR: 확인 Market
				>TGBD-KR/KE(OZ,JL,CA etc)	한국(제 국가)Market에서 KE의 BSP가입 여부 획인
		한국(특정)시장에서 발권 항공사와 예약 항공사 상이 경우, 항공사 간의 정산 가능 항공사 현황 조회		>TGGSD-KR(US,JP,CH etc)	GSD: GSA Table Display, KR: 확인 Market (왼쪽 항공사: 발권 항공사, 오른쪽 항공사: 예약 항공사 → 왼쪽 항공사 Stock으로 발권 후, 오른쪽 항공사와 정산 가능함을 의미함)
		해당 Office에서 발권할 수 있는 항공사 List 조회		>PV/C	PV: Profile View 기본 Entry, /C: Carrier
		구분		**명령어**	**설명**
2	E-Ticketing 사전 숙지 사항	발권 필수/선택 요소	필수	1) TST 생성 "PNR 조회 후" >FXP → >FXT2 → >ER	TST: Transitional Stored Ticket, Pricing and Ticketing Information(운임 저장 후 발권을 위해 필요한 모든 정보가 들어가 있는 부분) FV: Validating Carrier(발권 항공사) → TST 및 FV는 ">FXP" 결과를 저장하면 자동 생성됨(기존의 C-Field에 해당됨)
				2) FV 생성 >FV/CX(KE의 경우 자동 생성)	
				3) FM 입력 (Form of Commission) >FM0G	Zero(Gross Commission: Shown=Net 경우)
				>FM9G	9(Gross Commission: Shown=Net 경우)
				>FMINF0G	성인과 유아 Zero Gross Commission

		>FM0N	Zero(Net Commission: Shown ≠Net 경우)
		>FM05N	5(Net Commission: Shown≠ Net 경우)
		>FMINF0G/P1	(성인과 유아의 Commission 상이한 경우) 1번 성인만 Zero Gross Commission
		>FMPAX0N/P1	(성인과 유아의 Commission 상이한 경우) 1번 유아만 Zero Net Commission
	4) FP 입력 (FOP- Form of Payment: 지불수단)	>FPCASH	Cash 지불
		>FPCC- VI4444333322221111 /0928*E3/N12345678	Card 지불(0928: Card Expired Date, E3: 할부 개월 수, N12345678: 사전 Card 승인번호-직접 따는 겨우 생략 가능)

		✓ 참고 : Card 자동 승인 방법
		  ① ">FP" 입력 후, ">TTP" 명령 실행 시(E-Ticketing 실행과 동시 자동 승인)
		  ② ">FP" 입력 후, ">DEFP" 명령 실행 시(기존 PNR "FP"사항에 승인번호 자동 입력 구성됨)	

		>FPCASH+CCVI4444333322221111/0928*E3/N12345678/KRW200000	Cash+Card 지불(KRW200000: Card로 지불되는 금액, 나머지는 Cash로 지불)
		>FPPAXCCVI4444333322221111/0928*E3/P1	(성인과 유아의 "FOP"가 상이한 경우) 1번 성인만 Card로 지불
		>FPINFCASH/P1	(성인과 유아의 "FOP"가 상이한 경우) 1번 성인의 동반 유아만 Cash로 지불
		EM-MODE: >FOP 엔터 후 "MASK"창에서도 입력 가능	
선택	1) FE 입력	>FENON-ENDS	Non-Endorsement 제한 사항 입력 (KE의 경우 "TST" 생성 시 자동 생성)

		✓ 참고 : 기 입력된 "FE" 추가 및 수정 방법
		  ① 추가: ">9//RFND PEN APPLY-KRW5000"(9: PNR 내 "FE" 항목의 Line 번호)
		  ② 수정: ">9/RFND PEN APPLY-KRW5000"(9: PNR 내 "FE" 항목의 Line 번호)	

	2) FT 입력	>FT*4SDQIININE(SELF100)	Tour-Code/AUTH Number 입력
		참고 : ">FT"는 1개만 입력 가능, 2개인 경우는 다른 1개는 ">FE"로 입력	

3) FS 입력 (Conjunction Ticket Number)	KE Only	> FSCONJ180-12345678> FSCONJ180-12345678	모든 승객에게 연결 항공권 번호 입력	
		>FSCONJ180- 12345678/P3	3번 승객에게만 연결 항공권 번호 입력	
		>FSINFCONJ180 -12345678/P1	INF에게 1번 성인승객의 항공권 번호 연계	
	OAL	> FECONJ180-12345678	OAL 경우, Conjunction Ticket Number	
4) TTN/D 입력		>TTN/D200000	왕복여정 가격에서 20만원 할인 사항 입력	
		>TTN/T1/D200000	1번 TST에서 20만원 할인 사항 입력	
		>TTN/T2/D250000	2번 TST에서 25만원 할인 사항 입력	

	구분	명령어	삭제	설명
발권 요소 입력 (저장) 후, TST 확인	NO-DISC 적용 경우	>TQT	>TTE/ALL	모든 승객 및 여정 관련 TST 조회 Entry
		>TQT/P1	>TTE/P1	1번 승객 TST 조회
		>TQT/P1-3,5	>TTE/P1-3,5	1,2,3,5번 승객 TST 조회
		>TQT/INF/P1	>TTE/INF	1번 성인 승객에 연결되어 있는 INF TST 조회
		>TQT/T1	>TTE/T1	1번 TST 조회
	DISC 적용 경우	>TQN	>TTE/ALL	모든 승객 및 여정 관련 TST 조회 Entry
		>TQN/P1	>TTE/P1	1번 승객 TST 조회

✓ 참고 : 79page의 ">TQT"로 조회 후, 산출된 운임 Data Source인 "Pricing Indicator 표" 참조

발권 지시 (E-Ticketing)		
	>TTP	전 승객 발권
	>TTP/PAX	유아승객 제외한 전 승객 발권
	>TTP/INF	유아승객만 발권
	>TTP/RT	전 승객 발권 후, PNR 조회
	>TTP/P1/RT	1번 승객만 발권 후, PNR 조회
	>TTP/T1/RT	1번 TST 발권 후, PNR 조회
	>TTP/S1,4-6	Segment 1번, 4-6번 발권
	>TTP/VAF	전 승객 AF항공 Stock으로 발권

E-Ticket 조회 (E-Ticketing Record 조회)		
	>TWD	PNR에서 E-Ticket Record 조회(승객 1명 경우)
	>TWD/L8	PNR의 FA(항공권 번호) Line Number로 조회
	>TWD/TKT180-2300400500	Ticket번호로 E-Ticket Record 조회

>TWD/VKE/FT123456/20AUG	항공사(KE)의 FFP 번호 및 출발일 기준 조회
>TWH	E-Ticket Record History 조회
>TWDRT	마지막으로 조회했던 E-Ticket Record 조회 (조회 후 30분 이내만 가능)

〈예시 화면〉
 	
> TWD
 	
TKT-1805950039047   RCI-①
1A LOC-6LY4PH
OD-SELSEL SI- FCMI-1 POI-SEL DOI-
25SEP14 IOI-00039911   ②
 1.LEE/HWIYOUNGMR   ADT   ST ③
 1 O ICNHKG   KE 603 M 30NOV 0830 OK O
MLEKS   ④
                       30NOV 1PC
 2 ARNK
 3 O SINICN   KE 642 M 04DEC 0130 OK O
MKEKS
                       30NOV 1PC
FARE F KRW   525000   ⑤
TOTALTAX KRW   156500
TOTAL   KRW   681500
/FC SEL KE HKG274.67/-SIN KE
SEL436.53NUC711.20END ROE1019.400000
FE NONENDS. RISS CHRG APPLY RFND PNTY APPLY
FP CASH   ⑥
FT 2SDQINS/D0   ⑦
NON-ENDORSABLE   ⑧
FOR TAX/FEE DETAILS USE TWD/TAX   ⑨
	[E-Ticket Record 조회 결과]
	① RCI(Confirm 번호, 본 PNR에서는 안 보임)
	② DO(Origin and Destination)
	  SI(Sales Indicator)
	  FCMI(Fare Calculation Mode Indicator, 0-System AUTO, 1-Manual)
	  POI(Place of Issue), DOI(Date of Issue)
	  IOI(IATA Number of Issuing Office)
	③ ADT (Passenger Type Code, 성인)
	  ST(Coupon Status, O-Open)
	④ Stopover and Transfer Indicator (0-Stopover, 1-Transfer)
	⑤ Fare Information 및 Fare Calculation
	⑥ 지불수단(FOP: Form of Payment)
	⑦ AUTH Number
	⑧ Endorsement Restriction
	⑨ Tax Detail 및 Enrty

〈Coupon Status〉

첫 번째 단계		중간 단계		마지막 단계
O	Open for Use	A	Airport Control	F	Flown (Used: 사용 완료 상태)
		C	Checked In	V	Void (당일 발권 후, 취소)
		L	Lifted/Boarded	R	Refunded (RFND: 예약 후, 익일 취소)
		I	Irregular Operations	E	Exchanged (Reissue: 재발행)
		S	Suspended	P	Printed
		U	Unavailable	X	Printed Exchanged
				Y	Refund Tax Only
				Z	Closed

3	발권실습	PNR 작성 및 발권 절차		예약과정(PNR 작성 과정)		→		발권과정(Ticketing 과정)	
			기본 PNR	1) Availability조회	>AN		기본 발권	1) TST 생성	>FXP → >ER
				2) Seat Sold	>SS			2) Stock 항공사 (FV 생성)	
				3) Name 작성	>NM			3) TST확인(조회)	>TQNor >TQT
				4) Phone번호 작성	>AP			4) 여행사 수수료	>FM
				5) Ticket TL	>TKOK, >TKTL			5) 지불수단	>FP
				6) PNR 완성	>ET or >ER			6) 발권 지시	>TTP
								7) E-Ticket 조회	>TWD
			추가 정보 입력	1) OSI/SSR, APIS	>OS or >SR		추가 정보 입력	1) 발권 제한사항	>FE
				2) Seat Assign	>SM → >ST			2) Tour Code/AUTH	>FT
				3) Remarked-E	>RM			3) TKT연결번호입력	>FS
				4) Received-E	>RF			4) 할인금액 입력	>TTN/D
				5) PNR 공유	>ES				
				6) Queue Option	>OP				

4	발권실습 (예제)	예제		관련 명령어	
		1. PNR 작성			
		① 승객명: 본인, 유아(남아, 2013.7.30생)		>NM1KIM/MALJAMRS(INFKIM/AKIMSTR/30JUL130	
		② 여 정: 9월 30일 SEL/LON BA018 Y/Class 10월 15일 LON/SEL BA017 Y/Class		>AN30SEPSELLON/ABA*15OCT	
		② 여 정: 9월 30일 SEL/LON BA018 Y/Class 10월 15일 LON/SEL BA017 Y/Class		>SS1Y1*11	
		③ 전화번호: 휴대폰 및 집 전화번호		>APM-010-2345-2345/P1 >APH-02-234-2345/P1	
		④ Ticket Time Limited		>TKOK	
		⑤ PNR 완성 및 Redisplay		>ER → >ER	
		2. 발권[성인(Adult) 먼저 발권 후, 유아(Infant) 발권]		본인(Adult)	유아(Infant)
		① TST 생성		>FXP → >ER → >ER	
		② TST 확인		>TQN/T1	>TQN/T2
		③ 여행사 Commission (NO-COMM)		>FMPAX0G	>FMINF0G
		④ DISC AMT: 성인(KRW100,000), 유아(NO-DISC)		>TTN/D100000/T1	–
		⑤ TOUE CODE: SELBA0013	성인 및 유아 입력	>FT*SELBA0013	
			성인만 입력	>FTPAX*SELBA0013	–
		⑥ 성인(30만원 Card로 지불), 유아(현금)		>FPPAXCASH+CC-VI444433332222 1111/0928*E3/N12345678/KRW300000/P1	>FPINFCASH/P1

		⑦ 유아의 "FE항목"(PNR 내 12번인 경우)에 DOB수정 및 보호자 TKT 번호 수정	>12//DOB30JUL13/CONJ 125-550000232 >FSINFCONJ180-12345678/P1 (KE 항공권 연계 시)	
		⑧ 발권지시	>TTP/RT/T1 or >TTP/RT/PAX	>TTP/RT/T2 or >TTP/RT/INF
		⑨ E-Ticket기록 확인["FA" Line-성인(11), 유아(12)]	>TWD/L11	>TWD/L12

5	Revalidation 조회	[Revalidation 가능 조건] ① Fare에 영향이 없는 Return여정의 날짜/편명 변경 시(∵ 출발편 변경 시, 유효기간/SZN 변경 등으로 차액 발생) 변경된 PNR의 정보와 기존 발권된 E-Ticket DB를 일치시키는 작업으로 ② 날짜/편명 변경으로 인한 운임의 변경이 없어야 하며, Ticket Number는 기존 번호를 사용(만일 운임 변경이 발생하면 반드시 기존 Ticket을 "Reissue" 해야 함) ③ E-Ticket Revalidation은 기 발권한 Stock 항공사의 허용 여부를 확인[>HEETTKE → >MS22(해당 마켓) → >MD] ④ E-Ticket Record 조회(>RWD) 결과, Coupon Status가 "A"나 "O"인 경우만 가능		
		예제	관련 명령어	
		① 특정 항공사의 Revalidation 허용 여부 확인	>HEETTKE → >MS22(해당 마켓) → >MD	
		② 예약 및 발권 후, 해당 PNR 조회	>RT77446045	
		③ E-Ticket Record 확인	>TWD(기적용 Fare-Base기준, Fare-Rule 확인)	
		④ Revalidation Rule 및 Penalty 확인(No-Penalty 확인)	>FQDSELSYD/D21OCT/AKE/CM/IX(IL,X) → >FQN1//PE	
		⑤ 승객의 Return 여정(Line 3번, 12월 24일로 변경)	>SB24DEC3 → >ER(반드시 저장)	
		⑥ E-Ticket Record 확인	>TWD (E-Ticket Record와 PNR 날짜 불일치 확인)	

		⑦ Revalidation 실행	>RT →
			>TTP/ETRV/S3/L10/E2 → "OK PROCESSED"
			  ET: E-Ticket
			  RV: Revalidation
			  S3: PNR에서 변경여정 Element Line번호
			  L10: PNR에서 FA Element Line번호
			  E2: >TWD(E-Ticket Record)의 해당
			      Coupon 번호	

		⑧ E-Ticket Record 확인	>RT77446045 → >TWD (PNR 정보와 E-Ticket DB 일치 여부 확인)	

| 6 | Void 실습 (당일 취소) | [Void 가능 조건]
① Sale 마감 전에만 가능
  ✓ ">TJQ"조회 화면상에서 "SEQ"번호 뒤에 Blank로 되어있는 경우가 Sale 마감 전임으로 Void처리 가능(*가 있는 경우: Sale Confirm되어 Void 불가)
② Sale Report 상에서 Void는 Query Report(>TJQ)에서만 가능
  ✓ 주의 : 한번 "Void"처리 경우, 실행 취소가 불가함 |||

구분	명령어	설명
">TJQ"화면에서 Void처리	>TJQ	Query Report 조회
	>TRDC/1804	">TJQ"화면상에 "SEQ"번호(1804) 지정 취소 명령어
PNR에서 Void 처리	>RT77446045	해당 PNR 조회
	>TRDC	PNR상에 "FA"(Ticket Element)가 1개만 있는 경우
	>TRDC/L7	PNR상에 "FA"(Ticket Element)가 2개 이상인 경우
Ticket번호를 지정 Void처리	>TRDC/TK-1234567890	항공권 번호 지정 Void 처리

[Void 처리 전후 결과]

Void 처리 전후	PNR상의 "FA"	">TWD" 조회 후 "ST"	">TJQ" 조회 후 "TRNC"
E-Ticket 발생 후 (Void 처리 전)	ETKE	O	TKTT
Void 처리 후 변화	EVKE	V	CANX

Sales Report 종류	명령어	설명
Query Report 조회	>TJQ	해당일에 발권한 모든 항공권 List
	>TJQ/D-12MAY	특정 날짜지정 Query Report 조회
	>TJQ/D-12MAY15MAY	특정 Date Range Query Report 조회
	>TJQ/QTC-TKTT	특정 Transaction Code로 조회
	>TJQ/F-003866	특정 Document Sequence Number로 조회
	>TJQ/QTC-TKTT/D-12MAY	특정 Transaction Code와 날짜로 조회
	>TJQ/V	현재 Void처리 완료된 사례 조회
	>TJQ/V-12MAY15MAY	특정 날짜지정 Void처리 완료된 사례 조회

구분	코드	설명
">TJQ" 조회 시 "Transaction Code" 설명	CANX	항공권 발행 당일 취소(Void 처리)
	CANN	System Void
	CANR	취소로 전환(항공권 발행일 이후 취소)
	EMDA	EMD(Electronic Miscellaneous Documents)-A(Associated) 발행
	EMDS	EMD-S(Stand Alone) 발행 (p117 참조)
	TKTT	E-Ticket 발행

(표 좌측 세로) 7 Sale Report 조회

```
〈예시 화면〉

> TJQ

AGY NO – 00039911          QUERY REPORT 29SEP
CURRENCY KRW
OFFICE – SELK1394Z        SELECTION:
AGENT  – 1515AA                                    29 SEP
2014
------------------------------------------------------------
----------------------
SEQ NO A/L DOC NUMBER TOTAL DOC   TAX   FEE  COMM  AGENT
FP   NAME AS TRNC
------------------------------------------------------------
----------------------
000852 180 5950039814   784700     164700    0    0 784700 CA
KIM/SEU AA CANX
000890 180 5950040602   620200     170200    0    0     0 CC
KIM/SEU AA CANR
000892 180 5950040604   507700     170200    0    0 507700 CA
LEE/MIR  AA TKTT
*TRN*
>
```

Memo

CHAPTER 10

[부록] 알아두면 도움이 되는 지식

CHAPTER 10

[부록] 알아두면 도움이 되는 지식

1 국내외 주요도시 및 공항코드

● 국내 주요도시 및 공항코드

도시명	도시코드	공항코드	도시명	도시코드	공항코드
서울	SEL	GMP	청주	CJJ	CJJ
인천	JCN	ICN	양양	YNY	YNY
부산	PUS	PUS	광주	KWJ	KWJ
제주	CJU	CJU	무안		MWX
대구	TAE	TAE	천안	XOX	
성남	SSN	SSN(군용)	전주	CHN	
대전	QTW		군산	KUV	KUV
울산	USN	USN	목포	MPK	MPK
수원	SWU		서귀포	JSP	
의정부	QUI		순천	SYS	RSU
고양	QYK		여수	RSU	
안양	QYA		포항	KPO	
안산	XXN		구미	QKM	YEC
오산	OSN	OSN	예천	YEC	

부천	QJP		안동	QDY	공사중
춘천	QUN		울진		HIN
원주	WJU	WJU	진주	HIN	
강릉	KAG	KAG	마산	QMS	CHF
속초	SHO	SHO	진해	CHF	
삼척	SUK		거제	JGE	

● 해외 주요도시 및 공항코드

지역	도시 및 공항코드-1	도시 및 공항코드-1	도시 및 공항코드-1	도시 및 공항코드-1	도시 및 공항코드-1
1. 일본	하네다: HND	나리타: NRT	오사카: OSA	나고야: NGO	후쿠오카: FUK
	가고시마: KOJ	고마쓰: KMQ	나가사키: NGS	니이가타: KIJ	도야마: TOY
	마츠야마: MYJ	미야자키: KMI	삿포로: SPK	센다이: SDJ	시즈오카: FSZ
	아오모리: AOJ	아키타: AXT	오이타: OIT	오키나와: OKA	요나고: YGJ
	구마모토: KMJ	타카마츠: TAK		히로시마: HIJ	
2. 중국	북경: BJS	천진: TSN	상해: SHA	포동: PVG	연대: YNT
	청도: TAO	대련: DLC	장춘: CGQ	하얼빈: HRB	계림: KWL
	광주: CAN	남경: NKG	목단강: MDG	산야: SYX	성도: CTU
	서문: XMN	시안: SIA	심양: SHE	심천: SZX	연길: YNJ
	우루무치: URC	위해: WEH	우한: WUH	장사: CSX	제남: TNA
	중경: CKG	곤명: KMG	해구: HAK	항주: HGH	황산: TXN
3. 동남아시아	타이페이: TPE	송산: TSA	홍콩: HKG	마닐라: MNL	세부: CEB
	하노이: HAN	프놈펜: PNH	방콕: BKK	싱가포르: SIN	자카르타: JKT
	발리(덴파사): DPS	나트랑(깜랑): NHA	다낭: DAD	랑카위: LGK	마카오: MFM
	반다르세리베가완: BWN	수라바야: SUB	시엠립(앙코르와트): REP	양곤: RGN	치앙마이: CNX
	카오슝: KHH	칼리보: KLO	코사무이: USM	코타키나발루: BKI	쿠알라룸푸르: KUL
	쿠칭: KCH	클락: CRK	페낭: PEN	푸켓: HKT	호치민: SGN
4. 서남아·인도	델리: DEL	카트만두: KTM	뭄바이: BOM	다카: DAC	라호르: LHE
	마드라스: MAA	말레: MLE	방갈로: BLR	브얀티얀: VTE	이슬라마바드: ISB
	카라치: KHI	캘커타: CCU	콜롬보: CMB	하이데라바드: HYD	

5. 대양주	괌: GUM	사이판: SPN	시드니: SYD	브리즈번: BNE	멜버른: MEL
	오클랜드: AKL	호바트: HBA	난디: NAN	누메아: NOU	아들레이드: ADL
	웰링턴: WLG	캔버라: CBR	케언즈: CNS	코로르(팔라우): ROR	크라이스트처치: CHC
6. 유럽&러시아 (중앙아시아 포함)	프랑크푸르트: FRA	파리: PAR	런던: LON	이스탄불: IST	암스테르담: AMS
	취리히: ZRH	로마: ROM	모스크바: MOW	하바로프스크: KHV	울란바토르: ULN
	타쉬켄트: TAS	알마티: ALA	마드리드: MAD	맨체스터: MAN	뮌헨: MUC
	밀라노 – MIL	브뤼셀: BRU	블라디보스토크: VVO	빈: VIE	상트페테르부르크: LED
	스톡홀름: STO	아테네: ATH	오슬로: OSL	유즈노사할린스크: UUS	이르쿠스크: IKT
	제네바 – GVA	코펜하겐: CPH	키에브: IEV	프라하: PRG	헬싱키: HEL
7. 중동 & 아프리카	두바이: DXB	카이로: CAI	텔아비브: TLV	제다: JED	요하네스버그: JNB
	나이로비: NBO	다맘: DMM	도하: DOH	테헤란: THR	쿠웨이트: KWI
	라고스: LOS	리야드: RUH	아부다비: AUH	엔테베: EBB	케이프타운: CPT
	아부자: ABV	아비잔: ABJ	아크라: ACC		
8. 미국	호놀룰루: HNL	시애틀: SEA	샌프란시스코: SFO	로스앤젤레스: LAX	시카고: CHI
	뉴욕: NYC	워싱턴: WAS	애틀란타: ATL	달라스: DFW	덴버: DEN
	디트로이트: DTT	라스베이거스: LAS	마이애미: MIA	휴스턴: HOU	미니에폴리스: MSP
	볼티모어: BWI	보스턴: BOS	샌디아고: SAN	솔트레이크시티: SLC	앵커리지: ANC
	오스틴: AUS	올랜도: ORL	카일루아코나: KOA	탐파: TPA	포틀랜드: PDX
	피닉스: PHX	필라델피아: PHL			
9. 캐나다	밴쿠버: YVR	토론토: YTO	몬트리올: YMQ	에드먼튼: YEA	오타와: YOW
	캘거리: YYC				
10. 중남미	상파울루: SAO	과테말라시티: GUA	리마: LIM	리우데자네이루: RIO	보고타: BOG
	부에노스아이레스: BUE	산티아고: SCL	산호세: SJO	칸쿤: CUN	멕시코시티: MEX

2 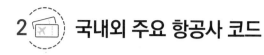 국내외 주요 항공사 코드

● 국내 주요 항공사 코드

구분	IATA CODE	ICAO CODE	항공사명	항공사 영문명	비고
FSC	KE	KAL	대한항공	Korean Airlines	여객 항공사
FSC	OZ	AAR	아시아나항공	Asiana Airlines	여객 항공사
LCC	LJ	JNA	진에어	JIN AIR	여객 항공사
LCC	7C	JJA	제주항공	JEJU AIR	여객 항공사
LCC	TW	TWB	티웨이항공	t'way AIR	여객 항공사
LCC	BX	ABL	에어부산	AIR BUSAN	여객 항공사
LCC	ZE	ESR	이스타항공	EASTAR	여객 항공사
LCC	RS	ASV	에어서울	AIR SEOUL	여객 항공사
LCC	4V	FGW	플라이강원	FLY GANGWON	여객 항공사
LCC	RF	EOK	에어로케이	AERO K	여객 항공사
LCC	YP	APZ	에어프레미아	Air Premia	여객 항공사
RSC	4H	HGG	하이에어	Hi Air	소형 항공사
–	KJ	AIH	에어인천	AIR INCHEON	화물 항공사

● 해외 주요 항공사 코드

IATA	ICAO	항공사명	항공사 영문명
AA	AAL	아메리칸 항공	American Airlines
AC	ACA	캐나다항공	Air Canada
AF	AFR	프랑스항공	Air France
AZ	AZA	알리탈리아 항공	Alitalia-Linee Aeree Italiane
BA	BAW	브리티시항공	British Airways
CA	CCA	중국국제항공	Air China
CJ	CBF	중국 북방항공	China Norther Airlines

CS	CMI	콘티넨탈항공	Continental Micronesia Inc.
CX	CPA	캐세이퍼시픽항공	Cathay Pacific
CZ	CSN	중국남방항공	China Southern Airlines
DL	DAL	델타항공	Delta Air Lines
GA	GIA	가루다 항공	Garuda Indonesia
JD	JAS	일본에어시스템	Japan Air System
JL	JAL	일본항공	Japan Airlines
KL	KLM	네델란드항공	KLM Royal Dutch Airlines
LA	LAN	칠레항공	Linea Area Nacional-Chile.S.A Lan-Chile
LH	DLH	루프트한자항공	Lufthansa German Airlines
MH	MAS	말레이시아항공	Malaysia Airlines System
MU	CES	중국동방항공	China Eastern Airlines
NZ	ANZ	뉴질랜드항공	Air New Zealand
NH	ANA	전일본 공수	All Nippon Airways
NW	NWA	노스웨스트항공	Northwest Airlines
OK	CSA	체코항공	Ceskoslovenske Aerolinie (CSA)
PR	PAL	필리핀항공	Philippine Airlines
QF	QFA	콴타스항공	Qantas Airways
RA	RNA	로열 네팔항공	Royal Nepal Airlines Co
SQ	SIA	싱가폴항공	Singapore Airlines
SR	SWR	스위스항공	Swiss Air Transport
SU	AFL	아에로플로트항공	Aeroflot Russian Int'l Airlines
TG	THA	타이항공	Thai Airways Int'l
TK	THY	터키항공	Turkish Airlines
UA	UAL	유나이티드항공	United Airlines
VN	HVN	베트남항공	Vietnam Airlines

3 ICAO Phonetic Alphabet 및 월/요일 코드

● ICAO Phonetic Alphabet

ICAO Phonetic Alphabet	
A – Alfa	N – November
B – Bravo	O – Oscar
C – Charlie	P – Papa
D – Delta	Q – Quebec
E – Echo	R – Romeo
F – Foxtrot	S – Sierra
G – Golf	T – Tango
H – Hotel	U – Uniform
I – India	V – Victor
J – Juliette	W – Whiskey
K – Kilo	X – X-ray
L – Lima	Y – Yankee
M – Mike	Z – Zulu

● 월별 코드

Monthly code		Month
1월	JAN	JANUARY
2월	FEB	FEBRUARY
3월	MAR	MARCH
4월	APR	APRIL
5월	MAY	MAY
6월	JUN	JUNE
7월	JUL	JULY
8월	AUG	AUGUST
9월	SEP	SEPTEMBER
10월	OCT	OCTOBER
11월	NOV	NOVEMBER
12월	DEC	DECEMBER

● 요일별 코드

Day code		Day
월	MON	MONDAY
화	TUE	TUESDAY
수	WED	WEDNESDAY
목	THU	THURSDAY
금	FRI	FRIDAY
토	SAT	SATURDAY
일	SUN	SUNDAY

: INDEX

⋮ Reference

• 강희준 · 정인경 · 고주희, 최신 항공예약, 한올출판사, 2019.

• 김대식 외 2, 현대 경제학원론, 박영사, 2010.

• 김정하 · 김소은, 항공예약실습, 백산출판사, 2008.

• 대한항공, 여객예약초급, (주)대한항공 교재제작실, 2013.

• 대한항공, KALis 국내선예약발권 I, II, (주)대한항공 교재제작실, 2013.

• 대한항공, KALis 국제선예약발권 III, IV, (주)대한항공 교재제작실, 2013.

• 박수영, 항공예약실무, 2009, 새로미.

• 박승영 · 박희일 · 선징영, 항공예약실무, 2019.

• 박시사, 항공사경영론, 백산출판사, 2008.

• 박태원, 현대항공운송론, 서울컴퓨터프레스, 1991.

• 엄윤대, 국제운송강론, 일진사, 2006.

• 유광의, 21c 항공운송산업과 항공사, 백산출판사, 2005.

• 유광의 · 유문기, 공항경영론, 백산출판사, 2006.

• 유문기, 항공운송론, 새로미, 2008.

• 윤문길 · 윤덕영, 항공 · 관광 e-비즈니스, 홍릉과학출판사, 2004.

• 윤문길 외 3, 글로벌 항공운송서비스 경영, 한경사, 2011.

• 윤문길 외 2, 항공산업 혁신과 과제, 한경사, 2016.

• 윤문길 외 3, 수익경영 이론과 응용, 한경사, 2017.

• 윤문길 외 2, 항공시장의 변화와 혁신, 한경사, 2019.

• 윤문길 외 6, 항공서비스경영론, 한경사, 2020.

• 이경태 · 이태규, 항공여객운송서비스, 백산출판사, 2019.

• 이려정, 항공예약실무, 대왕사, 2017.

• 이선미, 항공예약, 백산출판사, 2019.

• 이용일 · 김재석 · 이선미, 새로미, 항공예약실무, 2009.

• 이향정 · 고선희 · 오선미, 새로미, 최신 항공업무론, 2010.

- 정호진 · 박인실, 항공예약 실무, 한올, 2020.

- 정창영, 경제학원론, 법문사, 1998.

- 조희정 · 원종혜 · 최미선, 항공예약실무, 한올출판사, 2008.

- 토파스, TOPAS 발권실무, 토파스여행정보(주), 2014.

- 토파스, TOPAS 예약발권실무, 토파스여행정보(주), 2014.

- 토파스, TOPAS 예약실무, 토파스여행정보(주), 2014.

- 최기종, 항공기초실무, 백산출판사, 2009.

- 한국항공진흥협회, 항공용어사전, 2005.

- 허희영, 항공운우주산업, 북넷, 2016.

- 허희영, 항공서비스원론, 북넷, 2016.

- ACI, 2011. World Airport Traffic Report. Airports Council International, Montreal, Canada.

- Airline Business, 2013. Interview to Bjørn Kjos, Viking Raider. *Air-Bus.* 29 (7), 20-25.

- Berman, B., 2015. How to compete effectively against low-cost competitors. *Business Horizons*, 58, 87-97.

- De Poret, M., O'Connell, J. F., Warnock-Smith, D., 2015. The economic viability of long-haul low cost operations: Evidence from the transatlantic market. *Journal of Air Transport Management*, 42, 272-281.

- Fageda, X., Suau-Sanchez, P., Mason, K., 2015. The evolving low-cost business model: Network implications of fare bundling and connecting flights in Europe. *Journal of Air Transport Management*, 42, 289-296.

- Gudmundsson, S.V., 2015. Limits to the low-cost niche? Finding sustainable strategies for low-cost long-haul airlines. Discussion paper Paris Air Forum June 12, 2015.

- Halpern, N., Graham, A., 2015. Airport route development: A survey of current practice. *Tourism Management*, 46, 213-221.

- Hanaoka, S., Takebayashi, M., Ishikura, T., Saraswati, B., 2014. Low-cost carriers versus full service carriers in ASEAN : The impact of liberalization policy on competition. *Journal of Air Transport Management*, 40, 96-105.

- Hazledine, T., 2011. Legacy carriers fight back : Pricing and product differentiation in modern airline marketing. *Journal of Air Transport Management*, 17(2), 130-135.

- Homsombat, W., Lei, Z., Fu, X., 2014. Competitive effects of the airlines-within airlines strategy e pricing and route entry patterns. *Transportation Research*, Part E: Logist. Transp. Rev. 63, 1-16.

- Lim, J.W., Yoon, M.G., 2016. Customer Behavior on Airline Ancillary Services in Korea. *Journal of Aviation Management Society of Korea*, 14(1), 57-73.

- Lin, M.H., 2012. Airlines-within-airlines strategies and existence of low-cost carriers. *Transport. Res*, Part E 48(3), 637-651.

- Lohmann, G. Koo, T.T.R., 2013. The airlines business model spectrum. *Journal of Air Transport Management*, 31, 7–9.

- Lück, M., Gross, S., 2013. Low cost carriers in Australia and New Zealand. In: Gross, S., Lück, M. (Eds.), The Low Cost Carrier World wide. *Ashgate, Surrey & Burlington*, 155–174.

- Maitland, E., Sammartino, A., 2012. Flexible footprints: Reconfiguring MNCs for new value opportunities. *California Management Review*, 54(2), 92–117.

- Malina, R., Albers, S., Kroll, N., 2012. Airport incentive programmes: a European perspective. *Transport Reviews*, 32(4), 435–453.

- Maxon, T., 2013. Travelport to Pay American Airlines in Lawsuit Settlement. Dallas News Airline Biz Blog.

- Pearson, J., Merkert, R., 2014. Airlines–within–airlines: A business model moving East. *Journal of Air Transport Management*, 38, 21–26.

- Ratliff, R., Weatherford, L.R., 2013. Codeshare and alliance revenue management best practices: AGIFORS roundtable review. Research Article, *Journal of Revenue and Pricing Management*, Vol. 12, 1, 26–35.

- Redondi, R., Malighetti, P., Paleari, S., 2012. De–hubbing of airports and their recovery patterns. *Journal of Air Transport Management*, 18, 1–4.

- Sen, A., 2013. A comparison of fixed and dynamic pricing policies in revenue management. *Omega*, 41, 586–597.

- Takebayashi, M., 2013. Network competition and the difference in operating cost: model analysis. *Transp. Res*. Part E 57, 85–94.

- Unger, N., 2011. Global climate impact of civil aviation for standard and desulfurized jet fuel. *Geophysical Research Letters*, 38(L20803), 1–6.

- Walczak, D., Kambour, E., 2014. Revenue management for fare families with price sensitive demand. *Journal of Revenue and Pricing Management*, 13, 1–18.

- Westermann, D., 2013. The potential impact of IATA's New Distribution Capability (NDC) on revenue management and pricing. *Journal of Revenue and Pricing Management*, 12(6), 565–568, Received (in revised form): July 26th, 2013.

- Whyte, R., Lohmann, G., 2015. The carrier–within–a carrier strategy: An analysis of Jetstar. *Journal of Air Transport Management*, 42, 141–148.

- Wittmer, A., Rowley, E., 2014. Customer value of purchasable supplementary services: The case of a European full network carrier's economy class. *Journal of Air Transport Management*, 34, 17–23.

- Wright, S., 2014. The Economist explains: Why airlines make such meager profits. *The Economist*, February 23, 2014.

- Yoon, M.G., Lee, H.Y., Song, Y.S. (2017). Dynamic pricing & capacity assignment problem with cancellation and mark–up policies in airlines. *Asia Pacific Management Review*, 22(2), 97–103.

- Zou, B., Elke, M., Hansen, M., Kafle, N., 2014. Evaluating air carrier fuel efficiency in the US airline industry. *Transportation Research*, Part A: Policy and Practice 59, 306–330.

윤문길

- 한국항공대학교 학사
- 한국과학기술원 경영과학 석사 및 박사
- KAIST 테크노경영대학원 대우교수
- 미국 IBM T.J. Watson 연구소 객원연구원
- 미국 오하이오 주립대학, 일본 오사카 대학,
  영국 부르넬 대학 객원교수
- 호주 연방과학산업연구소(CSIRO) 객원연구원
- 한국경영과학회 회장
- 한국항공경영학회 회장
- 현) 한국항공대학교 경영학부 교수
  한국항공전략연구원 원장

저서
- 항공서비스 경영론, 한경사, 2020
- 항공시장의 변화와 혁신, 한경사, 2019
- 항공운송서비스 개론, 한경사, 2017
- 수익경영 이론과 응용, 한경사, 2017
- 항공산업 혁신과 과제, 한경사, 2016
- 글로벌 항공운송서비스경영, 한경사, 2011

이휘영

- 한국항공대학교 경영학 박사
- 연세대학교 경제학 석사
- ㈜대한항공 근무
- 서울특별시 교육청 교육과정 심의위원
- 인천광역시 교육청 전문계고 자문위원
- 인천광역시 관광MICE포럼 위원
- 현) 인하공업전문대학 항공경영과 교수
  한국항공경영학회 이사 및 학회지 편집위원
  한국관광 · 레저학회 이사
  한국관광진흥학회 학술이사
  한국항공전략연구원 연구위원

저서
- 항공서비스 경영론, 한경사, 2020
- 항공시장의 변화와 혁신, 한경사, 2019
- 항공운송서비스 개론, 한경사, 2017
- 수익경영 이론과 응용, 한경사, 2017
- KALIS를 활용한 항공여객 실무론, 기문사, 2012
- 글로벌 항공운송서비스 경영, 한경사, 2011

임재욱

- 한국항공대학교 경영학 박사
- MIT 경영대학원 MBA
- ㈜대한항공 근무
- 현) 수원과학대학교 항공관광과 교수
  한국항공경영학회 이사
  한국항공전략연구원 연구위원

저서
- 항공서비스 경영론, 한경사, 2020
- 항공시장의 변화와 혁신, 한경사, 2019
- 항공운송서비스 개론, 한경사, 2017
- 항공산업 혁신과 과제, 한경사, 2016

최종인

- 한국항공대학교 경영학 박사수료
- 한국항공대학교 항공경영학 석사
- ㈜대한항공 근무
- 현) 수원과학대학교 항공관광과 출강

이태규

- 한국항공대학교 경영학 박사수료
- 인천대학교 물류학 석사
- 에어부산, 티웨이항공, 유나이티드항공 근무
- NCS 항공운송 심의위원
- 인하공업전문대학 항공경영과 출강
- 명지전문대, 연성대학교, 극동대학교 출강
- 현) 제주항공 근무
  한국항공전략연구원 연구위원

저서
- 항공여객운송, 백산출판사, 2021
- 항공여객서비스, 백산출판사, 2019
- 항공여객운송서비스, 백산출판사, 2013

저자와의
협의하에
인지첩부
생략

항공여객예약발권 실무론

2021년 9월 10일 초판 1쇄 발행
2022년 9월 10일 초판 2쇄 발행

지은이 윤문길 · 이휘영 · 임재욱 · 최종인 · 이태규
펴낸이 진욱상
펴낸곳 (주)백산출판사
교 정 박시내
본문디자인 신화정
표지디자인 오정은

등 록 2017년 5월 29일 제406-2017-000058호
주 소 경기도 파주시 회동길 370(백산빌딩 3층)
전 화 02-914-1621(代)
팩 스 031-955-9911
이메일 edit@ibaeksan.kr
홈페이지 www.ibaeksan.kr

ISBN 979-11-6567-394-9 93980
값 26,000원